高职高专土建类立体化系列教材

建设工程施工组织与进度控制

主　编　沈万岳
副主编　张建标　庄　莹
参　编　余春春　林滨滨　顾健勇

机械工业出版社

本书共分 8 个单元，分别介绍了项目管理规划、流水施工、网络计划、建设工程进度控制、施工进度计划的编制、施工现场平面布置图设计、施工组织设计和施工组织设计实训。本教材设计合理、内容充实，力求以培养学生的"三大能力"——专业能力、方法能力和社会能力为目标，学生通过学习能直接适应工作岗位的能力要求。本书可作为建设水利类建筑工程技术、工程管理类专业的教材，且与国家职业资格考试要求相符合，可成为建筑施工现场管理岗位人员参加各种职业资格考试培训的指导教材。本书具有建筑施工现场管理岗位所必需的施工组织和进度控制实务知识，可作为大中专院校、企事业单位工程管理人员提高岗位技能所需教材。

图书在版编目（CIP）数据

建设工程施工组织与进度控制/沈万岳主编. —北京：机械工业出版社，2023.9

高职高专土建类立体化系列教材

ISBN 978-7-111-73751-3

Ⅰ.①建… Ⅱ.①沈… Ⅲ.①建筑工程-施工组织-高等职业教育-教材②建筑工程-施工进度计划-高等职业教育-教材 Ⅳ.①TU72

中国国家版本馆 CIP 数据核字（2023）第 162116 号

机械工业出版社（北京市百万庄大街 22 号 邮政编码 100037）
策划编辑：张荣荣　　　　　　　责任编辑：张荣荣　李宣敏
责任校对：樊钟英　王　延　　　封面设计：张　静
责任印制：邓　博
北京盛通数码印刷有限公司印刷
2023 年 12 月第 1 版第 1 次印刷
184mm×260mm・13.75 印张・340 千字
标准书号：ISBN 978-7-111-73751-3
定价：42.00 元

电话服务　　　　　　　　　　　网络服务
客服电话：010-88361066　　　　机　工　官　网：www.cmpbook.com
　　　　　010-88379833　　　　机　工　官　博：weibo.com/cmp1952
　　　　　010-68326294　　　　金　书　网：www.golden-book.com
封底无防伪标均为盗版　　　　　机工教育服务网：www.cmpedu.com

前　言

　　目前，工程建设需要大量的项目管理类人才，尤其是在施工组织协调和进度控制、建筑信息管理以及合同管理，装配式建筑施工部署等方面，显得比以往任何时候都更加重要。本书根据我国建设工程管理新发布的法律法规、技术标准和建设工程管理制度的有关规定，针对职业教育有关建筑工程技术专业课程知识和能力的要求编写而成，较全面地阐述了工程管理施工组织和进度控制的知识体系。施工项目管理具有涉及面广、发展快、变化多，以及技术性、实践性、综合性强等特点。除此之外，本书还借鉴了国内外施工项目组织管理和进度控制的成功经验，结合施工项目实际，以施工项目进度管理为突破口，选取施工项目管理中施工组织设计和进度控制作为主要内容；同时参考了全国注册建造师和注册监理工程师考试相关用书如考试大纲和教学大纲，以及其他相关资料，从建设工程项目管理的施工组织协调开始逐步展开，对项目的施工顺序、流水段的划分、计划安排和进度优化等方面进行了详细的讲解。

　　本教材单元1项目管理规划由沈万岳（浙江建设职业技术学院）编写、单元2流水施工由余春春（浙江建设职业技术学院）编写，单元3网络计划由沈万岳（浙江建设职业技术学院）编写，单元4建设工程进度控制、单元5施工进度计划的编制由林滨滨（浙江建设职业技术学院）编写，单元6施工现场平面布置图设计由顾健勇（杭州江东建设工程项目管理有限公司）编写，单元7施工组织设计由庄莹（杭州中新工程咨询管理有限公司）编写，单元8施工组织设计实训由张建标（国科大杭州高等研究院）编写。本教材在编写过程中参阅了大量文献资料，得到浙江建设职业技术学院各级领导的关心、支持和指导，建筑工程学院项目管理教研室和工程造价学院建设工程监理专业团队全体同仁也共同参与了本书的编写，在此一并表示衷心的感谢。

　　由于编者水平和经验有限，加之时间仓促，书中不足之处在所难免，恳切希望读者批评指正。

编　者

导言

1. 课程性质和课程设计

(1) 课程定位与作用

课程的定位：建设工程施工组织与进度控制是建设水利类建筑工程技术及工程管理专业的核心课程，是校企合作开发的、基于工作过程的课程，旨在培养学生的施工进度计划和施工组织设计的编制能力，以及学生对建筑工程施工过程组织管理和进度控制的能力。

课程的作用：

1) 本课程主要帮助学生学习流水施工、网络计划技术、施工组织设计、进度控制等知识和原理，训练学生科学编制施工进度计划、施工平面布置、施工组织设计和进度控制能力，培养其精益求精的工匠精神和团队合作意识。本课程学习内容符合高技能人才培养目标和专业相关技术领域职业岗位（群）的任职要求。

2) 本课程内容贯穿于整个专业课程的学习以及工作实践，是学生毕业后从事工程建设监理、现场施工管理等各个岗位工作及可持续发展的基础，也是进入实践性教学环节的关键课程。课程的开发对提高建设工程管理等专业人才培养质量、提升毕业生就业能力与就业质量具有重要意义，对学生职业能力培养和职业素质养成起到明显的支撑和促进作用。

3) 学生在完成建筑CAD、建筑施工技术、BIM基础等课程的学习之后可进入本课程的学习。本课程可为后续课程如工程管理实务模拟等能力模拟训练课（图0-1）打下良好的基础。

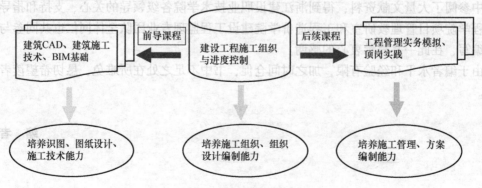

图 0-1 本课程的前导与后续课程

（2）课程设计基本理念

为适应建筑业高素质、高技能人才培养的需要，在以就业为导向的能力本位的教育目标指引下，充分体现以立德树人为中心，德技并修。对于本课程的设计，首先，要确立正确的思政导向，落实课程思政育人；其次，要体现以学生职业能力、素质培养为目标，与行业企业合作进行基于工作过程的课程开发与设计理念，充分体现职业性、实践性和开放性的特点。最终，按照行业企业的发展需要和完成职业岗位实际工作任务所需要的知识、能力、素质要求，选取课程教学内容，并为学生可持续发展奠定良好的基础。

编者根据与教育、企业和行业的专家长期合作经验，以及"现代学徒制"的人才培养模式，采用行为导向教学法的教学理念和技术，开发建设为建设行业就业服务的能力培养训练课程体系。按照满足施工员等岗位实际工作任务和建设行业、企业对管理人员发展所需要的知识、能力、素质要求，选取本专业核心能力之一的"建设工程施工组织与进度控制能力"的培养，作为本课程教学内容，按照以工作过程为导向的课程开发模式，进行本课程的设计。

本课程利用在职教云等教学平台上已有的课件、视频、题库、模拟工程和训练模块等本专业标准课程教学资源，在实训室、实训车间，以及以建设行业企业为主体的理事单位等校内外实训基地，采用理实一体教学模式，以编制施工进度计划、施工平面布置图、单位工程施工组织设计、施工进度控制等教学单元，以及编审施工组织设计、施工进度控制共两个能力训练任务的教学，来完成"施工组织和进度控制能力"的基本训练和相关知识学习，实现教、学、做的有机统一，达到本课程能进行工程施工管理、编制施工组织设计、进度控制等教学目标，并为学生可持续发展奠定良好的基础。

（3）课程设计思路

本课程以工作过程为导向的课程开发模式，进行课程设计。

首先要体现课程思政的价值引领作用，充分挖掘课程思政元素，落实课程思政教学知识点。要将本课程的思政元素与课程知识和技能的教学有机结合，做到显隐结合，有机融入，创造性地设计教学内容。本课程思政元素包括团队合作、实事求是、创新思维、突出重点、注重实效和以不变应万变等内容。

经分析，工程项目施工管理人员需要完成编制工程进度计划并科学组织实施、有创新地绘制施工平面布置图、编制并审核施工组织设计、合理安排资源进行进度控制等岗位任务；除此以外，还需要熟悉流水施工、了解网络计划技术、掌握施工组织设计和进度控制等知识和原理；需具备编制施工组织设计能力，对建筑工程施工的计划、组织设计、施工平面和实施进行符合性核对的能力，参与进度控制的能力，以及必要的思政素养和理论素养。

2. 课程目标

该课程的教学任务总目标是通过建设工程施工组织与进度控制课程的教学，学生应掌握建筑施工组织与管理的技术方法，以及具备建筑工程施工过程中的施工管理与施工组织设计编制及施工进度控制的能力，从而能具有建筑工程、建设工程施工员等岗位（群）的职业岗位能力，为从事建筑工程项目施工组织管理工作奠定良好的基础。除此之外，课程目标还注重职业道德教育，以提高学生的综合素质，为后续课程学习打下扎实的基础。

（1）课程工作任务目标

1) 具有在实际工作中的进取精神、社交能力、责任心、自我控制、创造性潜力、管理潜力、工作态度、诚实水平等；能够根据自身特点发挥自己的特长，同时要有真才实学的扎实基本功；真诚、敬业、守时，有团队合作意识、良好的沟通能力和亲和力；善于学习，积极主动解决困难的态度和能力，以及良好的组织能力和协调管理能力。

2）能够根据所学原理编制工程概况、施工部署、施工准备工作计划，以及进行工程项目管理等。

3）能够利用流水施工原理及网络计划技术基本知识进行进度计划的编制。

4）能够根据工程实际情况，绘制工程项目施工平面图。

5）能够根据工程实际情况，编制施工方案，并能对方案进行优化。

（2）综合职业能力目标

学生通过本课程的学习获取的相应职业能力，是学生在今后的工作情境中整体化解决综合性问题的能力，是从事一个（或若干相近）职业所必需的本领，是在职业工作、社会活动和个人生活中的科学思维。综合职业能力的目标包括专业能力、解决问题的方法和能力、社会与交流能力以及个性能力等。

1）能够具有实际工程的施工组织和管理能力，具有现代建筑施工的各种管理能力，并能协助施工项目部做好技术、资料工作。

2）能够根据实际建筑工程编写单位工程施工组织设计的能力。

3）具备对单位工程施工组织设计的审核能力。

4）能运用流水、网络基本原理编制工程进度计划，具备施工实际进度检查和调整的能力。

5）具有根据施工进度计划对实际施工进度进行控制的能力。

6）具有获取、领会和理解外界信息的能力，以及分析、推断和判断的能力。

7）具有职业生涯中除岗位专业能力之外的基本能力，如可迁移技能等。

目录

前言
导言
单元1　项目管理规划 1
　1.1　项目施工管理基础知识 1
　　1.1.1　任务导入 2
　　1.1.2　理论知识准备 2
　　1.1.3　课堂提问和讨论 6
　　1.1.4　随堂习题 8
　　1.1.5　能力训练 9
　1.2　项目施工管理通用知识 10
　　1.2.1　任务导入 10
　　1.2.2　理论知识准备 11
　　1.2.3　课堂提问和讨论 15
　　1.2.4　随堂习题 15
　　1.2.5　能力训练 17
　1.3　项目施工管理专业知识 18
　　1.3.1　任务导入 18
　　1.3.2　理论知识准备 19
　　1.3.3　课堂提问和讨论 25
　　1.3.4　随堂习题 25
　　1.3.5　能力训练 27
单元2　流水施工 29
　2.1　任务导入 30
　2.2　理论知识准备 30
　2.3　课堂提问和讨论 42
　2.4　随堂习题 42
　2.5　能力训练 45

单元3　网络计划 46
　3.1　任务导入 46
　3.2　理论知识准备 47
　　3.2.1　网络计划基本原理 47
　　3.2.2　网络图的绘制 52
　　3.2.3　网络计划时间参数的计算 ... 57
　　3.2.4　双代号时标网络计划 70
　　3.2.5　网络计划的优化 77
　　3.2.6　建设工程进度计划的编制
　　　　　　程序 87
　3.3　课堂提问和讨论 88
　3.4　随堂习题 88
　3.5　能力训练 93
单元4　建设工程进度控制 94
　4.1　施工阶段进度控制目标的
　　　　确定 94
　　4.1.1　任务导入 95
　　4.1.2　理论知识准备 95
　　4.1.3　课堂提问和讨论 108
　　4.1.4　随堂习题 109
　　4.1.5　能力训练 111
　4.2　建设工程进度控制 111
　　4.2.1　任务导入 112
　　4.2.2　理论知识准备 112
　　4.2.3　课堂提问和讨论 127
　　4.2.4　随堂习题 127
　　4.2.5　能力训练 129

单元5　施工进度计划的编制 …………… 131
　5.1　任务导入 ……………………… 132
　5.2　理论知识准备 ………………… 132
　5.3　课堂提问和讨论 ……………… 143
　5.4　随堂习题 ……………………… 143
　5.5　能力训练 ……………………… 145
单元6　施工现场平面布置图设计 …… 146
　6.1　任务导入 ……………………… 146
　6.2　理论知识准备 ………………… 147
　6.3　课堂提问和讨论 ……………… 164
　6.4　随堂习题 ……………………… 165
　6.5　能力训练 ……………………… 166
单元7　施工组织设计 ………………… 168
　7.1　施工组织设计的编制 ………… 168
　　7.1.1　任务导入 ………………… 169
　　7.1.2　理论知识准备 …………… 169
　　7.1.3　课堂提问和讨论 ………… 176
　　7.1.4　随堂习题 ………………… 177
　　7.1.5　能力训练 ………………… 179
　7.2　施工组织设计审批与审查 …… 179
　　7.2.1　任务导入 ………………… 180
　　7.2.2　理论知识准备 …………… 180
　　7.2.3　课堂提问和讨论 ………… 185
　　7.2.4　随堂习题 ………………… 186
　　7.2.5　能力训练 ………………… 187
单元8　施工组织设计实训 …………… 189
　8.1　实训内容 ……………………… 189
　8.2　实训要求 ……………………… 190
　8.3　施工组织设计实训指导 ……… 191
　　8.3.1　工程概况和施工特点
　　　　　分析 ………………………… 191
　　8.3.2　施工部署 ………………… 192
　　8.3.3　施工方案选择 …………… 193
　　8.3.4　施工进度计划的编制 …… 204
　　8.3.5　施工准备工作计划的
　　　　　编制 ………………………… 204
　　8.3.6　施工平面图设计 ………… 205
　　8.3.7　施工技术组织措施的
　　　　　制定 ………………………… 207
　　8.3.8　主要技术经济指标计算
　　　　　和分析 ……………………… 211
参考文献 ………………………………… 212

单元 1 项目管理规划

1.1 项目施工管理基础知识

1. 课题：项目施工管理基础知识
2. 课型：理实一体课
3. 授课时数：4课时
4. 教学目标和重难点分析

（1）知识目标

1）了解：项目范围确定的依据、项目管理规范的适用范围和作用。

2）熟悉："建设工程项目管理"的定义，"项目管理目标责任书"的定义。项目管理范围：①项目结构分析；②项目范围控制。

3）掌握：项目管理规划、项目管理组织。项目经理责任制：①项目经理；②项目管理目标责任书；③项目经理的责、权、利。

（2）能力目标

依据科学、合理等原则组建项目经理部，绘制组织框架图；依据可行性研究报告等资料，编制项目管理规划大纲和项目实施管理规划；拟定项目管理目标责任书。

（3）教学重点、难点、关键点

1）重点：项目经理责任制、项目管理规划。

2）难点：项目管理范围：①项目结构分析；②项目范围控制。

3）关键点：项目管理规范的适用范围和作用。

5. 教学方法（讲授、视频、图片展示，学生训练）
6. 教学过程（任务导入、理论知识准备、课堂提问和讨论、随堂习题、能力训练）
7. 教学要点和课时安排

（1）任务导入（5分钟）

（2）理论知识准备（60分钟）

（3）课堂提问和讨论（10分钟）

(4) 随堂习题（5分钟）

(5) 能力训练（80分钟）

1.1.1 任务导入

1. 案例

某工程项目在项目实施之前组建项目经理部。由法人代表或其授权人与项目经理共同协商，依据项目合同文件、组织管理制度、项目管理规划大纲和组织的经营方针及目标，制定项目管理目标责任书。

2. 引出

1) 项目管理规范的适用范围和作用。

2) "建设工程项目管理"的定义，"项目管理目标责任书"的定义。

3) 项目管理范围：①项目结构分析；②项目范围控制。

4) 项目管理规划。

5) 项目管理组织：①项目经理部；②项目团队建设，构建项目文化、项目文化管理、塑造价值观、习惯与行为等。

6) 项目经理责任制：①项目经理；②项目管理目标责任书；③项目经理的责、权、利。

1.1.2 理论知识准备

1. 建设工程项目管理

建设工程项目管理是指运用系统和理论的方法，对建设工程项目进行的计划、组织、指挥、协调和控制等专业化活动。

2. 项目管理目标责任书

项目管理目标责任书是指企业的管理层与项目经理部签订的明确项目经理部应达成的成本、质量、工期、安全和环境等管理目标及其承担的责任，并作为项目完成后考核评价依据的文件。

3. 项目结构分析

组织应根据项目范围说明文件进行项目的结构分析。项目结构分析应包括下列内容：

1) 项目分解。

2) 工作单位定义。

3) 工作界面分析。

项目应逐层分解至工作单位，形成树形结构图或项目工作任务表，并进行编码。

项目分解应符合下列要求：

① 内容完整，不重复，不遗漏。

② 一个工作单元只能从属于一个上层单元。

③ 每个工作单元应有明确的工作内容和责任者，工作单元之间的界面应清晰。

④ 项目分解应有利于项目实施和管理，便于考核评价。

工作单元应是分解结果的最小单位，便于落实职责、实施、核算和信息收集等工作。

工作界面分析应达到下列要求：

① 工作单元之间的接口合理，必要时应对工作界面进行书面说明。
② 在项目设计、计划和实施中，注意界面之间的联系和制约。
③ 在项目的实施中，应注意变更对界面的影响。

4. 项目范围控制

1）组织应严格按照项目的范围和项目分解结构文件进行项目的范围控制。

2）组织在项目范围控制中，应跟踪检查，记录检查结构、建立文档。

3）组织在进行项目范围控制中，应判断工作范围有无变化，对范围的变更和影响进行分析和处理。

4）项目范围变更管理应符合下列要求：
① 项目范围变更要有严格的审批程序和手续。
② 范围变更后应调整相关计划。
③ 组织对重大项目范围变更，应提出影响报告。

5）在项目的结束阶段，应验证项目范围，检查项目范围规定的工作是否完成和交付成果是否完备。

6）项目结束后，应对该项目范围管理的经验教训进行总结。

5. 项目管理规划的一般规定

1）项目管理规划作为指导项目管理工作的纲领性文件，应对项目管理的目标、依据、内容、组织、资源、方法、程序和控制措施进行确定。

2）项目管理规划应包括项目管理规划大纲和项目管理实施规划两类文件。

3）项目管理规划大纲应由组织的管理层或组织委托的项目管理单位编制。

4）项目管理实施规划应由项目经理组织编制。

5）大中型项目应单独编制项目管理实施规划；承包人的项目管理实施规划可以用施工组织设计或质量计划代替，但应能够满足项目管理实施规划的要求。

6. 项目管理规划大纲

1）项目管理规划大纲是项目管理工作中具有战略性、全局性和宏观性的指导文件。

2）编制项目管理规划大纲应遵循下列程序：
① 明确项目目标。
② 分析项目环境和条件。
③ 收集项目的有关资料和信息。
④ 确定项目管理组织模式、结构和职责。
⑤ 明确项目管理内容。
⑥ 编制项目目标计划和资源计划。
⑦ 汇总整理，报送审批。

3）项目管理规划大纲可依据下列资料编制：
① 可行性研究报告。
② 设计文件、标准、规范与有关规定。
③ 招标文件及有关合同文件。
④ 相关市场信息与环境信息。

4）项目管理规划大纲可包括下列内容，组织应根据需要选定：

① 项目概况。
② 项目范围管理规划。
③ 项目管理目标规划。
④ 项目管理组织规划。

7. 项目管理实施规划

1) 项目管理实施规划应对项目管理规划大纲进行细化，使其具有可操作性。
2) 编制项目管理实施规划应遵循下列程序：
① 了解项目相关各方的要求。
② 分析项目条件和环境。
③ 熟悉相关的法规和文件。
④ 组织编制。
⑤ 履行报批手续。
3) 项目管理实施规划可依据下列资料编制：
① 项目管理规划大纲。
② 项目条件和环境分析。
③ 工程合同及相关文件。
④ 同类项目的相关资料。
4) 项目管理实施规划应包括下列内容：
① 项目概况。
② 总体工作计划。
③ 组织方案。
5) 项目管理实施规划应符合下列要求：
① 项目经理签字后报组织管理层审批。
② 与各相关组织的工作协调一致。
③ 进行跟踪检查和必要的调整。
④ 项目结束后，形成总结文件。

8. 项目经理部

1) 项目经理部是组织设置的项目管理机构，承担项目实施的管理任务和目标实现的全面责任。
2) 项目经理部由项目经理领导，接受组织职能部门的指导、监督、检查、服务和考核，并负责对项目资源进行合理使用和动态管理。
3) 项目经理部应在项目启动前建立，并在项目竣工验收、审计完成后或按合同约定解体。
4) 建立项目经理部应遵循下列步骤：
① 根据项目管理规划大纲确定项目经理部的管理任务和组织结构。
② 根据项目管理目标责任书进行目标分解与责任划分。
③ 确定项目经理部的组织设置。
④ 确定人员的职责、考核制度与奖惩制度。
5) 项目经理部组织结构应根据项目的规模、结构、复杂程度、专业特点、人员素质和

地域范围确定。

6）项目经理部所制定的规章制度，应报上一级组织管理层批准。

7）项目团队建设包括构建项目文化、项目文化管理、塑造价值观、习惯和行为等；项目组织应树立项目团队意识，并满足下列要求：

① 围绕项目目标而形成和谐一致、高效运行的项目团队。

② 建立协同工作的管理机制和工作模式。

③ 建立畅通的信息沟通渠道和各方共享的信息工作平台，保证信息准确、及时和有效地传递。

8）项目团队应有明确的目标、合理的运行程序和完善的工作制度。

9）项目经理应对项目团队建设负责，培育团队精神，定期评估团队运作绩效，有效发挥和调动各成员的工作积极性与责任感。

10）项目经理应通过表彰奖励、学习交流等多种方式统一团队思想，加强集体观念，处理管理冲突，提高项目运作效率。

11）项目团队建设应注重管理绩效，有效发挥个体成员的积极性，并充分利用成员集体的协作效果。

9. 项目经理

1）项目经理应由法定代表人任命，并根据法定代表人授权的范围、期限和内容，履行管理职责，并对项目实施全过程、全面管理。

2）大中型项目的项目经理必须取得工程建设类相应专业注册职业资格证书。

3）项目经理应具备下列素质：

① 具有符合项目管理要求的能力，善于进行组织协调与沟通。

② 拥有相应的项目管理经验和业绩。

③ 具有项目管理需要的专业技术、管理、经济、法律和法规知识。

4）项目经理不应同时承担两个或两个以上未完成项目领导岗位的工作。

5）在项目运行正常的情况下，组织不应随意撤换项目经理。特殊原因需要撤换项目经理时，应进行审计并按有关合同规定报告相关方。

10. 项目管理目标责任书

1）项目管理目标责任书应在项目实施之前，由法定代表人或其授权人与项目经理协商制订。

2）编制项目管理目标责任书应依据下列资料：

① 项目合同文件。

② 组织管理制度。

③ 项目管理规划大纲。

④ 组织的经营方针和目标。

3）项目管理目标责任书可包括下列内容：

① 项目管理实施目标。

② 组织与项目经理部之间的责任、权限和利益分配。

③ 项目设计、采购、施工、试运行等管理的内容和要求。

4）确定项目管理目标应遵循下列原则：

① 满足组织管理目标。
② 满足合同的要求。
③ 预测相关的风险。
5) 组织应对项目管理目标责任书的完成情况进行考核，根据考核结果和项目管理目标责任书的奖惩规定，提出奖惩意见，对项目经理部进行奖励或处罚。

11. 项目经理的责、权、利

1) 项目经理应履行下列职责：
① 项目管理目标责任书规定的职责。
② 主持编制项目管理实施规划，并对项目目标进行系统管理。
③ 对资源进行动态管理。

2) 项目经理应具有下列权限：
① 参与项目招标、投标和合同签订。
② 参与组建项目经理部。
③ 主持项目经理部工作。

3) 项目经理的利益与奖罚：
① 获得工资和奖励。
② 项目完成后，按照项目管理目标责任书规定，经审计后给予奖励和处罚。
③ 获得评优表彰、记功等奖励。

1.1.3 课堂提问和讨论

1. 施工项目经理和总监理工程师可以为一个人吗？说明理由。

参考答案：不能。因为项目经理是指工程承包在总承包合同专用条款和本合同专用条款中指定的负责施工管理、履行总承包合同及本合同的代表，一般由取得国家注册的建造师担任。我国的施工企业在进行施工项目管理时，实行项目经理责任制度。项目经理必须在取得建筑工程施工项目经理资格证书之后才能上岗。其管理权利包括：

1) 组织所承担的工程项目施工管理的项目管理班子。

2) 参与施工项目投标，以企业法定代表人的代表身份处理与所承担的工程项目有关的外部关系，并可接受企业法定代表人的委托签署有关合同。

3) 指挥工程项目建设的生产经营活动，调配和管理所承担的工程项目的人力、资金、物资、机械设备等。

4) 选择所承担的工程项目的施工作业队伍。

5) 对所承担的工程项目的施工进行合理的经济分配。

6) 企业法定代表人授予的其他管理权利。

而总监理工程师由监理单位法定代表人书面授权，是全面负责委托监理合同履行和主持项目监理机构工作的国家注册监理工程师。其履行的责任包括：

1) 确定项目监理机构人员的分工和岗位职责。

2) 主持编写项目监理规划、审批项目监理实施细则，并负责管理项目监理机构的日常工作。

3) 审查分包单位的资质，并提出审查意见。

4）检查和监督监理人员的工作，根据工程项目的进展情况可进行监理人员调配，对不称职的监理人员应调换其工作。

5）主持监理工作会议，签发项目监理机构的文件和指令。

6）审定承包单位提交的开工报告、施工组织设计、技术方案、进度计划。

7）审核签署承包单位的申请、支付证书和竣工结算。

8）审查和处理工程变更。

9）主持或参与工程质量事故的调查。

10）调解建设单位与承包单位的合同争议、处理索赔、审批工程延期。

11）组织编写并签发监理月报、监理工作阶段报告、专题报告和项目监理工作总结。

12）审核签认分部工程和单位工程的质量检验评定资料，审查承包单位的竣工申请，组织监理人员对待验收的工程项目进行质量检查，参与工程项目的竣工验收。

13）主持整理工程项目的监理资料。

2. 项目结构图、合同结构图和组织结构图有什么区别？

参考答案：

1）项目结构图：是一个组织工具，它通过树状图的形式对一个项目的结构进行逐层分解，以反映组成该项目的所有工作任务；是用来描述工作对象之间的关系的。

2）合同结构图：反映业主方和项目各参与方之间，以及项目各参与方之间的合同关系。通过合同结构图可以非常清晰地了解一个项目有哪些，或将有哪些合同，以及了解项目各参与方的合同组织关系。

3）组织结构图：对一个项目的组织结构进行分解，并用图的方式表示，即为项目组织结构图，或称项目管理组织结构图。组织结构图反映一个组织系统（如项目管理班子）中各子系统之间和各元素（如各工作部门）之间的组织关系，反映的是各工作单位、各工作部门和各工作人员之间的组织关系。而项目结构图描述的是工作对象之间的关系。除此之外，项目组织结构图还反映项目经理和费用（投资或成本）控制、进度控制、质量控制、合同管理、信息管理和组织与协调等主管工作部门或主管人员之间的组织关系。

3. 项目管理规划有什么作用？

参考答案：

1）项目管理规划是对项目构思、项目目标更为详细的论证。在项目的总目标确定后，通过项目管理规划可以分析研究总目标能否实现，总目标确定的费用、工期、功能要求是否能得到保证，是否平衡。通过制订规划的过程能对可行性研究工作全面衡量，并进一步完善目标体系。

2）项目管理规划既是对项目目标实现方法、措施和过程的安排，又是项目目标的分解过程。规划结果是许多更细、更具体的目标的组合，它们将被作为各级组织在各个节点的责任。规划常常又是中间决策的依据，因为对项目管理规划的批准是一项重要的决策工作。

3）项目管理规划须考虑更多的实施战略问题，如组织与合同模式、里程碑计划。它是主要技术子系统的实施策略，是对项目实施的全面估计和预测。

4）项目管理规划是项目管理实际工作的指南和项目实施控制的依据，可作为对项目管理实施过程进行监督、跟踪和诊断的依据。除此之外，其还可作为评价和检验项目管理实施成果的尺度，作为对各层次项目管理人员业绩评价和奖励的依据。

5）项目管理规划需说明实施过程中所需要的技能和资源，以及业主和项目的其他方面需要了解和利用项目管理规划的信息。

1.1.4 随堂习题

1. 关于施工项目经理，说法正确的是（　　）。
   A. 施工项目经理的任务就是项目管理
   B. 施工项目经理的权限因所在企业不同而不尽相同
   C. 施工项目经理由于工作失误只承担经济赔偿责任
   D. 施工项目经理是一种专业职业资格

   解析：施工项目经理是施工企业中项目负责人的工作岗位，在这个岗位的人员的权限应由企业法定代表人授权。因此，企业不同授权也不可能完全相同。所以，正确答案为选项 B。

2. 根据《建设工程项目管理规范》GB/T 50326—2017，项目经理应具有的权限包括（　　）。
   A. 代表本企业与业主签订承包合同　　B. 主持项目经理部工作
   C. 制定项目经理部内部计酬办法　　　D. 负责组建项目经理部
   E. 参与选择物资供应单位

   解析：选项 A，正确的表述应为"参与项目招标、投标和合同签订"；选项 D，正确的表述应为"参与组建项目经理部"，所以，正确答案为选项 B、C、E。

3. 以下属于项目管理工作流程组织的有（　　）。
   A. 管理职能分工　　　　　　　　　　B. 物质流程组织
   C. 工作任务分工　　　　　　　　　　D. 信息处理工作流程组织
   E. 管理工作流程组织

   解析：项目管理工作流程组织包括管理工作流程组织、信息处理工作流程组织、物质流程组织。所以选项 BDE 正确。

4. 矩阵组织结构的特点包括（　　）。
   A. 适合于大系统
   B. 有横向纵向两个指令来源
   C. 国际上常用
   D. 职能部门可以对其非直接的下属下达工作指令
   E. 每个部门只有唯一的下属

   解析：在矩阵组织结构中，每一项纵向和横向交汇的工作，指令都来自于纵向和横向两个工作部门，因此其指令源为两个。当纵向和横向工作部门的指令发生矛盾时，由该组织系统的最高指挥者进行协调或决策。所以选项 AB 正确。

5. 编制项目管理任务分工表时，首先进行项目管理任务的分解，然后（　　）。
   A. 确定项目管理的各项工作流程
   B. 分析项目管理合同结构模式
   C. 明确项目经理和各主管工作部门或主管人员的工作任务
   D. 分析组织管理方面存在的问题

解析：为编制项目管理任务分工表，首先应对项目实施的各阶段的费用（投资或成本）控制、进度控制、质量控制、合同管理、信息管理和组织与协调等管理任务进行详细分解，在项目管理任务分解的基础上定义项目经理和费用（投资或成本）控制、进度控制、质量控制、合同管理、信息管理和组织与协调等主管工作部门或主管人员的工作任务。所以选项C正确。

6. 组织结构图中矩形框表示一个组织系统中的组成部分，矩形框之间的连接采用（　　）。

　　A. 折线　　　　　B. 双向箭线　　　C. 单向箭线　　　D. 直线

解析：这是项目结构图、组织结构图和合同结构图的区别。正确答案为选项C。

7. 线性组织结构的特点是（　　）。

　　A. 每一个工作部门只有一个直接的下级部门
　　B. 每一个工作部门只有一个直接的上级部门
　　C. 谁的级别高，就听谁的指令
　　D. 可以越级指挥或请示

解析：在线性组织结构中，每一个工作部门只能对其直接的下属工作部门下达工作指令，每一个工作部门也只有一个直接的上级部门，因此，每一个工作部门只有唯一的指令源，避免了由于矛盾的指令而影响组织系统的运行。所以选项B正确。

8. 项目管理实施规划应由（　　）组织编制。

　　A. 监理工程师　　B. 建设单位　　　C. 项目经理　　　D. 设计单位

解析：项目管理实施规划应该由项目经理组织编制。正确答案为选项C。

1.1.5　能力训练

1. 背景资料

以学校二号楼学生公寓现场项目监理组为背景。

2. 训练内容

请各小组根据以上所学知识，结合学校二号楼学生公寓项目进行讨论，施工单位向项目监理机构申报二号楼学生公寓项目在某月的工程进度款，依照相关规定，应该向项目监理机构哪个岗位人员申请，并说明理由。

3. 训练方案设计

重点：工程概况具体详尽，方能作为编制依据。

难点：收集完整资料。

关键点：先确定管理目标和责任书，再编制项目经理部框架图。

4. 训练指导

重点：项目管理目标责任书的目标分解与责任划分。

难点：项目范围确定、项目结构分析。

关键点：项目管理规划是在接受项目管理目标责任书的基础上，通过对项目管理的系统、完整的策划，形成一份规划文件，完成项目管理的首要环节，以指导项目管理的实施。

5. 评估及结果（在学生练习期间，巡查指导，评估纠正）

6. 收集练习结果并打分

1.2 项目施工管理通用知识

1. 课题：项目施工管理通用知识
2. 课型：理实一体课
3. 授课时数：4课时
4. 教学目标和重难点分析

（1）知识目标

1）了解：项目采购管理。
2）熟悉：项目资源管理。
3）掌握：项目信息管理、项目合同管理、项目沟通管理。

（2）能力目标

能够解决基本的沟通障碍和项目冲突；辅助项目经理完成一定的合同管理、资源管理、沟通管理工作，如参与项目合同的评审，编制合同总结报告、项目资源管理计划，参与制定项目信息管理计划、建立项目沟通管理体系、编制项目沟通计划。

（3）教学重点、难点、关键点

1）重点：项目信息管理、项目合同管理、项目沟通管理。
2）难点：项目沟通障碍与冲突管理。
3）关键点：项目沟通依据与方式；消除障碍和解决冲突的方法。

5. 教学方法（讲授、视频、图片展示、学生训练）
6. 教学过程（任务导入、理论知识准备、课堂提问和讨论、随堂习题、能力训练）
7. 教学要点和课时安排：

（1）任务导入（5分钟）
（2）理论知识准备（60分钟）
（3）课堂提问和讨论（10分钟）
（4）随堂习题（5分钟）
（5）能力训练（80分钟）

1.2.1 任务导入

1. 案例

在某工程项目合同实施前，参加过合同谈判的人员对合同实施人员即项目部的相关人员以会议形式进行合同交底。项目经理部的相关人员共同学习并讨论合同的主要内容、合同实施的主要风险、合同签订过程中的特殊问题、合同实施计划和合同实施责任分配等内容。

2. 引出

项目施工管理通用知识：

1）项目合同管理：①项目合同评审；②项目合同实施控制（风险）。
2）项目采购管理。
3）项目资源管理。

4）项目信息管理。

5）项目沟通管理：项目沟通障碍与冲突管理。

1.2.2 理论知识准备

1. 项目合同管理

（1）项目合同评审

1）项目合同评审应在合同签订之前进行，主要是对招标投标文件和合同条件进行审查、认定和评价。

2）项目合同评审应包括下列内容：

① 招标内容和合同法人合法性审查。

② 招标文件和合同条款的合法性与完备性审查。

③ 合同双方责任、权益和项目范围认定。

④ 与产品过程有关要求的评审。

⑤ 合同风险评估。

3）承包人应研究合同文件和发包人所提供的信息，确保合同要求得以实现；发现问题应与发包人及时澄清，并以书面方式确定；承包人应有能力完成合同要求。

（2）项目合同实施控制

1）项目合同实施控制包括合同交底、合同跟踪与诊断、合同变更管理和索赔管理等工作。

2）在项目合同实施前，合同谈判人员应进行合同交底。合同交底应包括合同的主要内容、合同实施的主要风险、合同签订过程中的特殊问题、合同实施计划和合同实施责任分配等内容。

3）组织管理层应监督项目经理部的合同执行行为，并协调各分包人的合同实施工作。

4）进行合同跟踪和诊断应符合下列要求：

① 全面收集并分析合同实施的信息，将合同实施情况与合同实施计划进行对比分析，找出其中的偏差。

② 定期诊断合同履行情况，诊断内容应包括合同执行差异的原因分析、责任分析以及实施趋向预测；应及时通报实施情况及存在问题，提出有关意见和建议，并采取相应措施。

5）合同变更管理应包括变更协商、变更处理程序、制订并落实变更措施、修改与变更相关的资料以及结果检查等工作。

6）承包人对发包人、分包人、供应单位之间的索赔管理工作应包括下列内容：

① 预测、寻找和发现索赔机会。

② 收集索赔的证据和理由，调查和分析干扰事件的影响，计算索赔值。

③ 提出索赔意向和报告。

7）承包人对发包人、分包人、供应单位之间的反索赔管理工作应包括下列内容：

① 对收到的索赔报告进行审查分析，收集反驳理由和证据，复核索赔值，起草并提出反索赔报告。

② 通过合同管理，防止反索赔事件的发生。

2. 项目采购管理

(1) 一般规定

1) 组织应设置采购部门,制订采购管理制度、工作程序和采购计划。

2) 项目采购工作应符合有关合同、设计文件所规定的数量、技术要求和质量标准,符合进度、安全、环境和成本管理等要求。

3) 产品供应和服务单位应通过合格评定。采购过程中应按规定对产品或服务进行检验,对不符合或不合格品应按规定处置。

4) 采购资料应真实、有效、完整,具有可追溯性。

5) 项目采购管理应遵循下列程序:

① 明确采购产品或服务的基本要求、采购分工及有关责任。

② 进行采购策划,编制采购计划。

③ 进行市场调查、选择合格产品供应或服务单位,建立名录。

④ 采用招标或协商等方式实施评审工作,确定供应或服务单位。

⑤ 签订采购合同。

⑥ 运输、验证、移交采购产品或服务。

⑦ 处置不合格产品或不符合要求的服务。

⑧ 采购资料归档。

(2) 项目采购计划

1) 组织应根据项目合同、设计文件、项目管理实施规划和有关采购管理制度编制项目采购计划。

2) 项目采购计划应包括下列内容:

① 采购工作范围、内容及管理要求。

② 采购信息,包括产品或服务的数量、技术标准和质量要求。

③ 检验方式和标准。

④ 供应方资质审查要求。

⑤ 采购控制目标及措施。

(3) 项目采购控制

1) 采购工作应采用招标、询价或其他方式。

2) 组织应对采购报价进行有关技术和商务的综合评审,并应制定选择、评审和重新评审的准则,并保存评审记录。

3) 组织对特殊产品(特种设备、材料、制造周期长的大型设备、有毒有害产品)的供应单位进行实地考察,并采取有效措施进行重点监控。

4) 承压产品、有毒有害产品、重要机械设备等特殊产品的采购,应要求供应单位提供有效的安全资质、生产许可证及其他相关要求的资格证书。

5) 项目采用的设备、材料应经检验合格,并符合设计及相应现行标准要求。检验产品使用的计量器具,产品的取样、抽验应符合规范要求。

6) 进口产品应按国际政策和相关法规办理报关及商检等手续。

7) 采购产品在检验、运输、移交和保管等过程中,应按照职业健康安全和环境管理要求,避免对职业健康安全、环境造成不良影响。

3. 项目资源管理

1）项目资源管理计划。

2）技术管理计划应包括技术开发计划、设计技术计划和工艺技术计划。

3）人力资源管理控制应包括人力资源的选择、订立劳务分包合同、教育培训和考核等。

4. 项目信息管理

1）组织应运用计算机信息处理技术，进行项目信息收集、汇总、处理、传输与应用。

2）信息沟通与协调，形成档案资料。

5. 项目沟通管理

（1）一般规定

1）项目沟通与协调管理体系分为沟通计划编制、信息分发与沟通计划的实施、检查评价与调整和沟通管理计划结果四大部分。在项目实施过程中，信息沟通包括人际沟通和组织沟通与协调。项目组织应根据建立的项目沟通管理体系，建立健全各项管理制度，应当从整体利益出发，运用系统分析的思想和方法，全过程、全方位地进行有效管理。项目沟通与协调管理应贯穿于建设工程项目实施的全过程。

2）项目沟通与协调的对象应是与项目有关的内外部的组织和个人。

（2）项目沟通程序和内容

1）组织应根据项目具体情况，建立沟通管理系统，制订管理制度，并及时明确沟通与协调的内容、方式、渠道和所要达到的目标。项目组织沟通的内容包括组织内部、外部的人际沟通和组织沟通。人际沟通就是个人之间的信息传递，组织沟通是指组织之间的信息传递。

2）组织为了做好项目每个阶段的工作，以达到预期的标准和效果，应在项目部门内、部门与部门之间，以及项目与外界之间建立沟通渠道，快速、准确地传递信息和沟通信息，以使项目内各部门达到协调一致，并且使项目成员明确自己的职责，了解自己的工作对组织目标的贡献，找出项目实施的不同阶段出现的矛盾和管理问题，调整和修正沟通计划，控制评价结果。

3）项目组织应运用各种手段，特别是计算机、互联网平台等信息技术，对项目全过程所产生的各种项目信息进行收集、汇总、处理、传输和应用，进行沟通与协调并形成完整的档案资料。

4）沟通与协调的内容涉及与项目实施有关的所有信息，包括项目各相关方共享的核心信息以及项目内部和相关组织产生的有关信息。

（3）项目沟通计划

1）项目沟通计划是项目管理工作中各组织和人员之间关系能否顺利协调、管理目标能否顺利实现的关键，组织应重视项目沟通计划和编制工作。编制项目沟通计划应由项目经理组织编制。

2）编制项目沟通计划主要是确定项目关系人的信息和沟通需求，应主要依据下列资料进行：

① 根据建设、设计、监理单位等组织的沟通要求和规定编制。

② 根据已签订的合同文件编制。

③ 根据项目管理企业的相关制度编制。
④ 根据国家法律法规和当地政府的有关规定编制。
⑤ 根据工程的具体情况编制。
⑥ 根据项目采用的组织结构编制。
⑦ 根据与沟通方案相适用的沟通技术约束条件和假设前提编制。

3) 项目沟通计划应与项目管理的组织计划相协调，如应与施工进度、质量、安全、成本、资金、环保、设计变更、索赔、材料供应、设备使用、人力资源、文明工地建设、思想政治工作等组织计划相协调。

4) 项目沟通计划主要指项目的沟通管理计划，应包括下列内容：

① 信息沟通方式和途径：主要说明在项目的不同实施阶段，针对不同的项目相关组织及不同的沟通要求，拟采用的信息沟通方式和沟通途径，即说明信息（包括状态报告、数据、进度计划、技术文件等）流向、将采用什么方法（包括书面报告、文件、会议等）分发不同类别的信息。

② 信息收集归档格式：用于详细说明收集和储存不同类别信息的方法，应包括对先前收集和分发材料、信息的更新及纠正。

③ 信息的发布和使用权限。

④ 发布信息说明：包括格式、内容、详细程度以及应采用的准则或定义。

5) 组织应根据项目沟通计划规定沟通的具体内容、对象、方式、目标、责任人、完成时间、奖罚措施等，采用定期或不定期的形式对项目沟通计划的执行情况进行检查、考核和评价，并结合实施结果进行调整，确保项目沟通计划的落实和实施。

(4) 项目沟通依据与方式

1) 项目内部沟通与协调可采用委派、授权、会议、文件、培训、检查、项目进展报告、思想工作、考核与激励及电子媒体等方式进行。

2) 项目外部沟通可采用电话、传真、交底会、协商会、协调会、例会、联合检查、项目进展报告等方式进行。

3) 项目经理部应编写项目进展报告。项目进展报告应包括下列内容：

① 项目的进展情况：应包括项目目前所处的位置、进度完成情况、投资完成情况等。

② 项目实施过程中存在的主要问题以及解决情况，计划采取的措施。

③ 项目的变更：应包括项目变更申请、变更原因、变更范围及变更前后的情况、变更的批复等。

④ 项目进展预期目标：预期项目未来的状况和进度。

(5) 项目沟通障碍与冲突管理

1) 信息沟通过程中主要存在语义理解、知识经验水平的限制、知觉的选择性、心理因素的影响、组织结构的影响、沟通渠道的选择、信息量过大等障碍。造成项目组织内部之间、项目组织与外部组织、人与人之间沟通障碍的因素很多，在项目的沟通与协调管理中，应采取一切可能的方法消除这些障碍，使项目组织能够准确、迅速、及时地交流信息，同时保证其真实性。

2) 消除沟通障碍可采用下列方法：

① 应重视双向沟通与协调方法，尽量保持多种沟通渠道的利用、正确运用文字语言等。

② 信息沟通后必须同时设法取得反馈，以弄清沟通方是否已经了解，是否愿意遵循并采取了相应的行动等。

3）对项目实施各阶段出现的冲突，项目经理部应根据沟通的进展情况和结果，按程序要求通过各种方式及时将信息反馈给相关各方，实现共享，提高沟通与协调效果，以便及早解决冲突。

1.2.3 课堂提问和讨论

1. 为什么项目采购管理对工程项目总承包的成功具有重要意义？

参考答案：项目采购管理是工程项目管理的重要组成部分，与工程项目建设全过程有着密切的联系，是工程项目建设的物质基础。根据国内外众多工程项目总承包合同价款内容的分析，设备、材料的采购所占的比重为总承包合同价款中所占的比重在一半以上。而且类别品种极多、技术性强、涉及面广、工作量大，同时对其质量、价格和进度都有着严格的要求，并具有较大的风险性。稍有失误，不仅影响工程的质量、进度和费用，甚至会导致总承包单位的亏损。提高对采购管理工作重要性的认识，自觉加强对采购工作的领导，对工程建设项目的顺利实施有着重要的意义。

2. 施工总承包管理方和建筑施工总承包方有什么区别？

参考答案：

1）施工总承包管理方是施工总承包方的上级机构。例如：有 N 个大型施工项目，由每一个具体施工总承包方负责完成自己承包的施工项目，包括质量、工期、安全、环保、资金使用等都要用文字、表格、图片的形式向施工总承包管理方汇报批准，才能实施。施工总承包管理方负责管理这 N 个项目的施工总控制。

2）施工总承包管理方一般由投资方、政府机构或投资方组织的专业技术、管理人员组成。

3）施工总承包方由施工各企业组成。

3. 影响冲突解决方法的因素有哪些？

参考答案：

1）冲突的相对重要性与激烈程度。

2）解决冲突的紧迫性。

3）冲突各方的立场。

4）永久或暂时解决冲突的动机。

1.2.4 随堂习题

1. 业主方委托一个施工单位或由多个施工单位组成的施工联合体或施工合作体作为施工总承包单位，施工总承包单位视需要再委托其他施工单位作为分包单位配合施工，这种施工任务委托模式是（　　）。

A. 施工总承包　　　　　　　　B. 施工总承包管理

C. 平行承发包　　　　　　　　D. 建设工程项目总承包

解析：业主方委托一个施工单位或由多个施工单位组成的施工联合体或施工合作体作为施工总承包单位，施工总承包单位视需要再委托其他施工单位作为分包单位配合施工，这种施工任务委托模式是施工总承包。所以选项A正确。

2. 施工总承包模式的最大缺点是（ ）。
   A. 容易引发索赔　　　　　　　　B. 建设周期较长
   C. 不利于投资控制　　　　　　　D. 业主组织协调工作量较大

   解析：施工总承包模式在进度控制方面，由于一般要等施工图设计全部结束后，业主才能进行施工总承包单位的招标，因此，开工日期不可能太早，建设周期会较长，这是施工总承包模式最大的缺点，限制了其在建设周期紧迫的建设工程项目上的应用。所以选项B正确。

3. 沟通管理计划通常不包括（ ）。
   A. 项目干系人的沟通要求　　　　B. 项目主要里程碑和目标日期
   C. 接收信息的人或组织　　　　　D. 信息分发的时间框架和频率

   解析：本题考查的是沟通管理计划的内容，正确答案为选项B。

4. 信息管理部门负责与其他工作部门协同组织收集、处理信息和（ ）各种反映项目进展与项目目标控制的报表及报告。
   A. 汇总　　　　B. 形成　　　　C. 统计　　　　D. 打印

   解析：信息管理部门负责与其他工作部门协同组织收集、处理信息和形成各种反映项目进展与项目目标控制的报表及报告。所以，正确答案为选项B。

5. 根据《中华人民共和国建筑法》，合同约定由工程承包单位采购的工程建设物资，建设单位可以（ ）。
   A. 指定生产厂　　B. 指定供应商　　C. 提出质量要求　　D. 指定具体品牌

   解析：根据《中华人民共和国建筑法》，合同约定由工程承包单位采购的工程建设物资，建设单位可以提出质量要求。所以，正确答案为选项C。

6. 冲突管理的方法包括（ ）。
   A. 问题解决、谈判、合作、撤退、公示
   B. 问题解决、合作、妥协、撤退
   C. 谈判、合作、妥协、撤退
   D. 问题解决、谈判、合作、妥协、撤退、公示

   解析：冲突管理的方法包括问题解决、合作、妥协、撤退。所以，正确答案为选项B。

7. 在物资采购管理工作中，编制完成采购计划后进行的工作是（ ）。
   A. 进行采购合同谈判，签订采购合同
   B. 明确采购产品的基本要求、采购分工和有关责任
   C. 选择材料、设备的采购单位
   D. 进行市场调查，选择合格产品的供应单位，建立名录

   解析：采购管理应遵循的程序：①明确采购产品或服务的基本要求、采购分工及有关责任；②进行采购策划，编制采购计划；③进行市场调查，选择合格产品的供应或服务单位，建立名录；④采用招标或协商等方式实施评审工作，确定供应或服务单位；⑤签订采购合同；⑥运输、验证、移交采购产品或服务；⑦处置不合格产品或不符合要求的服务；⑧采购资料归档。所以选项D正确。

8. 在施工合同实施中，"项目经理将各种任务的责任分解，并落实到具体人员"的活动

属于（　　）的内容。

A. 合同分析　　　B. 合同跟踪　　　C. 合同交底　　　D. 合同实施控制

解析：项目经理或合同管理人员应将各种任务或事件的责任分解，落实到具体的工作小组、人员或分包单位身上，以便于合同实施与检查，所以，正确答案为选项 D。

9. 项目设备材料，一般采取（　　）两种采购方式。

A. 项目部自行采购　　　　　　　　B. 技术工人自行采购

C. 分包商采购　　　　　　　　　　D. 业主采购

E. 项目经理采购

解析：项目的设备材料，一般采取项目部自行采购和分包商采购两种方式。所以，正确答案为选项 A、C。

10. 关于项目信息管理手册及其内容的说法，正确的有（　　）。

A. 应编制项目参与各方通用的信息管理手册

B. 信息管理部门负责编制信息管理手册

C. 信息管理手册中应包含工程档案管理制度

D. 信息管理的任务分工表是信息管理手册的主要内容之

E. 信息管理手册应随项目进展而做必要的修改和补充

解析：业主方和项目参与各方都应编制各自的信息管理手册，其主要内容包括：信息管理的任务分工表和管理职能分工表；工程档案管理制度。信息管理部门的主要工作任务是负责编制信息管理手册，在项目实施过程中进行信息管理手册必要的修改和补充。所以选项 A 错误。

1.2.5　能力训练

1. 背景资料

以学校二号楼学生公寓现场项目监理组为背景。

2. 训练内容

请各小组根据以上所学知识，讨论如何在施工组织过程中进行信息管理。

3. 训练方案设计

重点：使用计算机进行信息过程管理。

难点：项目管理规划与信息管理计划的共性。

关键点：编制内容以二号楼为背景。

4. 训练指导

重点：信息需求分析，信息编码系统，信息流程，信息管理制度。

难点：信息过程管理应包括信息的收集、加工、传输、存储、检索、输出和反馈等内容。

关键点：信息需求分析应明确实施项目所必需的信息，包括信息的类型、格式、传递要求及复杂性等，并应进行信息价值分析。

5. 评估及结果（在学生练习期间，巡查指导，评估纠正）

6. 收集练习结果并打分

1.3 项目施工管理专业知识

1. 课题：项目施工管理专业知识
2. 课型：理实一体课
3. 授课时数：4课时
4. 教学目标和重难点分析

（1）知识目标

1）了解：项目收尾管理。

2）熟悉：项目环境管理、项目现场管理。

3）掌握：项目进度管理、项目质量管理、项目成本管理、项目风险管理、项目职业健康安全管理。

（2）能力目标

辅助项目经理完成基础的进度、安全、成本、风险、环境、现场、职业健康等管理工作，如参与各项管理计划的编制、各项管理制度的建立、质量管理策划与风险识别、安全事故的处置等。

（3）教学重点、难点、关键点

1）重点：项目进度管理、项目质量管理、项目成本管理、项目风险管理、项目职业健康安全管理。

2）难点：项目进度计划的编制、质量管理计划的编制、编制项目成本计划、风险识别、风险评估、风险损失量的估计。

3）关键点：各类管理计划的编制依据和内容；风险损失量应该包括的内容。

5. 教学方法（讲授、视频、图片展示、学生训练）
6. 教学过程（任务导入、理论知识准备、课堂提问和讨论、随堂习题、能力训练）
7. 教学要点和课时安排

（1）任务导入（5分钟）

（2）理论知识准备（60分钟）

（3）课堂提问和讨论（10分钟）

（4）随堂习题（5分钟）

（5）能力训练（80分钟）

1.3.1 任务导入

1. 案例

导入视频：开工前，项目经理组织项目部所有管理人员在会议室召开会议，建立职业健康安全管理体系，出现职业健康安全管理体系的框架图画面。转换画面到三级安全教育，公司对项目部、项目部对班组、班组对个人三级教育，三个教育场景不同。施工现场粉尘严重，洒水车控制扬尘。土方开挖时，发现文物，立即停止施工，保护现场，向上级主管部门报告。承包人组织自检合格后，向建设单位申请竣工验收，建设单位组织五方责任主体参与。

2. 引出

项目施工管理专业知识：

1) 项目进度管理：①项目进度计划编制；②项目进度计划的检查与调整。
2) 项目质量管理：①项目质量控制与处置；②项目质量改进。
3) 项目职业健康安全管理：①建立并持续改进职业健康安全管理体系的方针；②项目职业健康安全管理应遵循的程序；③项目职业健康安全技术措施计划的实施。
4) 项目环境管理：①总体策划和部署；②对环境因素进行控制；③项目现场管理。
5) 项目成本管理：①项目成本计划；②项目成本分析与考核。
6) 项目风险管理：①项目风险识别；②项目风险控制。
7) 项目收尾管理：①项目竣工收尾；②项目竣工验收；③项目竣工决算。

1.3.2 理论知识准备

1. 项目进度管理

(1) 项目进度计划编制

1) 组织应根据合同文件、项目管理规划文件、资源条件与内外部约束条件编制项目进度计划。
2) 组织应提出项目控制性进度计划。项目控制性进度计划可包括：
① 整个项目的总进度计划。
② 分阶段进度计划。
③ 子项目进度计划和单位进度计划。
④ 年（季）度计划。
3) 项目经理部应编制项目作业性进度计划。项目作业性进度计划可包括：
① 分部分项工程进度计划。
② 月（旬）作业计划。
4) 各类进度计划应包括下列内容：
① 编制说明。
② 进度计划表。
③ 资源需要量及供应平衡表。
5) 编制项目进度计划的步骤应按下列程序：
① 确定项目进度计划的目标、性质和任务。
② 进行工作分解。
③ 收集编制依据。
④ 确定工作的起止时间及里程碑。
⑤ 处理各工作之间的逻辑关系。
⑥ 编制进度表。
⑦ 编制进度说明书。
⑧ 编制资源需要量及供应平衡表。
⑨ 报有关部门批准。
6) 编制项目进度计划可使用文字说明、里程碑表、工作量表、横道计划、网络计划等

方法，其中，项目作业性进度计划必须采用网络计划方法或横道计划方法。

(2) 项目进度计划的检查与调整

项目进度计划检查后应按下列内容编制进度报告：

1）进度执行情况的综合描述。

2）实际进度与计划进度的对比资料。

3）进度计划的实施问题及原因分析。

4）进度计划执行情况对质量、安全和成本等的影响情况。

5）采取的措施和对未来计划进度的预测。

2. 项目质量管理

(1) 项目质量控制与处置

1）项目经理部应根据质量计划的要求，运用动态控制原理进行质量控制。

2）质量控制主要控制过程的输入、过程中的控制点以及输出，同时也应包括各个过程之间的接口质量。

3）项目经理部应在质量控制的过程中，跟踪收集实际数据并进行整理，并应将项目的实际数据与质量标准和目标进行比较，分析偏差，并采取措施予以纠正和处置，必要时对处置效果和影响进行复查。

4）质量计划需修改时，应按原批准程序报批。

5）设计的质量控制应包括下列过程：

① 设计策划。

② 设计输入。

③ 设计活动。

④ 设计输出。

⑤ 设计评审。

6）采购的质量控制应包括确定采购程序、确定采购要求、选择合格供应单位以及采购合同的控制和进货检验。

7）对施工过程的质量控制应包括：

① 施工目标实现策划。

② 施工过程管理。

③ 施工改进。

④ 产品（或过程）的验证和防护。

8）检验和监测装置的控制应包括：确定装置的型号、数量，明确工程过程，制定质量保证措施等内容。

9）组织应建立有关纠正和预防措施的程序，对质量不合格的情况进行控制。

(2) 项目质量改进

1）项目经理部应定期对项目质量状况进行检查、分析，向组织提出质量报告，提出目前质量状况、发包人及其他相关方满意程度、产品要求的符合性以及项目经理部的质量改进措施。

2）组织应对项目经理部进行检查、考核，定期进行内部审核，并将审核结果作为管理评审的输入，促进项目经理部的质量改进。

3）组织应了解发包人及其他相关方对质量的意见，对质量管理体系进行审核，确定改进目标，提出相应措施并检查落实。

3. 项目职业健康安全管理

（1）一般规定

1）组织应遵照《建设工程安全生产管理条例》和《职业健康安全管理体系 要求及使用指南》GB/T 45001—2020，坚持"安全第一、预防为主、综合治理"的方针，建立并持续改进职业健康安全管理体系。项目经理应负责项目职业健康安全的全面管理工作。项目负责人、专职安全生产管理人员和特种作业人员应持证上岗。

2）项目职业健康安全管理应遵循下列程序：

① 识别并评价危险源及风险。

② 确定职业健康安全目标。

③ 编制并实施项目职业健康安全技术措施计划。

④ 验证职业健康安全技术措施计划实施结果。

⑤ 持续改进相关措施和绩效。

（2）项目职业健康安全技术措施计划的实施

1）组织应建立分级职业健康安全生产教育制度，实施公司、项目经理部和作业队三级教育，未经教育的人员不得上岗作业。

2）项目经理部应建立职业健康安全生产责任制，并把责任目标分解落实到人。

3）职业健康安全技术交底应符合下列规定：

① 工程开工前，项目经理部的技术负责人应向有关人员进行安全技术交底。

② 结构复杂的分部分项工程实施前，项目经理部的技术负责人应进行安全技术交底。

③ 项目经理部应保存安全技术交底记录。

4）组织应定期对项目进行职业健康安全管理检查，分析影响职业健康或不安全行为与隐患存在的部位及危险程度。

5）职业健康的安全检查应采取随机抽样、现场观察、实地检测相结合的方法，记录检测结果，及时纠正发现的违章指挥和作业行为。检查人员应在每次检查结束后及时提交安全检查报告。

6）组织应及时识别和评价其他承包人或供应单位的危险源，与其进行交流和协商，并制订控制措施，以降低相关的风险。

4. 项目环境管理

（1）一般规定

1）项目经理负责现场环境管理工作的总体策划和部署，建立项目环境管理组织机构。制订相应制度和措施，组织培训，使各级人员明确环境保护的意义和责任。

2）项目经理部应对环境因素进行控制，制订应急准备和响应措施，并保证信息通畅，预防可能出现非预期的损害。在出现环境事故时，应消除污染，并应制订相应措施，防止环境二次污染。

（2）项目现场管理

1）项目经理部应在施工前了解经过施工现场的地下管线，标出位置，加以保护。施工时发现文物、古迹、爆炸物、电缆等，应当停止施工，保护现场，及时向有关部门报告，并按照规定处理。

2）施工中需要停水、停电、封路而影响环境时，应经有关部门批准，事先告示。在行人、车辆通过的地方施工，应当设置沟、井、坎、洞覆盖物和标志。

3）项目经理部应对现场的环境因素进行分析，对于可能产生的污水、废水、噪声、固体废弃物等污染源采取措施，进行控制。

4）建筑垃圾和渣土应堆放在指定地点，定期进行清理。装载建筑材料、垃圾或渣土的运输机械，应采取防止尘土飞扬、洒落或流溢的有效措施。施工现场应根据需要设置机动车辆冲洗设施，冲洗污水应进行处理。

5）除有符合规定的装置外，不得在施工现场熔化沥青和焚烧油毡、油漆，也不得焚烧其他产生有毒有害烟尘和恶臭气味的废弃物。项目经理部应按规定有效地处理有毒有害物质。禁止将有毒有害废弃物现场回填。

6）施工现场的场容管理应符合施工平面图设计的合理安排和物料器具定位管理标准化的要求。

7）项目经理部应依据施工条件，按照施工总平面图、施工方案和施工进度计划的要求，认真履行所负责区域的施工平面图的规划、设计、布置、使用和管理。

8）现场的主要机械设备、脚手架、密封式安全网与围挡、模具、施工临时道路、各种管线、施工材料制品堆场及仓库、土方及建筑垃圾堆放区、变配电间、消火栓、警卫室、现场的办公、生产和生活临时设施等的布置，均应符合施工平面图的要求。

9）现场入口处的醒目位置，应公示下列内容：

① 工程概况。

② 安全纪律。

③ 防火须知。

④ 安全生产与文明施工规定。

⑤ 施工现场总平面布置图。

⑥ 项目经理部组织机构图及主要管理人员名单。

10）施工现场周边应按当地有关要求设置围挡和相关的安全预防设施。危险品仓库附近应有明显标志及围挡设施。

11）施工现场应设置畅通的排水沟渠系统，保持场地道路的干燥、坚实。施工现场的泥浆和污水未经处理不得直接排放。地面宜做硬化处理。有条件时，可对施工现场进行绿化布置。

5. 项目成本管理

（1）项目成本计划

1）项目经理部应根据下列文件编制项目成本计划：

① 合同文件。

② 项目管理实施规划。

③ 可行性研究报告和相关设计文件。

④ 市场价格信息。

⑤ 相关定额。

⑥ 类似项目的成本资料。

2）编制项目成本计划应满足下列要求：
① 由项目经理部负责编制，报组织管理层批准。
② 自上而下分级编制并逐层汇总。
③ 反映各成本项目指标和降低成本指标。
（2）项目成本分析与考核
1）组织应建立健全项目成本考核制度，对考核的目的、时间、范围、对象、方式、依据、指标、组织领导、评价与奖惩原则等做出规定。
2）项目成本分析根据会计核算、统计核算和业务核算的资料进行。
3）项目成本分析应采用比较法、因素分析法、差额分析法和比率法等基本方法；也可采用分部分项成本分析、年季月（或周、旬等）度成本分析、竣工成本分析等综合成本分析法。
4）组织应以项目成本降低额和项目成本降低率作为成本考核主要指标。项目经理部应设置成本降低额和成本降低率等考核指标。发现偏离目标时，应及时采取改进措施。
5）组织应对项目经理部的成本和效益进行全面审核、审计、评价、考核与奖惩。

6. 项目风险管理

（1）项目风险识别
1）组织应识别项目实施过程中的各种风险。
2）组织识别项目风险应遵循下列程序：
① 收集与项目风险有关的信息。
② 确定风险因素。
③ 编制项目风险识别报告。
（2）项目风险控制
1）组织进行风险控制应做好的工作包括：收集和分析与项目风险相关的各种信息，获取风险信号；预测未来的风险并提出预警。这些工作的结果应反映在项目进展报告中，构成项目进展报告内容的一部分。
2）组织对可能出现风险的因素进行监控，依靠风险管理体系，建立责任制和风险监控信息传输体系。

7. 项目收尾管理

（1）项目竣工收尾
1）项目竣工收尾是项目结束阶段管理工作的关键环节，项目经理部应编制详细的竣工收尾工作计划，采取有效措施逐项落实，保证按期完成任务。
2）项目竣工计划内容应表格化，编制、审批、执行、验证的程序应清楚。
3）项目经理应按计划要求，组织实施竣工收尾工作，及时沟通和协助验收。并且，竣工收尾工作应符合条件：全部竣工计划项目已经完成，符合工程竣工报验条件；工程质量自检合格，各种检查记录齐全；设备安装经试车、调试，具备单机试运行条件；建筑物四周规定距离以内的工地达到工完、料净、场清的标准；工程技术经济文件收集、整理齐全等。
（2）项目竣工验收
1）承包人应按工程质量验收标准，组织专业人员进行质量检查评定，实行监理的应约请相关监理机构进行初步验收。初步验收合格后，承包人应向发包人提交工程竣工报告，约定有关项目竣工验收移交事宜。

2) 发包人应按有关项目竣工验收的法律、行政法规和部门规定，一次性或分阶段竣工验收。

3) 组织项目竣工验收应依据批准的建设文件和工程实施文件，达到国家法律、行政法规、部门规章对竣工条件的规定和合同约定的竣工验收要求，提出工程竣工验收报告，有关承发包当事人和项目相关组织应签署验收意见，签名并盖单位公章。

4) 工程文件的归档整理应按国家发布的现行标准、规定执行，如《建设工程文件归档规范》GB/T 50328、《科学技术档案案卷构成的一般要求》GB/T 11822 等。承包人向发包人移交工程文件档案应与编制的清单目录保持一致，需有交接签认手续，并符合移交规定。

(3) 项目竣工决算

1) 建设工程项目竣工，发包人应依据工程建设资料并按国家有关规定编制项目竣工决算。

2) 竣工决算是由建设单位编制的反映建设项目实际造价和投资效果的文件。竣工决算的内容应包括从项目策划到竣工投产全过程的全部实际费用，即包括竣工财务决算说明书、竣工财务决算报表、工程竣工图和工程造价对比分析共四个部分。其中，竣工财务决算说明书和竣工财务决算报表又合称为竣工财务决算，它是竣工决算的核心内容。

3) 竣工决算的编制依据主要有：

① 经批准的可行性研究报告及其投资估算书。

② 经批准的初步设计或扩大初步设计及其概算书或修正概算书。

③ 经批准的施工图设计及其施工图预算书。

④ 设计交底或图纸会审会议纪要。

⑤ 招标投标的标底、承包合同、工程结算资料。

⑥ 施工记录或施工签证单及其他施工发生的费用记录。

⑦ 竣工图及各种竣工验收资料。

⑧ 历年基建资料、财务决算及批复文件。

⑨ 设备、材料等调价文件和调价记录。

⑩ 有关财务核算制度、办法和其他有关资料、文件等。

(4) 审计内容

1) 审查决算资料的完整性。建设、施工等与建设项目相关的单位应提供的资料：①经批准的可行性研究报告，初步设计、投资概算、设备清单；②工程预算（投标报价）、结算书；③同级财政审批的各年度财务决算报表及竣工财务决算报表；④各年度下达的固定资产投资计划及调整计划；⑤各种合同及协议书；⑥已办理竣工验收的单项工程的竣工验收资料；⑦施工图、竣工图和设计变更、现场签证、施工记录；⑧建设项目设备、材料采购及入、出库资料；⑨财务会计报表、会计账簿、会计凭证及其他会计资料；⑩工程项目交点清单及财产盘点移交清单；⑪其他资料，如收尾工程、遗留问题等。

2) 竣工财务决算报表和说明书完整性、真实性审计。

① 大、中型建设项目财务决算报表包括：基本建设项目竣工决算审批表、大、中型建设项目竣工工程概况表、竣工工程财务决算表、交付使用资产总表、交付使用资产明细表。

② 小型基建项目财务决算报表包括：竣工工程决算总表、交付使用资产明细表。

3）各项建设投资支出的真实性、合规性审计，包括：建安工程投资审计；设备投资审计；待摊投资列支的审计；其他投资支出的审计；待核销基建支出的审计；转出投资审计。

4）建设工程竣工结算的真实性、合规性审计，包括：约定的合同价款及合同价款调整内容以及索赔事项是否规范；工程设计变更价款调整事项是否约定；施工现场的造价控制是否真实合规；工程进度款结算与支付是否合规；工程造价咨询机构出具的工程结算文件是否真实合规。

5）概算执行情况审计，包括：实际完成投资总额的真实合规性审计；概算总投资、投入实际金额、实际投资完成额的比较；分析超支或节余的原因。

6）交付使用资产真实性、完整性审计，包括：是否符合交付使用条件；交接手续是否齐全；应交使用资产是否真实、完整。

7）结余资金及基建收入审计，包括：结余资金管理是否规范，有无小金库；库存物资管理是否规范，数量、质量是否存在问题，库存材料价格是否真实；往来款项、债权债务是否清晰，是否存在转移挪用问题，债权债务清理是否及时；基建收入是否及时清算，来源是否核实，收入分配是否存在问题。

8）尾工工程审计，包括：未完工程工程量的真实性和预留投资金额的真实性。

1.3.3 课堂提问和讨论

1. 为什么要有计划性的风险自留？

参考答案：风险自留也可以称为自保。自保是一种重要的风险管理手段。它是风险管理者察觉了风险的存在，估计到了该风险造成的期望损失，决定以其内部的资源（自有资金或借入资金），来对损失加以弥补的措施。在有计划性的风险自留中对损失的处理有许多种方法，有的会立即将其从现金流量中扣除，有的则将损失在较长的一段时间内进行分摊，以减轻对单个财务年度的冲击。

2. 风险评价的主要作用是什么？

参考答案：一是更准确地认识风险；二是保证目标规划的合理性和计划的可行性；三是合理选择风险对策，形成最佳风险对策组合。

3. 职业健康安全管理体系和环境管理体系的不同点是什么？

参考答案：

1）需要满足的对象不同。建立职业健康安全管理体系的目的是"消除或减小因组织的活动而使员工和其他相关方可能面临的职业健康安全风险"，即主要目标是使员工和相关方对职业健康安全条件满意。而建立环境管理体系的目的是"针对众多相关方和社会对环境保护的不断需要"，即主要目标是使公众和社会对环境保护满意。

2）管理的侧重点有所不同。职业健康安全管理体系通过对危险源的辨识，评价风险，控制风险，改进职业健康安全绩效，满足员工和相关方的要求。而环境管理体系是通过对环境产生不利影响因素的分析，进行环境管理，满足相关法律法规的要求。

1.3.4 随堂习题

1. 下列关于城市轨道交通地下工程风险管理的说法中，正确的是（　　）。

A. 风险的损失量仅考虑费用损失，不必计算工期损失

B. 风险管理应编制风险控制预案、建立重大风险事故呈报制度

C. 风险管理实施的主要阶段包括施工准备期、施工期和竣工验收

D. 工程实施中所发生的职业健康危险属于环境影响事故

解析：本题属于综合性的题。本题结合城市轨道交通地下工程考查风险损失、实施阶段划分、人员伤害和环境影响事故的区分以及风险管理工作内容的认识。选项A说法错误，选项C说法不全面，没有体现工程特点，而选项D的内容应当属于设计单位的考虑范畴，因此，只有选项B所述完全正确。

2. 某建筑公司与某建设单位通过工程量清单招标投标，签订了某写字楼的施工总承包合同，该项目的施工风险包括（　　）。

  A. 技术措施不当的风险   B. 立项决策的风险
  C. 国家财政政策变化的风险   D. 设计风险

解析：该题考查的是建设工程施工风险，混淆项有决策阶段的风险、设计风险。选项B、C、D都不属于施工风险，只有选项A属于施工风险中的技术风险。所以，正确答案为选项A。

3. 下列关于职业健康安全与环境管理的说法中，错误的是（　　）。

  A. 职业健康安全与环境管理一般只对有害的因素进行管理和控制

  B. 职业健康安全管理的目的是防治和减少生产安全事故，保护产品生产者的健康与安全，保障人民群众的生命和财产免受损失

  C. 建设工程项目环境管理的目的是保护生态环境，使社会的经济发展与人类的生存环境相协调

  D. 职业健康安全与环境管理都是组织管理体系的一部分，其管理的主体是组织，管理的对象是一个组织的活动

解析：职业健康安全与环境管理的对象是一个组织的活动、产品或服务中能与职业健康安全发生相互作业的不健康、不安全的条件和因素，以及能与环境发生相互作用的要素。需要管理控制的并不只是有害因素，所以选项A说法是错误的。

4. 应由监理工程师（建设单位项目技术负责人）组织进行验收的是（　　）质量验收。

  A. 分项工程   B. 子分部工程   C. 分部工程   D. 单位工程

解析：①检验批、分项工程应由监理工程师（建设单位项目技术负责人）组织施工单位项目专业质量（技术）负责人进行验收；②分部工程应由总监理工程师（建设单位项目负责人）组织施工单位项目负责人和技术、质量负责人等进行验收；③单位工程应由建设单位组织正式的竣工验收。所以，正确答案为选项A。

5. 决定职业健康安全与环境管理持续性特点的是（　　）。

  A. 受气候条件、工程地质条件影响较大

  B. 项目建设周期长，诸多工序环环相扣

  C. 项目建设现场材料、设备和工具的流动性大

  D. 项目建设涉及的各工种经常需要交叉作业或平行作业

解析：依据建筑产品的特性，建设工程职业健康安全和环境管理有持续性的特点。因为项目建设一般具有周期长的特点，从设计、实施直至投产阶段，诸多工序环环相扣。前一道

工序的隐患，可能在后续的工序中暴露，酿成安全事故。所以选项 B 正确。

6. 建筑产品的特性使建设项目的职业健康安全和环境管理涉及大量的露天作业，受到气候条件、工程地质等不可控因素的影响较大，因此决定了职业健康安全与环境管理具有（　　）的特点。

A. 单一性　　　B. 复杂性　　　C. 不可逆性　　　D. 重复性

解析：依据建筑产品的特性，建设工程职业健康安全和环境管理的特点具有复杂性。因为职业健康安全和环境管理涉及大量的露天作业，受到气候条件、工程地质和水文地质、地理条件及地域资源等不可控因素的影响较大。所以选项 B 正确。

7. 风险对策应形成的风险管理计划，其内容包括风险管理的目标、范围、方法、工具和下列选项中的（　　）。

A. 风险跟踪要求　　　　　　　B. 风险管理的职责和权限
C. 风险发生的概率和损失量　　D. 风险分类和排列要求
E. 相应的资源预算

解析：风险对策应形成的风险管理计划，其内容包括风险管理的目标、范围、方法、工具和风险跟踪要求、风险管理的职责和权限、风险分类和排列要求、相应的资源预算。所以，正确答案为选项 A、B、D、E。

8. 属于施工成本管理主要环节的有（　　）。

A. 施工成本控制　　　　B. 施工成本分析
C. 施工成本核算　　　　D. 施工成本纠偏
E. 施工成本计划

解析：本题考查对施工成本管理环节的理解，正确答案为选项 A、B、C、E。

9. 下列施工成本管理的措施中，属于经济措施的有（　　）。

A. 明确成本管理人员的工作任务和责、权、利
B. 对不同的技术方案进行技术经济分析
C. 编制资金使用计划，确定施工成本管理目标
D. 通过偏差原因分析，预测未完工程施工成本
E. 防止分包商的索赔

解析：明确成本管理人员的工作任务和责、权、利属于组织措施，对不同的技术方案进行技术经济分析属于技术措施，防止分包商的索赔属于合同措施。所以选项 C、D 正确。

1.3.5　能力训练

1. 背景资料

以学校二号楼学生公寓现场项目监理组为背景。

2. 训练内容

请各小组根据以上所学知识，讨论如何进行质量策划，制定质量目标，编制质量控制措施。

3. 训练方案设计

重点：进行质量策划，制定质量目标。

难点：质量与职业健康安全技术措施计划同时编制工作量大。

关键点：必须参考项目管理实施规划。
4. 训练指导
重点：进行质量策划，制定质量目标。
难点：编制项目职业健康安全技术措施计划应遵循一定的步骤。
关键点：参考规范中项目职业健康安全技术措施计划应包括的内容。
5. 评估及结果（在学生练习期间，巡查指导，评估纠正）
6. 收集练习结果并打分

单元 2

流水施工

1. 课题：流水施工
2. 课型：理实一体课
3. 授课时数：4 课时 + 4 课时
4. 教学目标和重难点分析

(1) 知识目标

1) 了解：流水施工的基本概念和表示方法。
2) 熟悉：流水施工参数、流水施工的基本组织方式。
3) 掌握：各种施工组织方式，流水施工的工期计算。

(2) 能力目标

1) 能够根据不同的工程概况编制流水施工进度计划。
2) 能够领悟采用流水施工组织生产劳动的科学意义。

(3) 教学重点、难点、关键点

1) 重点：流水节拍、流水步距、专业工作队数、工期的计算。
2) 难点：累加数列错位相减取大差法。
3) 关键点：能够根据不同工程特点编制流水施工进度计划。

5. 教学方法（讲授，视频，图片展示，学生训练）
6. 教学过程（任务导入、理论知识准备、课堂提问和讨论、随堂习题、能力训练）
7. 教学要点和课时安排

(1) 任务导入（5 分钟 + 5 分钟）

(2) 理论知识准备（60 分钟 + 60 分钟）

(3) 课堂提问和讨论（10 分钟 + 10 分钟）

(4) 随堂习题（5 分钟 + 5 分钟）

(5) 能力训练（80 分钟 + 80 分钟）

2.1 任务导入

1. 案例
导入视频，内容包括模拟某软件园工程概况、施工合同文件，并动画演示流水施工过程。

2. 引出
流水施工原理：
1）流水施工的基本概念。
2）流水施工进度计划的表示方法。
3）流水施工进度计划的编制程序。
4）有节奏流水施工。
5）非节奏流水施工。

2.2 理论知识准备

1. 施工组织方式

任何一个施工项目的施工都是由若干个施工过程组成的，而每个施工过程可以组织一个或多个施工班组来进行施工。如何组织各施工班组的先后顺序或平行搭接施工，是组织施工中的一个基本问题。通常，组织施工时有依次施工、平行施工、流水施工三种方式。

组织施工方式

1）依次施工是指将施工项目分解成若干个施工对象，按照一定的施工顺序，前一个施工对象完成后，去做后一个施工对象，直至把所有施工对象都完成为止的施工组织方式。依次施工是一种最基本、最原始的施工组织方式，它的特点是单位时间内投入的劳动力、材料、机械设备等资源量较少，有利于资源供应的组织工作，施工现场管理简单，便于组织安排；由于没有充分利用工作面去争取时间，所以施工工期长；各班组施工及材料供应无法保持连续和均衡，工人有窝工情况；不利于改进工人的操作方法和施工机具，不利于提高施工质量和劳动生产率。当工程规模较小，施工工作面又有限时，依次施工是适用的。

2）平行施工是指将施工项目分解成若干个施工对象，相同内容的施工对象同时开工、同时竣工的施工组织方式。平行施工的特点是由于充分利用工作面去争取时间，所以施工工期最短，单位时间内投入的劳动力、材料、机械设备等资源量较大，供应集中，所需的临时设施、仓库面积等也相应增加，施工现场管理复杂，组织安排困难；不利于改进工人的操作方法和施工机具，不利于提高施工质量和劳动生产率。当工程规模较大，施工工期要求紧，资源供应有保障时，平行施工是适用、合理的。

3）流水施工是指将施工项目分解成若干个施工对象，各个施工对象陆续开工、陆续竣工，使同一施工对象的施工班组保持连续、均衡的施工状态，不同施工对象尽可能平行搭接施工的施工组织方式。流水施工是一种较科学、合理的施工组织方式。

施工项目施工中，哪些内容应按依次施工来组织，哪些内容应按平行施工来组织，哪些内容应按流水施工来组织，是施工方案选择中必须考虑的问题。一般情况下，施工项目中包含多幢建筑物，资源供应有保障时，应考虑按平行施工或流水施工方式来组织施工；施工项目中只包含一幢建筑物，则要根据其施工特点和具体情况来决定采用哪种施工组织方式施工。

2. 流水施工的特点

流水施工是一种科学、有效的工程项目施工组织方法之一，它可以充分地利用工作时间和操作空间，减少非生产性劳动消耗，提高劳动生产率，保证工程施工连续、均衡、有节奏地进行，从而对提高工程质量、降低工程造价、缩短工期有着显著的作用。

流水施工方式是将拟建工程项目中的每一个施工对象分解为若干施工过程，并按照施工过程成立相应的专业工作队，各专业工作队按照施工顺序依次完成各个施工对象的施工过程，同时保证施工在时间和空间上连续、均衡和有节奏地进行，使相邻两专业工作队能最大限度地搭接作业。流水施工方式具有以下特点：

1）尽可能地利用工作面进行施工，工期比较短。
2）各专业工作队实现了专业化施工，有利于提高技术水平和劳动生产率。
3）专业工作队能够连续施工，同时能使相邻专业工作队的开工时间最大限度地搭接。
4）单位时间内投入的劳动力、施工机具、材料等资源量较为均衡，有利于资源供应的组织。
5）为施工现场的文明施工和科学管理创造了有利条件。

3. 组织流水施工的条件

组织流水施工的条件是：划分施工过程，应根据施工进度计划的性质、施工方法与工程结构、劳动组织情况等进行划分；划分施工段，数目要合理，工程量应大致相等，有足够的工作面，要利于结构的整体性，要以主导施工过程为依据进行划分；每个施工过程组织独立的专业班组；主导施工过程必须连续、均衡地施工；不同施工过程尽可能组织平行搭接施工。

4. 流水施工参数

（1）工艺参数

1）施工过程数（n），是指在组织流水施工时，用以表达流水施工在工艺上开展层次的有关过程称为施工过程数，记为 n。

流水施工特点及参数

施工过程数划分方法为：一个工程项目 $\xrightarrow{划分}$ 若干专业工程 $\xrightarrow{划分}$ 若干分部工程 $\xrightarrow{每个分层分为}$ 若干施工过程（又称分项工程或工序）。划分目的是为了便于对工程施工进行具体的安排和相应的资源调配。其划分与下列因素有关：

① 施工计划的性质与作用。
② 施工方案及工程结构。
③ 劳动组织及劳动量大小。
④ 施工过程内容和工作范围。

例如，某砖混结构教学楼，其可大致划分为

① 基础阶段 $\begin{cases} 基槽挖土 \\ 浇筑混凝土垫层 \\ 砌砖基础 \\ 基础回填土 \end{cases}$

② 主体结构阶段
- 砌砖墙
- 圈梁：支模、扎筋、浇筑混凝土
- 安装楼板、灌缝
- 捣制楼梯
- 拆模板

③ 屋面工程
- 砌女儿墙
- 捣制压顶
- 铺找坡材料
- 找平层
- 铺卷材

④ 装修阶段
- 室内：安装门窗、顶、墙抹灰、楼（地）面工程、安装门窗扇及玻璃、油漆、涂料、裱糊工程
- 室外：外墙抹灰、做散水、安装雨水管

⑤ 零星工程：厨卫、电气安装、台阶、花池……

2）流水强度，是指流水施工的某施工过程（专业工作队）在单位时间内所完成的工程量（流水能力或生产能力）。其主要分为：

① 机械施工过程的流水强度。
② 人工施工过程的流水强度。

(2) 空间参数

1）工作面——活动的空间。
① 划分依据：单位时间内完成的工程量、安全施工的要求。
② 影响对象：专业工作队的生产效率。

2）施工段数和施工层数，把拟建工程在平面上划分为若干个劳动量大致相等的施工段落，即为施工段数，数目记为 m。

施工段数 m 的确定：

① 理论上分析 m 与 n 的关系，即 $m \geqslant n$，宁可工作面闲置，人不能闲（窝工）。
② 有技术（工艺）、组织间歇时 m 的确定。

间歇：是指同一施工段的两个相邻施工过程之间因为技术工艺或组织上的原因必须留有一定时间间隔，分别称技术间歇和组织间歇。如混凝土养护、抹灰养护、屋面找平层养护均有技术间歇。又如，基础混凝土养护好后，必须进行墙身位置弹线、尔后方能砌砖基础，回填土前对地下埋设的管道需进行检查验收，这属组织间歇。这些间歇是必需的，安排流水时

应考虑到。

当有间歇时，应取 m>n，此时施工段有闲置，最好使该闲置时间等于间歇时间。

施工段和施工层的划分：

① 划分目的：组织流水施工。

② 划分原则：

a. 劳动量应大致相等，相差幅度不宜超过 10%～15%。

b. 足够的工作面。

c. 施工段的界限应尽可能与结构界限（如沉降缝、伸缩缝等）相吻合。

d. 施工段的数目要满足合理组织流水施工的要求。

e. 分施工段，又分施工层。

（3）时间参数——在时间安排上所处状态的参数

1）流水节拍，每个专业工作队在各个施工段上完成各自施工过程所必需的持续时间，记为 t。

① 流水节拍的确定方法有定额法、经验估算法和倒排进度法。

流水节拍影响工期和流水的节奏，同时关系到投入的劳动力及材料机械等资源，故应认真选取。

方法一，定额法：

流水节拍的计算

$$t = \frac{Q}{SR} = \frac{P}{R}$$

式中　Q——某施工过程在某施工段上的工程量；

　　　S——产量定额，即每一工日（或台班）完成合格产品的数量；

　　　R——某专业工作队投入的施工人数或机械台数，$R = n \cdot b$，n 为每班人数，b 为班组数；

　　　P——某施工过程在某施工段上所需的劳动量（工日数或机械台班数）。

S 又可换为时间定额 $S = \frac{1}{H}$，则 $t = \frac{QH}{R} = \frac{P}{R}$。

注：S 最好是本施工单位的实际水平，也可参照施工定额水平采用。

如果该施工过程综合了定额中的若干个子项，该产量定额也应是综合的产量定额 $\overline{S}$。

方法二，经验估算法：根据过去施工经验进行估计，该法适用于采用新工艺、新方法、新材料等无定额可循的工程。

计算：

$$t = \frac{a + 4c + b}{6}$$

式中　a——某施工过程在某施工段上的最短估算时间；

　　　b——某施工过程在某施工段上的最长估算时间；

　　　c——某施工过程在某施工段上的正常估算时间。

方法三，倒排进度法：通常流水节拍越大（小），工期越长（短），因此对于工期固定的项目，需用工期通过倒排进度法来估算流水节拍。

② 确定流水节拍应考虑的因素。确定流水节拍应考虑工期要求，或者根据能够投入施工的资源（劳动力、材料、机械）数量。根据工期要求确定时，要考虑资源供应的可能性

与工作面是否满足工人工作的要求。

2）流水步距，流水施工过程中相邻两个专业工作队先后进入第一（非同一）施工段开始施工的时间间隔，称为流水步距，记为 $K_{i,i+1}$。

① 确定流水步距的基本要求：

a. 要保证每个专业工作队在各施工段上都能连续作业。

b. 要使相邻专业工作队在开工时间上实现最大限度合理地搭接。

c. 要满足均衡生产和安全施工要求。

② 确定流水步距的方法。潘特考夫斯基法（也称累加数列错位相减法）主要用于确定流水节拍不相等时的分别流水（又称无节奏流水）的时间间隔，因此在使用分别流水（分别流水使用最广泛）时应使用该方法。先将各施工过程中的流水节拍时间相累加，然后将各相邻施工过程的累加结果错位相减，然后从相减结果中选出最大值，这个值便是两相邻施工过程同一施工段的流水步距了。

3）平行搭接时间，在组织流水施工时，在工作面允许的条件下，某施工过程可与其紧前施工过程平行搭接施工，其平行搭接时间，以 C 表示，如图2-1所示。

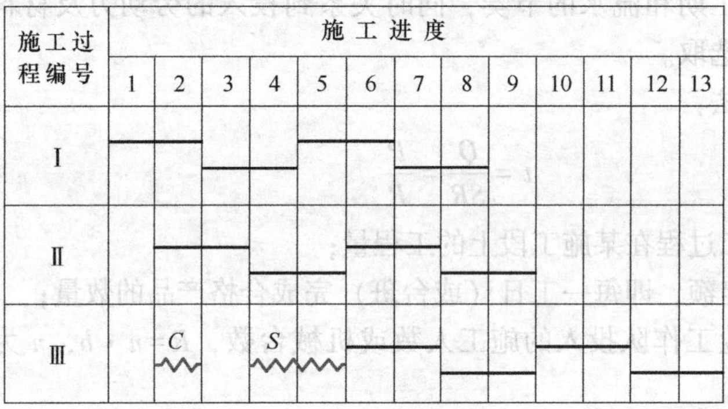

图 2-1 平行搭接时间

4）技术与组织间歇时间，如图2-1中，以 S 表示。

5）流水施工工期，是指从第一个专业工作队投入流水施工开始，到最后一个专业工作队完成流水施工为止的整个持续时间。

5. 流水施工的基本组织方式

（1）流水施工的分级

1）分项工程流水施工——细部流水。

2）分部工程流水施工——专业流水。

3）单位工程流水施工——综合流水。

4）群体工程流水施工。

（2）流水施工的基本组织方式（图2-2）

6. 有节奏流水施工

（1）固定节拍流水施工的特点

固定节拍流水施工是一种最理想的流水施工方式，其特点如下：

1）所有施工过程在各个施工段上的流水节拍均相等。

等节奏流水施工

2）相邻施工过程的流水步距相等，且等于流水节拍。

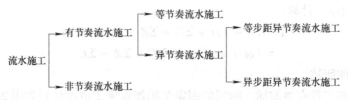

图 2-2　流水施工的基本组织方式

3）专业工作队数等于施工过程数，即每一个施工过程成立一个专业工作队，由该队完成相应施工过程所有施工段上的任务。

4）各个专业工作队在各施工段上能够连续作业，施工段之间没有空闲时间。

（2）固定节拍流水施工工期

1）有间歇时间的固定节拍流水施工。所谓间歇时间，是指相邻两个施工过程之间由于技术或组织安排需要而增加的额外等待时间，包括技术间歇时间（$G_{j,j+1}$）和组织间歇时间（$Z_{j,j+1}$）。对于有间歇时间的固定节拍流水施工，其流水施工工期 T 可按式（2-1）计算：

$$T = (n-1)t + \Sigma G + \Sigma Z + m \cdot t = (m+n-1)t + \Sigma G + \Sigma Z \quad (2-1)$$

式中符号含义如前所述。

例如，某分部工程有间歇时间的固定节拍流水施工进度计划如图 2-3 所示。

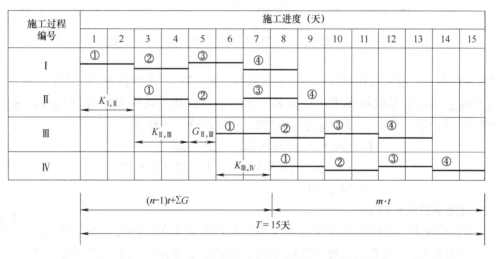

图 2-3　有间歇时间的固定节拍流水施工进度计划

在该计划中，施工过程数目 $n=4$；施工段数目 $m=4$；流水节拍 $t=2$；流水步距 $K_{\mathrm{I},\mathrm{II}} = K_{\mathrm{II},\mathrm{III}} = K_{\mathrm{III},\mathrm{IV}} = t = 2$；组织间歇时间 $Z_{\mathrm{I},\mathrm{II}} = Z_{\mathrm{II},\mathrm{III}} = Z_{\mathrm{III},\mathrm{IV}} = 0$；技术间歇时间 $G_{\mathrm{I},\mathrm{II}} = G_{\mathrm{III},\mathrm{IV}} = 0$；$G_{\mathrm{II},\mathrm{III}} = 1$。因此，其流水施工工期为：

$$T = (m+n-1)t + \Sigma G + \Sigma Z$$
$$= (4+4-1) \times 2 + 1 + 0$$
$$= 15（天）$$

2）有提前插入时间的固定节拍流水施工。所谓提前插入时间，是指相邻两个专业工作队在同一施工段上共同作业的时间。在工作面允许和资源有保证的前提下，专业工作队提前插入施工，可以缩短流水施工工期。对于有提前插入时间的固定节拍流水施工，其流水施工工期 T 可按式（2-2）计算：

$$T = (n-1)t + \Sigma G + \Sigma Z - \Sigma C + m \cdot t$$
$$= (m+n-1)t + \Sigma G + \Sigma Z - \Sigma C \tag{2-2}$$

式中符号含义如前所述。

例如，某分部工程有提前插入时间的固定节拍流水施工进度计划如图2-4所示。

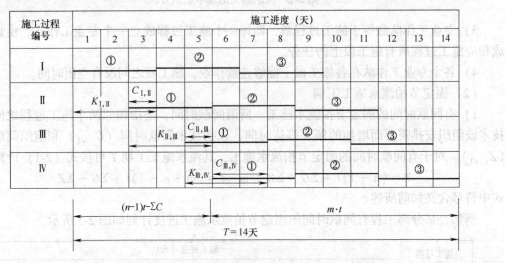

图 2-4　有提前插入时间的固定节拍流水施工进度计划

在该计划中，施工过程数目 $n=4$；施工段数目 $m=3$；流水节拍 $t=3$；流水步距 $K_{\mathrm{I,II}}=K_{\mathrm{II,III}}=K_{\mathrm{III,IV}}=t=3$；组织间歇时间 $Z_{\mathrm{I,II}}=Z_{\mathrm{II,III}}=Z_{\mathrm{III,IV}}=0$；技术间歇时间 $G_{\mathrm{I,II}}=G_{\mathrm{II,III}}=G_{\mathrm{III,IV}}=0$；提前插入时间 $C_{\mathrm{I,II}}=C_{\mathrm{II,III}}=1$，$C_{\mathrm{III,IV}}=2$ 因此，其流水施工工期为：

$$T = (m+n-1)t + \Sigma G + \Sigma Z - \Sigma C$$
$$= (3+4-1) \times 3 + 0 + 0 - (1+1+2)$$
$$= 14 \text{（天）}$$

7. 成倍节拍流水施工

成倍节拍流水施工

在通常情况下，组织固定节拍的流水施工是比较困难的。因为在任一施工段上，不同的施工过程，其复杂程度不同，影响流水节拍的因素也各不相同，很难使得各个施工过程的流水节拍都彼此相等。但是，如果施工段划分得合适，保持同一施工过程各施工段的流水节拍相等是不难实现的。使某些施工过程的流水节拍成为其他施工过程流水节拍的倍数，即形成成倍节拍流水施工。成倍节拍流水施工包括一般的成倍节拍流水施工和加快的成倍节拍流水施工。为了缩短流水施工工期，一般均采用加快的成倍节拍流水施工方式。

（1）加快的成倍节拍流水施工的特点

1）同一施工过程在其各个施工段上的流水节拍均相等；不同施工过程的流水节拍不等，但其值为倍数关系。

2）相邻专业工作队的流水步距相等，且等于流水节拍的最大公约数（K）。

3) 专业工作队数大于施工过程数,即有的施工过程只成立一个专业工作队,而对于流水节拍大的施工过程,可按其倍数增加相应专业工作队数目。

4) 各个专业工作队在施工段上能够连续作业,施工段之间没有空闲时间。

(2) 加快的成倍节拍流水施工工期

加快的成倍节拍流水施工工期 T 可按式 (2-3) 计算:

$$T = (n' - 1)K + \Sigma G + \Sigma Z - \Sigma C + m \cdot K$$
$$= (m + n' - 1)K + \Sigma G + \Sigma Z - \Sigma C \tag{2-3}$$

式中 n'——专业工作队数目;

其余符号含义如前所述。

例如,某分部工程加快的成倍节拍流水施工进度计划如图 2-5 所示。

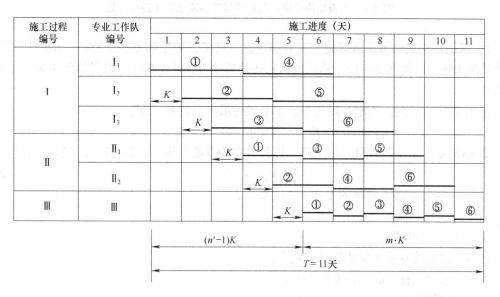

图 2-5 加快的成倍节拍流水施工进度计划

在该计划中,施工过程数目 $n=3$;专业工作队数目 $n'=6$;施工段数目 $m=6$;流水步距 $K=1$;组织间歇时间 $Z=0$;技术间歇时间 $G=0$;提前插入时间 $C=0$。因此,其流水施工工期为:

$$T = (m + n' - 1)K + \Sigma G + \Sigma Z - \Sigma C$$
$$= (6 + 6 - 1) \times 1 + 0 + 0 - 0$$
$$= 11 \text{ (天)}$$

(3) 成倍节拍流水施工示例

1) 一般的成倍节拍流水施工工期示例。某建设工程由四幢大板结构楼房组成,每幢楼房为一个施工段,施工过程划分为基础工程、结构安装、室内装修和室外工程 4 项,其一般的成倍节拍流水施工进度计划如图 2-6 所示。

由图 2-6 可知,如果按 4 个施工过程成立 4 个专业工作队组织流水施工,其总工期为:

$$T_0 = (5 + 10 + 25) + 4 \times 5 = 60 \text{ (周)}$$

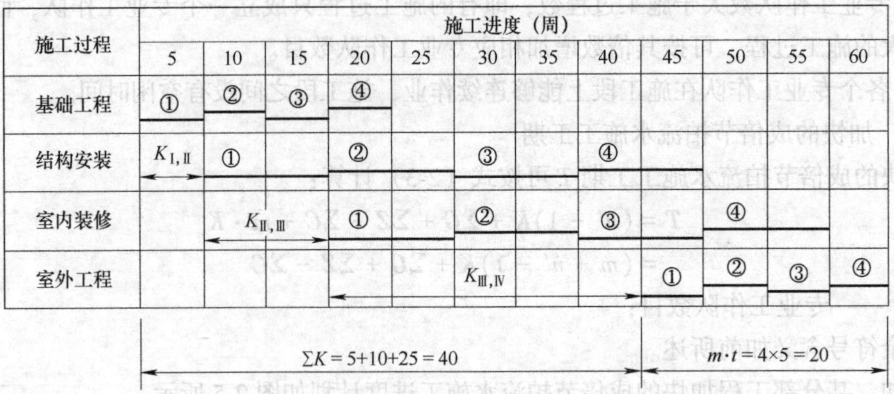

施工过程	施工进度（周）											
	5	10	15	20	25	30	35	40	45	50	55	60
基础工程	①	②	③	④								
结构安装	$K_{\mathrm{I,II}}$ ①		②			③		④				
室内装修			$K_{\mathrm{II,III}}$		①		②		③	④		
室外工程						$K_{\mathrm{III,IV}}$			①	②	③	④

$\Sigma K = 5+10+25 = 40$ $m \cdot t = 4 \times 5 = 20$

图 2-6 大板结构楼房一般的成倍节拍流水施工进度计划

2）组织加快成倍节拍流水施工。为加快施工进度，可增加专业工作队，组织加快的成倍节拍流水施工：将图 2-6 所示示例改为加快的成倍节拍流水施工，其计算流水施工工期的步骤如下：

① 计算流水步距。流水步距等于流水节拍的最大公约数，即：
$$K = \gcd(5,10,10,5) = 5$$

② 确定专业工作队数目。每个施工过程成立的专业工作队数目可按式（2-4）计算：
$$b_j = t_j/K \tag{2-4}$$

式中 b_j——第 j 个施工过程的专业工作队数目；

t_j——第 j 个施工过程的流水节拍；

K——流水步距。

各施工过程的专业工作队数目分别为：

Ⅰ——基础工程：$b_\mathrm{I} = t_\mathrm{I}/K = 5/5 = 1$

Ⅱ——结构安装：$b_\mathrm{II} = t_\mathrm{II}/K = 10/5 = 2$

Ⅲ——室内装修：$b_\mathrm{III} = t_\mathrm{III}/K = 10/5 = 2$

Ⅳ——室外工程：$b_\mathrm{IV} = t_\mathrm{IV}/K = 5/5 = 1$

于是，参与该工程流水施工的专业工作队总数 n' 为：
$$n' = \Sigma b_i = 1 + 2 + 2 + 1 = 6$$

③ 绘制加快的成倍节拍流水施工进度计划图。在加快的成倍节拍流水施工进度计划图中，除表明施工过程的编号或名称外，还应表明专业工作队的编号。在表明各施工段的编号时，一定要注意有多个专业工作队的施工过程。某些专业工作队连续作业的施工段编号不应该是连续的，否则，无法组织合理的流水施工。根据图 2-6 所示进度计划编制加快的成倍节拍流水施工进度计划如图 2-7 所示。

④ 确定流水施工工期。由图 2-7 可知，本计划中没有组织间歇、技术间歇及提前插入，故根据式（2-3）算得流水施工工期为：
$$T = (m + n' - 1) K = (4 + 6 - 1) \times 5 = 45 \text{（周）}$$

与一般的成倍节拍流水施工进度计划比较，该工程组织加快的成倍节拍流水施工使得总工期缩短了 15 周。

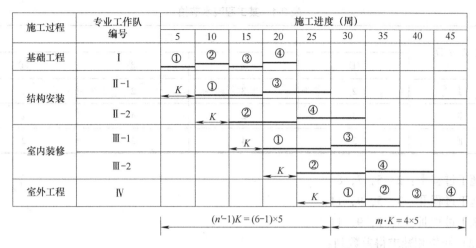

图2-7 大板结构楼房加快的成倍节拍流水施工进度计划

8. 非节奏流水施工

在组织流水施工时，经常由于工程结构形式、施工条件不同等原因，使得各施工过程在各施工段上的工程量有较大差异，或因专业工作队的生产效率相差较大，导致各施工过程的流水节拍随施工段的不同而不同，且不同施工过程之间的流水节拍又有很大差异。这时，流水节拍虽无任何规律，但仍可利用流水施工原理组织流水施工，使各专业工作队在满足连续施工的条件下，实现最大搭接。这种非节奏流水施工方式是建设工程流水施工的普遍方式。

非节奏流水施工

（1）非节奏流水施工的特点

1）各施工过程在各施工段的流水节拍不全相等。

2）相邻施工过程的流水步距不尽相等。

3）专业工作队数等于施工过程数。

4）各专业工作队能够在施工段上连续作业，但有的施工段之间可能有空闲时间。

（2）流水步距的确定

在非节奏流水施工中，通常采用累加数列错位相减取大差法计算流水步距。由于这种方法是由潘特考夫斯基（译音）首先提出的，故又称为潘特考夫斯基法。这种方法简捷、准确，便于掌握。

流水步距的计算

累加数列错位相减取大差法的基本步骤如下：

1）对每一个施工过程在各施工段上的流水节拍依次累加，求得各施工过程流水节拍的累加数列。

2）将相邻施工过程流水节拍累加数列中的后者错后一位，相减后求得一个差数列。

3）在差数列中取最大值，即为这两个相邻施工过程的流水步距。

【例2-1】某工程由3个施工过程组成，分为4个施工段进行流水施工，其流水节拍（天）见表2-1，试确定流水步距。

【解】

（1）求各施工过程流水节拍的累加数列：

表 2-1 某工程流水节拍

施工过程	施 工 段			
	①	②	③	④
Ⅰ	2	3	2	1
Ⅱ	3	2	4	2
Ⅲ	3	4	2	2

施工过程Ⅰ：2，5，7，8
施工过程Ⅱ：3，5，9，11
施工过程Ⅲ：3，7，9，11

（2）错位相减求得差数列：

Ⅰ与Ⅱ：

```
  2,  5,  7,  8
-     3,  5,  9, 11
─────────────────────
  2,  2,  2, -1, -11
```

Ⅱ与Ⅲ：

```
  3,  5,  9, 11
-     3,  7,  9, 11
─────────────────────
  3,  2,  2,  2, -11
```

（3）在差数列中取最大值求得流水步距：

施工过程Ⅰ与Ⅱ之间的流水步距：$K_{1,2} = \max\{2, 2, 2, -1, -11\} = 2$（天）

施工过程Ⅱ与Ⅲ之间的流水步距：$K_{2,3} = \max\{3, 2, 2, 2, -11\} = 3$（天）

以上即为确定流水步距的步骤。

（3）流水施工工期的确定

非节奏流水施工工期可按式（2-5）计算：

$$T = \Sigma K + \Sigma t_n + \Sigma Z + \Sigma G - \Sigma C$$
$$= 2 + 3 + 11 + 0 + 0 - 0 = 16 \text{（天）} \quad (2-5)$$

式中　T——流水施工工期；

　　　ΣK——各施工过程（或专业工作队）之间流水步距之和；

　　　Σt_n——最后一个施工过程（或专业工作队）在各施工段流水节拍之和；

　　　ΣZ——组织间歇时间之和；

　　　ΣG——技术间歇时间之和；

　　　ΣC——提前插入时间之和。

【例 2-2】　某工厂需要修建 4 台设备（施工段）的基础工程，施工过程包括基础开挖、基础处理和浇筑混凝土。因设备型号与基础条件等不同，使得 4 台设备（施工段）的各施工过程有着不同的流水节拍（单位：周），见表 2-2，试确定其非节奏流水施工进度计划。

【解】

从流水节拍的特点可以看出，本工程应按非节奏流水施工方式组织施工。

(1) 确定施工流向由设备 A→B→C→D，施工段数 $m=4$。

表2-2 基础工程流水节拍

施工过程	施工段			
	设备A	设备B	设备C	设备D
基础开挖	2	3	2	2
基础处理	4	4	2	3
浇筑混凝土	2	3	2	3

(2) 确定施工过程数 $n=3$，包括基础开挖、基础处理和浇筑混凝土。
(3) 采用累加数列错位相减取大差法求流水步距：

$$\begin{array}{r}2,\ 5,\ 7,\ 9\\ -4,\ 8,\ 10,\ 13\\ \hline 2,\ 1,\ -1,\ -1,\ -13\end{array}$$

$$K_{1,2}=\max\{2,1,-1,-1,-13\}=2$$

$$\begin{array}{r}4,\ 8,\ 10,\ 13\\ -2,\ 5,\ 7,\ 10\\ \hline 4,\ 6,\ 5,\ 6,\ -10\end{array}$$

$$K_{2,3}=\max\{4,6,5,6,-10\}=6$$

(4) 计算流水施工工期：

$$T=\Sigma K+\Sigma t_n=(2+6)+(2+3+2+3)=18\ (周)$$

(5) 绘制设备基础工程非节奏流水施工进度计划，如图2-8所示。

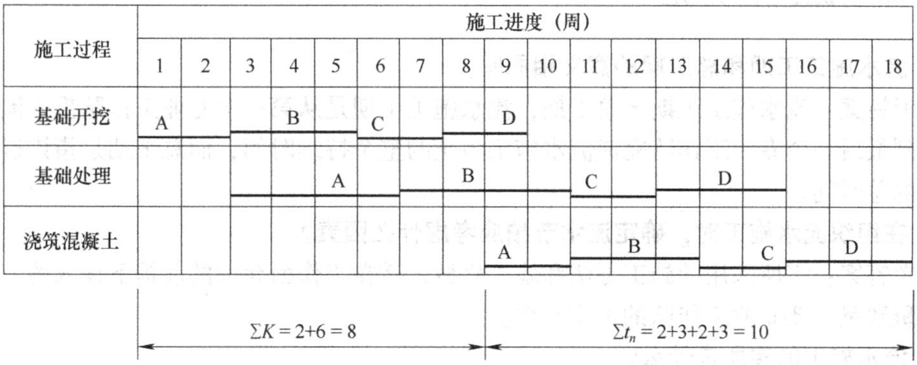

施工过程	施工进度（周）																	
	1	2	3	4	5	6	7	8	9	10	11	12	13	14	15	16	17	18
基础开挖	A		B		C			D										
基础处理				A				B			C			D				
浇筑混凝土								A			B			C			D	

$\Sigma K=2+6=8$　　　　$\Sigma t_n=2+3+2+3=10$

图2-8 设备基础工程非节奏流水施工进度计划

无节奏流水施工计算流水步距并画横道图

9. 建设工程进度计划的表示方法

建设工程进度计划的表示方法有多种，常用的有横道图和网络图两种。

横道图也称甘特图，是美国人甘特在20世纪初提出的一种进度计划表示方法。由于其形象、直观、且易于编制和理解，因而长期广泛应用于建设工程进度控制之中。

用横道图表示的建设工程进度计划，一般包括两个基本部分，即工作名称及工作的持续时间等基本数据部分和横道线部分。图2-9所示即为用横道图表示的某桥梁工程施工进度计划。该计划明确地表示出各项工作的划分、工作的开始时间和完成时间、工作的持续时间、工作之间的相互搭接关系，以及整个工程项目的开工时间、完工时间和总工期。

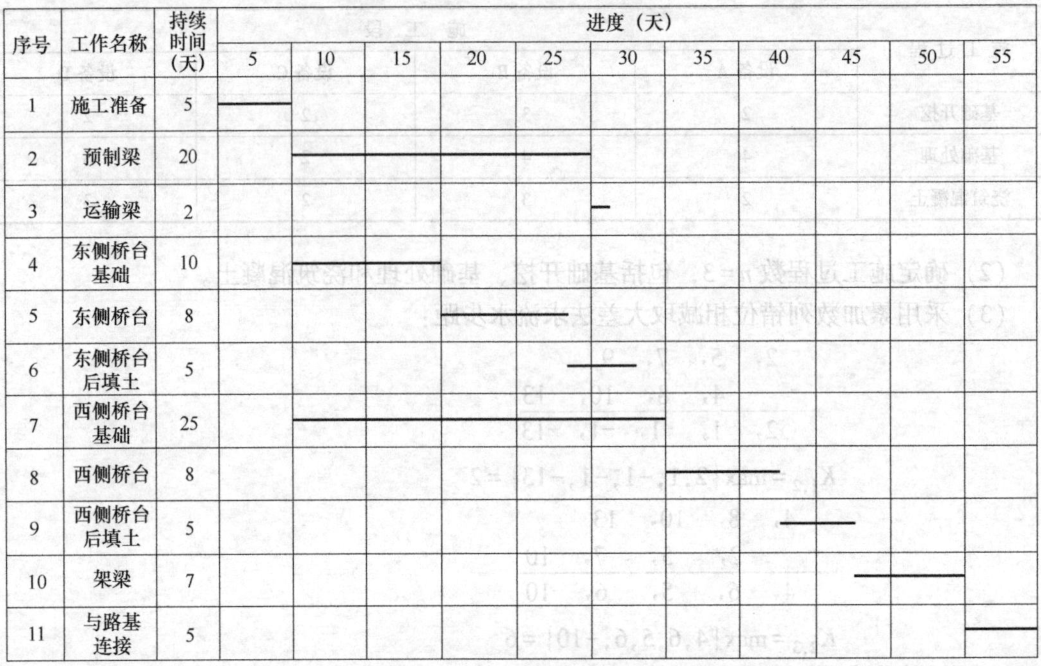

序号	工作名称	持续时间(天)	进度（天）									
			5	10	15	20	25	30	35	40	45	50	55
1	施工准备	5											
2	预制梁	20											
3	运输梁	2												
4	东侧桥台基础	10											
5	东侧桥台	8											
6	东侧桥台后填土	5											
7	西侧桥台基础	25											
8	西侧桥台	8											
9	西侧桥台后填土	5											
10	架梁	7											
11	与路基连接	5											

图 2-9 用横道图表示的某桥梁工程施工进度计划

2.3 课堂提问和讨论

1. 流水施工工期和总工期的意义相同吗？

参考答案：流水施工工期 ≠ 总工期，流水施工工期是从第一个专业工作队投入流水施工开始，到最后一个专业工作队完成流水施工为止的整个持续时间；而总工期是指该过程中关键工作的总时间。

2. 在组织流水施工时，确定流水节拍应考虑什么因素？

参考答案：①所采用的施工方法和施工机械；②在工作面允许的前提下投入的劳动量和机械台班数量；③专业工作队的工作班次。

3. 流水施工的实质是什么？

参考答案：流水施工的实质就是连续、均衡生产。

2.4 随堂习题

1. 建设工程施工通常按流水施工方式组织是因其具有（   ）的特点。
   A. 单位时间内所需的资源量较少
   B. 使各专业工作队能够连续施工
   C. 施工现场的组织、管理工作简单
   D. 同一施工过程的不同施工段可以同时施工

解析：本题考查流水施工的特点。流水施工方式具有以下特点：①尽可能地利用工作面进行施工，工期比较短；②各专业工作队实现了专业化施工，有利于提高技术水平和劳动生产率，也有利于提高工程质量；③专业工作队能够连续施工，同时使相邻专业工作队的开工时间能够最大限度地搭接；④单位时间内投入的劳动力、施工机具、材料等资源量较为均衡，有利于资源供应的组织；⑤为施工现场的文明施工和科学管理创造了有利条件。选项A为依次施工的特点，流水施工资源量较为均衡；选项C也为依次施工的特点；选项D为平行施工的特点。因此，正确答案为选项B。

2. 下列描述中，不属于成倍节拍流水施工特点的是（　　）。
A. 同一施工过程在各个施工段上的流水节拍均相等
B. 相邻施工过程的流水步距相等
C. 专业工作队数等于施工过程数
D. 各个专业工作队在施工段上能够连续作业，施工段之间没有空闲时间

解析：本题考查的是有节奏流水施工。固定节拍流水施工的特点：①所有施工过程在各个施工段上的流水节拍均相等；②相邻施工过程的流水步距相等，且等于流水节拍；③专业工作队数等于施工过程数，即每一个施工过程成立一个专业工作队，由该队完成相应施工过程所有施工段上的任务；④各个专业工作队在各个施工段上能够连续作业，施工段之间没有空闲时间。成倍节拍流水施工的特点：①同一施工过程在其各个施工段上的流水节拍均相等，不同施工过程的流水节拍不等，但其值为倍数关系；②相邻专业工作队的流水步距相等，且等于流水节拍的最大公约数；③专业工作队数大于施工过程数，即有的施工过程只成立一个专业工作队，而对于流水节拍大的施工过程，可按其倍数增加相应专业工作队数目；④各个专业工作队在施工段上能够连续作业，施工段之间没有空闲时间。固定节拍流水施工和成倍节拍流水施工的相同点有：①相邻施工过程的流水步距相等（但注意，成倍节拍流水施工中，相邻专业工作队的流水步距等于流水节拍的最大公约数）；②各个专业工作队在施工段上能够连续作业，施工段之间没有空闲时间。因此，正确答案为选项C。

3. 某分部工程有4个施工过程，各分为3个施工段组织加快的成倍节拍流水施工。各施工过程在各施工段上的流水节拍分别为6天、4天、6天、4天，则专业工作队数应为（　　）个。
A. 3　　　　　B. 4　　　　　C. 6　　　　　D. 10

解析：本题考查的是成倍节拍流水。流水步距等于流水节拍的最大公约数，即 $K = \gcd(6,4,6,4) = 2$，每个施工过程的专业工作队数目可按公式 $b_j = t_j/K$ 计算；b_j 为第 j 个施工过程的专业工作队数目；t_j 为第 j 个施工过程的流水节拍；K 为流水步距。$b_j = t_j/K$，$b_1 = t_1/K = 6/2 = 3$，$b_2 = t_2/K = 4/2 = 2$，$b_3 = t_3/K = 6/2 = 3$，$b_4 = t_4/K = 4/2 = 2$，于是，参与该工程流水施工的专业工作队总数 $n' = \sum b_i = 3+2+3+2 = 10$（个）。因此，本题的正确答案为选项D。

4. 在组织建设工程流水施工时，加快的成倍节拍流水施工的特点包括（　　）。
A. 同一施工过程中各个施工段的流水节拍不尽相等
B. 相邻专业工作队之间的流水步距全部相等
C. 各施工过程中所有施工段的流水节拍全部相等
D. 专业工作队数大于施工过程数，从而使流水施工工期缩短
E. 各个专业工作队在施工段上能够连续作业

解析：本题考查的是加快的成倍节拍流水施工的特点。加快的成倍节拍流水施工的特点除了选项B、D、E的内容外，还有：同一施工过程在其各个施工段上的流水节拍均相等；不同施工过程的流水节拍不等，但其值为倍数关系。因此，正确答案为选项B、D、E。

5. 某分部工程有3个施工过程，各分为5个流水节拍相等的施工段组织加快成倍节拍流水施工。已知各施工过程的流水节拍分别为4天、6天、4天，则流水步距和专业工作队数分别为（ ）。

　　A. 6天和3个　　　　B. 4天和4个　　　　C. 4天和3个　　　　D. 2天和7个

解析：本题考查的是流水步距和专业工作队数的计算。流水步距等于流水节拍的最大公约数，即 $K=\gcd(4,6,4)=2$，每个施工过程成立的专业工作队数目可按公式 $b_j=t_j/K$，$b_1=t_1/K=4/2=2$，$b_2=t_2/K=6/2=3$，$b_3=t_3/K=4/2=2$，因此，参与该工程流水施工的专业工作队总数 $n'=\sum b_i=2+3+2=7$（个）。因此，正确答案为选项D。

6. 在非节奏流水施工中，通常采用（ ）计算流水步距。

　　A. 累加数列错位相减取大差法
　　B. 累加数列错位相加取大差法
　　C. 累加数列相减取大差法
　　D. 累加数列错位相减取小差法

解析：本题考查的是非节奏流水施工计算流水步距的方法。在非节奏流水施工中，通常采用累加数列错位相减取大差法计算流水步距。因此，正确答案为选项A。

7. 某分部工程有4个施工过程，分为3个施工段组织加快的成倍节拍流水施工。已知各施工过程的流水节拍分别为4天、6天、4天和2天，则拟采用的专业工作队应为（ ）个。

　　A. 4　　　　　　　B. 5　　　　　　　C. 8　　　　　　　D. 12

解析：$K=\gcd(4,6,4,2)=2$
$b_1=4/2=2$；$b_2=6/2=3$；$b_3=4/2=2$；$b_4=2/2=1$；$n=\sum b_i=2+3+2+1=8$（个）。因此，正确答案为选项C。

8. 关于组织流水施工中的时间参数，下列说法正确的有（ ）。

　　A. 流水节拍是某个专业工作队在一个施工段上的施工时间
　　B. 主导施工过程中的流水节拍应是各施工过程流水节拍的平均值
　　C. 流水步距是两个相邻的专业工作队进入流水作业的最小时间间隔
　　D. 工期是指第一个专业工作队投入流水施工开始到最后一个专业工作队完成流水施工止的持续时间
　　E. 流水步距的最大长度必须保证专业工作队进场后不发生停工、窝工现象

解析：本题考查的是流水步距。流水步距是指组织流水施工时，相邻两个施工过程相继开始施工的最小间隔时间。流水步距一般用 $K_{j,j+1}$ 来表示，其中 $j(j=1,2,\cdots,n-1)$ 为专业工作队或施工过程的编号。流水步距是流水施工的主要参数之一。本题正确答案为选项A、B、D、E。

9. 建设工程组织非节奏流水施工的特点有（ ）。

　　A. 施工段之间可能有空闲时间
　　B. 相邻专业工作队的流水步距相等

C. 各施工过程在各施工段上连续作业

D. 各专业工作队能够在施工段上连续作业

E. 专业工作队数等于施工过程数

解析：本题考查的是非节奏流水施工的特点。非节奏流水施工具有的特点：①各施工过程在各施工段的流水节拍不全相等；②相邻施工过程流水步距不尽相等；③专业工作队数等于施工过程数；④各专业工作队能够在施工段上连续作业，但有的施工段之间可能有间隔时间。因此，正确答案为选项 A、C、D、E。

10. 区别流水施工组织方式的特征参数是（　　）。

A. 流水节拍　　　　B. 流水步距　　　　C. 施工段数　　　　D. 施工工期

解析：本题考查的是流水施工组织方式的区别。根据流水施工组织方式的概念，区别流水施工组织方式的特征参数是流水节拍。因此，正确答案为选项 A。

2.5　能力训练

1. 背景资料

以学校二号楼学生公寓现场项目监理组为背景。

2. 训练内容

某两层现浇钢筋混凝土楼盖工程，框架平面尺为 17.4m × 144m，沿长度方向每隔 48m 留一道伸缩缝。且知 $t_{模}=4$ 天，$t_{筋}=2$ 天，$t_{混}=2$ 天，混凝土浇好后在其上立模需 2 天养护，试组织流水施工。

3. 训练方案设计

重点：各时间参数、工期的计算。

难点：加快的成倍节拍流水施工的专业工作队数的确定。

关键点：根据工程概况等条件判断是否适合采用成倍节拍流水施工的组织方式。

4. 训练指导

重点：能够根据工程案例设计成流水施工。

难点：绘制横道图并计算工期。

关键点：判断适合采用何种流水施工，并确定相关施工过程、施工段等参数。

5. 评估及结果（在学生练习期间，巡查指导，评估纠正）

6. 收集练习结果并打分

单元 3

网络计划

1. 课题：网络计划
2. 课型：理实一体课
3. 授课时数：4 课时 + 4 课时
4. 教学目标和重难点分析

（1）知识目标

1）了解：单代号搭接网络计划、多级网络计划。
2）熟悉：网络计划基本概念及网络图的绘制。
3）掌握：网络计划时间参数的计算、网络计划优化、双代号时标网络计划。

（2）能力目标

1）能够根据工程概况编制网络计划，并能够根据工作需要进行网络计划的优化。
2）能强化成本意识、工期意识以及对成本、工期、质量三者之间的对立统一关系的理解。

（3）教学重点、难点、关键点

1）重点：网络计划时间参数的计算、网络计划优化。
2）难点：根据节点的最早时间和最迟时间判定工作的六个时间参数。
3）关键点：工作计算法、节点计算法、标号法的运用。

5. 教学方法（讲授，视频，图片展示，学生训练）
6. 教学过程（任务导入、理论知识准备、课堂提问和讨论、随堂习题、能力训练）
7. 教学要点和课时安排

（1）任务导入（5 分钟 + 5 分钟）
（2）理论知识准备（60 分钟 + 60 分钟）
（3）课堂提问和讨论（10 分钟 + 10 分钟）
（4）随堂习题（5 分钟 + 5 分钟）
（5）能力训练（80 分钟 + 80 分钟）

3.1 任务导入

1. 案例

已知某工程进度计划采用双代号网络计划表示，要求工期 150 天，依据项目施工现场资源计划等要素编制的网络计划不能满足要求，需要进行工期优化。

2. 引出

熟悉项目，确定网络计划技术要点：

1）网络计划技术的基本概念。
2）网络计划时间参数的计算。
3）双代号时标网络计划。
4）网络计划的优化 。

3.2 理论知识准备

3.2.1 网络计划基本原理

1. 网络计划的种类

建设工程进度计划用网络图来表示，可以使建设工程进度得到有效控制。国内外实践证明，网络计划技术是用于控制建设工程进度的最有效工具之一。无论是建设工程设计阶段的进度控制，还是施工阶段的进度控制，均可使用网络计划技术。

网络计划技术自 20 世纪 50 年代末诞生以来，已得到迅速发展和广泛应用，其种类也越来越多。但总的说来，网络计划可分为确定型和非确定型两类。如果网络计划中各项工作及其持续时间和各工作之间的相互关系都是确定的，就是确定型网络计划，否则属于非确定型网络计划。如计划评审技术（PERT）、图示评审技术（GERT）、风险评审技术（VERT）、决策关键线路法（DN）等均属于非确定型网络计划。在一般情况下，建设工程进度控制主要应用确定型网络计划。对于确定型网络计划来说，除了普通的双代号网络计划和单代号网络计划以外，还根据工程实际的需要，派生出下列网络计划：

（1）时标网络计划

时标网络计划是以时间坐标为尺度表示工作进度安排的网络计划，其主要特点是计划时间直观明了。

（2）搭接网络计划

搭接网络计划是可以表示计划中各项工作之间搭接关系的网络计划，其主要特点是计划图形简单。常用的搭接网络计划是单代号搭接网络计划。

（3）有时限的网络计划

有时限的网络计划是指能够体现由于外界因素的影响而对工作计划时间安排有限制的网络计划。

（4）多级网络计划

多级网络计划是一个由若干个处于不同层次且相互间有关联的网络计划组成的系统，它主要适用于大中型工程建设项目，用来解决工程进度中的综合平衡问题。

除上述网络计划外，还有用于表示工作之间流水作业关系的流水网络计划和具有多个工期目标的多目标网络计划等。

在建设工程进度控制工作中，较多地采用确定型网络计划。确定型网络计划的基本原理是：首先利用网络图形式表达一项工程计划方案中各项工作之间的相互关系和先后顺序关系；其次，通过计算找出影响工期的关键线路和关键工作；再次，通过不断调整网络计划，寻求最优方案并付诸实施；最后，在计划实施过程中采取有效措施对其进行控制，以合理使用资源、高效、优质、低耗地完成预定任务。由此可见，网络计划技术不仅是一种科学的计划方法，同时也是一种科学的动态控制方法。

2. 横道图与网络计划的特点分析

横道图的优点：简单明了，直观易懂，容易掌握，便于检查和计算资源需求状况。

横道图的缺点：

1) 不能全面而明确地表达出各项工作开展的先后顺序和反映出各项工作之间的相互制约以及相互依赖的关系。

2) 不能在错综复杂的计划中找出决定工程进度的关键工作，便于抓主要矛盾，确保工期，避免盲目施工。

3) 难以在有限的资源条件下合理组织施工、挖掘计划的潜力。

4) 不能准确评价计划经济指标。

5) 不能应用现代化计算技术。

由于横道图存在上述不足，给建设工程进度控制工作带来很大不便。即使进度控制人员在编制计划时已充分考虑了各方面的问题，在横道图上也不能全面地反映出来，特别是当工程项目规模大、工艺关系复杂时，横道图就很难充分暴露出矛盾。而且在横道图的执行过程中，对其进行调整也十分烦琐和费时。由此可见，利用横道图控制建设工程进度有较大的局限性。

利用网络计划控制建设工程进度，可以弥补横道图的许多不足。如图3-1和图3-2分别为某桥梁工程施工进度双代号网络计划和单代号网络计划。与横道图相比，网络计划具有以下主要特点：

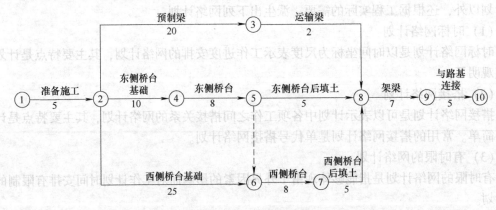

图3-1 某桥梁工程施工进度双代号网络计划

1) 网络计划能够明确表达各项工作之间的逻辑关系。网络计划能够明确地表达各项工作之间的逻辑关系，对于分析各项工作之间的相互影响及处理它们之间的协作关系具有非常重要的意义，同时也是网络计划相对于横道图最明显的特征之一。

2) 通过网络计划时间参数的计算，可以找出关键线路和关键工作。在关键线路法（CPM）中，关键线路是指在网络计划中从起点节点开始，沿箭线方向通过一系列箭线与节点，最后到达终点节点为止所形成的通路上所有工作持续时间总和最大的线路。关键线路上各项工作持续时间总和即为网络计划的工期，关键线路上的工作就是关键工作，关键工作的进度将直接影响到网络计划的工期。通过时间参数的计算，能够明确网络计划中的关键线路和关键工作，也就明确了工程进度控制中的工作重点，这对提高建设工程进度控制的效果具有非常重要的意义。

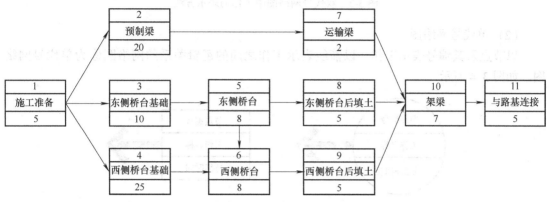

图3-2　某桥梁工程施工进度单代号网络计划

3）通过网络计划时间参数的计算，可以明确各项工作的机动时间。所谓工作的机动时间，是指在执行进度计划时除完成任务所必需的时间外尚剩余的、可供利用的富余时间，也称"时差"。在一般情况下，除关键工作外，其他各项工作（非关键工作）均有富余时间。这种富余时间可视为一种"潜力"，既可以用来支援关键工作，也可以用来优化网络计划，降低单位时间的资源需求量。

4）网络计划可以利用电子计算机进行计算、优化和调整。对进度计划进行优化和调整是工程进度控制工作中的一项重要内容。如果仅靠手工进行计算、优化和调整是非常困难的，必须借助于电子计算机。而且由于影响建设工程进度的因素有很多，只有利用电子计算机进行进度计划的优化和调整，才能适应实际变化的要求。网络计划就是这样一种模型，它能使进度控制人员利用电子计算机对工程进度计划进行计算、优化和调整。正是由于网络计划的这一特点，使其成为最有效的进度控制方法，从而受到普遍重视。

当然，网络计划也有其不足之处，如不像横道图那么直观明了等，但这可以通过绘制时标网络计划得到弥补。

3. 网络图的概念

网络图是由箭线和节点组成，用来表示工作流程的有向、有序网状图形。一个网络图表示一项计划任务。网络图中的工作是计划任务按需要的详略程度划分而成的、消耗时间或同时也消耗资源的一个子项目或子任务。工作可以是单位工程；也可以是分部工程、分项工程；一个施工过程也可以作为一项工作。在一般情况下，完成一项工作既需要消耗时间，也需要消耗劳动力、原材料、施工机具等资源。但也有一些工作只消耗时间而不消耗资源，如混凝土浇筑后的养护过程和墙面抹灰后的干燥过程等。

双代号网络计划概念

（1）双代号网络图

以箭线及其两端节点的编号表示工作的网络图称为双代号网络图，如图3-3所示。

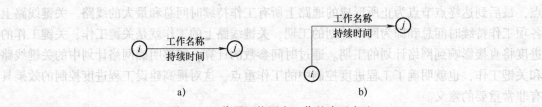

图 3-3 双代号网络图中工作的表示方法

(2) 单代号网络图

以节点及其编号表示工作,以箭线表示工作之间的逻辑关系的网络图称为单代号网络图,如图 3-4 所示。

图 3-4 单代号网络图中工作的表示方法

4. 基本符号

(1) 双代号网络图的基本符号

双代号网络图的基本符号是箭线、节点及节点编号。

1) 箭线。

① 一根箭线表示一项工作或表示一个施工过程。

② 一根箭线表示一项工作所消耗的时间和资源,分别用数字标注在箭线的下方和上方。

③ 在非时标网络图中,箭线的长度不代表时间的长短,画图时原则上是任意的,但必须满足网络图的绘制规则。

④ 箭线的方向表示工作进行的方向和前进的路线,箭尾表示工作的开始,箭头表示工作的结束。

⑤ 箭线可以画成直线、折线或斜线。

2) 节点。网络图中箭线端部的圆圈或其他形状的封闭图形就是节点。

① 节点表示前面工作结束和后面工作开始的瞬间,所以节点不需要消耗时间和资源。

② 箭线的箭尾节点表示该工作的开始;箭线的箭头节点表示该工作的结束。

③ 根据节点在网络图中的位置不同可以分为:起点节点、终点节点、中间节点(图 3-5)。

3) 节点编号。

① 节点编号必须满足两条基本原则:其一,箭头节点编号大于箭尾节点编号;其二,在一个网络图中,所有节点不能出现重复编号,可以按自然顺序,也可以非连续编号。

② 节点编号有两种方法:一是水平编

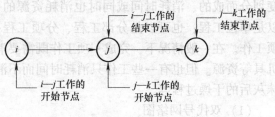

图 3-5 起点节点、终点节点、中间节点

号法（图 3-6），另一种是垂直编号法（图 3-7）。

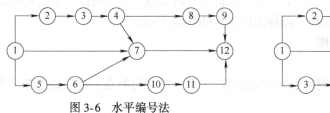
图 3-6　水平编号法

图 3-7　垂直编号法

（2）单代号网络图的基本符号。

单代号网络图的基本符号也是箭线、节点及节点编号。

1) 箭线：表示相邻工作之间的逻辑关系。

2) 节点：表示工作。

3) 节点编号：与双代号网络图相同。

5. 逻辑关系

工作之间相互制约或依赖的关系称为逻辑关系。工艺关系和组织关系是工作之间先后顺序关系——逻辑关系的组成部分。

（1）工艺关系

工艺关系是指生产工艺上客观存在的先后顺序关系，或是非生产性工作之间由工作程序决定的先后顺序关系。如支模1→扎筋1→混凝土1 为工艺关系。

由施工工艺、方法所定的先后顺序，一般不可变。

（2）组织关系

组织关系是指在不违反工艺关系的前提下，人为安排工作的先后顺序关系。

工作之间由于组织安排需要或资源（劳动力、原材料、施工机具等）调配需要而规定的先后顺序关系称为组织关系。如支模1→支模2，扎筋1→扎筋2 等为组织关系。

6. 虚工作及其应用

虚工作：是指不消耗资源、不占用时间，只表示两工序之间的先后逻辑关系的工作。虚工作用虚箭线表示，其表达方式可垂直向上或向下，也可水平向右，虚工作起着联系、区分、断路三个作用。

7. 紧前工作、紧后工作和平行工作

（1）紧前工作

紧排在本工作之前的工作为本工作的紧前工作。

（2）紧后工作

紧排在本工作之后的工作为本工作的紧后工作。

（3）平行工作

与本工作同时进行的工作为本工作的平行工作。

8. 先行工作和后续工作

（1）先行工作

相对于某工作而言，从网络图的第一个节点（起点节点）开始，顺箭头方向经过一系列箭线与节点到达该工作为止的各条通路上的所有工作，都称为该工作的先行工作。

(2) 后续工作

相对于某项工作而言,从该工作之后开始,顺箭头方向经过一系列箭线与节点到网络图的终点节点的各条通路上的所有工作,都称为该工作的后续工作。

9. 线路、关键线路、关键工作

(1) 线路

网络图中从起点节点开始,沿箭线方向连续通过一系列箭线与节点,最后到达终点节点的通路称为线路。

(2) 关键线路和关键工作

每一条线路都有自己确定的完成时间,它等于该线路上各项工作持续时间的总和,也是完成这条线路上所有工作的计划工期。工期最长的线路称为关键线路(或主要矛盾线)。位于关键线路上的工作称为关键工作。

关键工作完成的快慢直接影响整个计划工期的实现,关键线路用粗箭线或双箭线连接。

关键线路在网络图中不止一条,可能同时存在几条关键线路,即这几条线路上的持续时间相同。

关键线路并不是一成不变的,在一定条件下,关键线路和非关键线路可以互相转化。当采用了一定的技术组织措施,缩短了关键线路上各工作的持续时间,就有可能使关键线路发生转移,使原来的关键线路变成非关键线路,而原来的非关键线路却变成关键线路。

短于但接近于关键线路持续时间的线路称为次关键线路,其余的线路均称为非关键线路。

位于非关键线路的工作除关键工作外,其余称为非关键工作,它有机动时间(即时差);非关键工作也不是一成不变的,它可以转化为关键工作;利用非关键工作的机动时间可以科学地、合理地调配资源和对网络计划进行优化。

3.2.2 网络图的绘制

1. 双代号网络图的绘制

(1) 双代号网络图的绘制规则

双代号网络图是由若干个代表工程计划中各项活动的箭线和连接箭线的节点所构成的网状图形,如图3-8和图3-9所示。

双代号网络图绘制

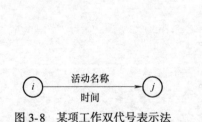

图3-8 某项工作双代号表示法

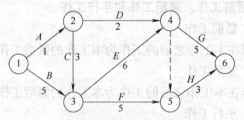

图3-9 双代号网络图

双代号网络图的组成:节点——事件和箭线——活动(工作)。

1) 必须正确表达各项工作之间的相互制约和相互依赖的关系。在网络图中,根据施工顺序和施工组织的要求,正确地反映各项工作之间的相互制约和相互依赖关系。

2) 在网络图中,严禁出现循环回路。

3）双代号网络图中，在节点之间严禁出现带双向箭头或无箭头的连线。

4）双代号网络图中严禁出现没有箭头节点或没有箭尾节点的箭线。

5）双代号网络图中的箭线宜保持自左向右的方向，不宜出现箭头指向左方的水平箭头和箭头偏向左方的斜向箭线。

6）双代号网络图中，一项工作只有唯一的一条箭线和相应的一对节点编号。严禁在箭线上引入或引出箭线。

7）绘制网络图时，尽可能在构图时避免交叉，可采用过桥法或断桥法来避免出现交叉（图 3-10）。

8）双代号网络图中，只允许有一个起点节点；不是分期完成任务的网络图中，只允许有一个终点节点；而其他所有节点均是中间节点。

9）当双代号网络图的某些节点有多条外向箭线或多条内向箭线时，在保证一项工作有唯一的一条箭线和对应的一对节点编号前提下，允许用母线法绘图，如图 3-11 所示。

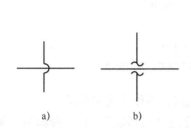

图 3-10 避免交叉的方法
a）过桥法 b）断桥法

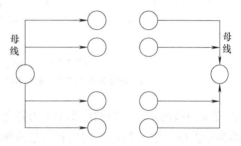

图 3-11 开始节点（和结束节点）中有多个外向（内向）箭线时采用母线法

只有在开始节点（和结束节点）中有多个外向（内向）箭线时可采用母线法。

以上是绘制双代号网络图应遵循的基本规则。这些规则是保证网络图能够正确地反映各项工作之间相互制约关系的前提，应熟练掌握。

（2）双代号网络图的绘制方法

1）节点位置法。节点位置法的绘图步骤：

① 提供逻辑关系表，一般只用提供每项工作的紧前工作。

② 确定各工作紧后工作。

③ 确定各工作开始节点编号和完成节点编号。

④ 根据节点编号和逻辑关系绘出初始网络图。

⑤ 检查、修改、调整，绘制正式网络图。

工作的逻辑关系
绘制双代号网络图

2）逻辑草稿法。逻辑草稿法的绘图步骤：

① 绘制没有紧前工作的工作，使它们具有相同的箭尾节点，即起点节点。

② 依次绘制其他各项工作。

3）绘制网络图应注意的问题。

① 网络图的布局要条理清楚，重点突出。虽然网络图主要用以反映各项工作之间的逻辑关系，但是为了便于使用，还应排布整齐，条理清楚，突出重点。尽量把关键工作和关键线路布置在中心位置，尽可能密切相连的工作安排在一起，尽量减少斜箭线而采用水平箭线

并避免交叉箭线出现（图 3-12）。

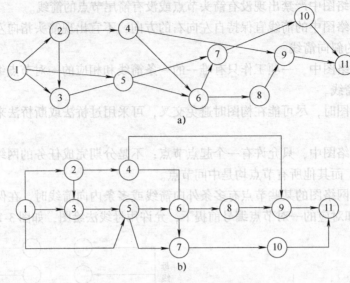

图 3-12 绘制网络图应注意的问题
a) 布置条理不清楚，重点不突出 b) 布置条理清楚，重点突出

② 交叉箭线的画法。当网络图中不可避免地出现交叉时，不能直接相交画出，如图 3-13a 所示即为错误的画法。目前采用两种方法来解决。一种称为"过桥法"，另一种称为"断桥法"，如图 3-13b、c 所示。

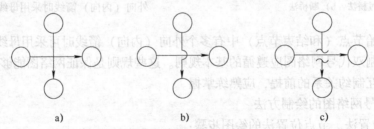

图 3-13 交叉箭线示意图
a) 错误 b) 正确 c) 正确

③ 正确应用虚箭线进行网络图的断路法，绘制网络图时必须符合以下三个条件：
第一，符合施工顺序的关系。
第二，符合流水施工的要求。
第三，符合网络逻辑连接关系。

一般来说，对施工顺序和施工组织上必须衔接的工作，绘图时不易产生错误，但是对于不发生逻辑关系的工作就容易产生错误。

遇到这种情况时，采用虚箭线加以处理。用虚箭线在线路上隔断无逻辑关系的各项工作，这种方法称为"断路法"。

④ 力求减少不必要的箭线和节点。
⑤ 网络图的分解。当网络图中的工作任务较多时，可以把它分成几个小块来绘制：

双代号网络图计划虚工作的作用

a. 从始到终、画一去一。
　　b. 先繁后简，先虚后改。
　　c. 一个节点处若有多个虚箭线，尽量指向同性（也有例外）。
（3）网络图的拼图
1）网络图的排列。
① 混合排列。
② 按施工过程排列。如果为了突出表示施工过程的连续作业，可以把同一施工过程排列在同一水平线上，这一排列方法称为"按施工过程排列法"，如图3-14所示。

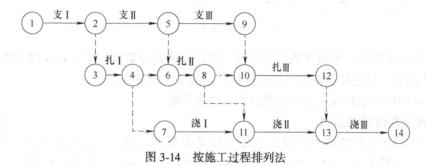

图3-14　按施工过程排列法

如果在流水作业中，若干个不同工种的工作沿着建筑物的楼层展开时，可以把同一楼层的各项工作排在同一水平线上，如图3-15所示为装修工程的三项工作按楼层自上而下的施工流向进行施工的网络图。

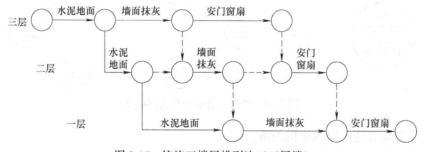

图3-15　按施工楼层排列法（三层楼）

③ 按施工段排列。为了使网络计划更形象而清楚地反映出建筑工程施工的特点，绘图时可根据不同的工程情况，不同的施工组织方法和使用要求灵活排列，以简化层次，使各工作间在工艺上及组织上的逻辑关系准确而清楚，便于对计划进行计算和调整。如果为了突出表示工作面的连续或者专业工作队的连续，可以把在同一施工段上的不同工种工作排列在同一水平线上，这种排列方法称为"按施工段排列法"，如图3-16所示。

2）网络图的工作合并。网络图的工作合并的基本方法是：保留局部网络图中与外部工作相联系的节点，合并后箭线所表达的工作持续时间为合并前该部分网络图中相应最长线路段的工作时间之和。

网络图的合并主要适用于群体工程施工控制网络图和施工单位的季节、年度控制网络图的编制。

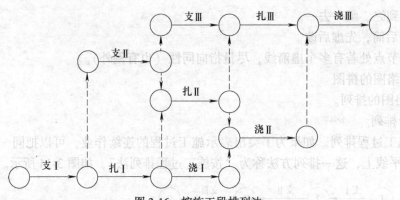

图 3-16　按施工段排列法

3）网络图的连接。绘制复杂网络图时，往往先将其分解成若干个相互独立的部分，然后各自分头绘制，最后按逻辑关系进行连接，形成一个整体网络图。

4）网络图的详略组合，讲究局部详细，整体简略。

2. 单代号网络图的绘制

单代号网络图是指组成网络图的各项工作是由节点表示，以箭线表示各项工作的相互制约关系，用这种符号从左向右绘制而成的图形就称为单代号网络图，如图3-17所示。

单代号网络图介绍

（1）单代号网络图的绘制规则

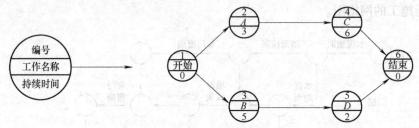

图 3-17　单代号表示法及其网络图

1）必须正确表达已定的逻辑关系。

2）在网络图中，严禁出现循环回路。

3）单代号网络图中，严禁出现带双向箭头或无箭头的连线。

4）单代号网络图中严禁出现没有箭头节点或没有箭尾节点的箭线。

5）绘制网络图时，尽可能在构图时避免交叉。不可避免时，可采用过桥法或断桥法。

6）单代号网络图中，只允许有一个起点节点，一个终点节点，必要时在两端设置虚拟的起点节点和终点节点。

7）单代号网络图中，不允许出现有重复编号的工作，一个编号只能代表一项工作，且箭头编号大于箭尾编号。

（2）单代号网络图的绘制方法

1）提供逻辑关系表。

2）用矩阵图确定紧后工作。

3）绘制没有紧前工作的工作，当有多个起点节点时，应在网络图的始端设置一项虚拟的起点节点。

4) 依次绘制其他各项工作,一直到终点节点。当有多个终点节点时,应在网络图的终端设置一项虚拟的终点节点。

3.2.3 网络计划时间参数的计算

所谓网络计划,是指在网络图上加注时间参数而编制的进度计划。网络计划时间参数的计算应在各项工作的持续时间确定之后进行。

1. 网络计划时间参数的概念

所谓网络计划时间参数,是指网络计划、工作及节点所具有的各种时间值。

(1) 工作持续时间和工期

1) 工作持续时间。工作持续时间是指一项工作从开始到完成的时间。在双代号网络图中,工作 $i-j$ 的持续时间用 D_{i-j} 表示;在单代号网络图中,工作 i 的持续时间用 D_i 表示。

2) 工期。工期泛指完成一项任务所需要的时间。在网络计划中,工期一般有以下三种:

① 计算工期。计算工期是根据网络计划时间参数计算而得到的工期,用 T_c 表示。

② 要求工期。要求工期是任务委托人所提出的指令性工期,用 T_r 表示。

③ 计划工期。计划工期是指根据要求工期和计算工期所确定的作为实施目标的工期,用 T_p 表示。

三种工期间的关系,应注意:

1) 当已规定了要求工期时,计划工期不应超过要求工期,即

$$T_p \leqslant T_r \qquad (3-1)$$

2) 当未规定要求工期时,可令计划工期等于计算工期,即

$$T_p = T_c \qquad (3-2)$$

(2) 工作的六个时间参数

除工作持续时间外,网络计划中工作的六个时间参数分别是:最早开始时间、最早完成时间、最迟完成时间、最迟开始时间、总时差和自由时差。

1) 最早开始时间和最早完成时间。工作的最早开始时间是指在其所有紧前工作全部完成后,本工作有可能开始的最早时刻。工作的最早完成时间等于本工作的最早开始时间与其持续时间之和。

在双代号网络图中,工作 $i-j$ 的最早开始时间和最早完成时间分别用 ES_{i-j} 和 EF_{i-j} 表示;在单代号网络图中,工作 i 的最早开始时间和最早完成时间分别用 ES_i 和 EF_i 表示。

2) 最迟完成时间和最迟开始时间。工作的最迟完成时间是指在不影响整个任务按期完成的前提下,本工作必须完成的最迟时刻。工作的最迟开始时间是指在不影响整个任务按期完成的前提下,本工作必须开始的最迟时刻。工作的最迟开始时间等于本工作的最迟完成时间与其持续时间之差。

在双代号网络图中,工作 $i-j$ 的最迟完成时间和最迟开始时间分别用 LF_{i-j} 和 LS_{i-j} 表示;在单代号网络图中,工作 i 的最迟完成时间和最迟开始时间分别用 LF_i 和 LS_i 表示。

3) 总时差和自由时差。工作的总时差是指在不影响总工期的前提下,本工作可以利用的机动时间。在双代号网络图中,工作 $i-j$ 的总时差用 TF_{i-j} 表示;在单代号网络图中,工

作 i 的总时差用 TF_i 表示。

工作的自由时差是指在不影响其紧后工作最早开始时间的前提下，本工作可以利用的机动时间。在双代号网络图中，工作 $i—j$ 的自由时差用 FF_{i-j} 表示；在单代号网络图中，工作 i 的自由时差用 FF_i 表示。

从总时差和自由时差的定义可知，对于同一项工作而言，自由时差不会超过总时差。当工作的总时差为零时，其自由时差必然为零。

在网络计划的执行过程中，工作的自由时差是该工作可以自由使用的时间。但是，如果利用某项工作的总时差，则有可能使该工作后续工作的总时差减小。

(3) 节点最早时间和最迟时间

1) 节点最早时间。节点最早时间是指在双代号网络图中，以该节点为开始节点的各项工作的最早开始时间。节点 i 的最早时间用 ET_i 表示。

2) 节点最迟时间。节点最迟时间是指在双代号网络图中，以该节点为完成节点的各项工作的最迟完成时间。节点 j 的最迟时间用 LT_j 表示。

(4) 相邻两项工作之间的时间间隔

相邻两项工作之间的时间间隔是指本工作的最早完成时间与其紧后工作最早开始时间之间可能存在的差值。工作 i 与工作 j 之间的时间间隔用 $LAG_{i,j}$ 表示。

2. 双代号网络计划时间参数的计算

双代号网络计划的时间参数既可以按工作计算，也可以按节点计算，下面分别以简例说明。

(1) 按工作计算法

所谓按工作计算法，就是以网络计划中的工作为对象，直接计算各项工作的时间参数。这些时间参数包括：工作的最早开始时间和最早完成时间、工作的最迟开始时间和最迟完成时间、工作的总时差和自由时差。此外，还应计算网络计划的计算工期。

双代号网络计划
时间参数计算

下面以图 3-18 所示双代号网络计划为例，说明按工作计算法计算时间参数的过程，其计算结果如图 3-19 所示。(注：网络图工作名称忽略，不标注)

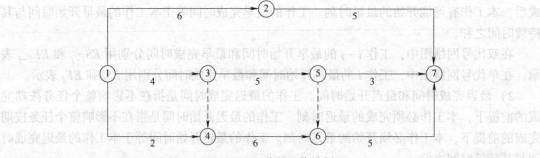

图 3-18 双代号网络计划

1) 计算工作的最早开始时间和最早完成时间。工作的最早开始时间和最早完成时间的计算应从网络计划的起点节点开始，顺着箭线方向依次进行。其计算步骤如下：

以网络计划起点节点为开始节点的工作，当未规定其最早开始时间时，其最早开始时间为零。在本例中，工作1—2、工作1—3和工作1—4的最早开始时间都为零，即：

$$ES_{1-2} = ES_{1-3} = ES_{1-4} = 0$$

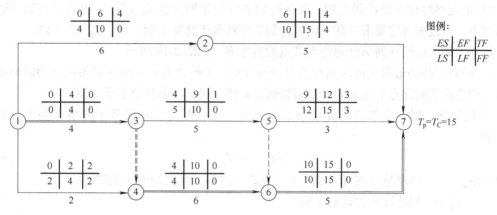

图3-19 双代号网络计划（六时标注法）

① 工作的最早完成时间可利用式（3-3）进行计算

$$EF_{i-j} = ES_{i-j} + D_{i-j} \tag{3-3}$$

式中 EF_{i-j}——工作 i—j 的最早完成时间；
　　　ES_{i-j}——工作 i—j 的最早开始时间；
　　　D_{i-j}——工作 i—j 的持续时间。

例如在本例中，工作1—2、工作1—3和工作1—4的最早完成时间分别为：

$$EF_{1-2} = ES_{1-2} + D_{1-2} = 0 + 6 = 6$$
$$EF_{1-3} = ES_{1-3} + D_{1-3} = 0 + 4 = 4$$
$$EF_{1-4} = ES_{1-4} + D_{1-4} = 0 + 2 = 2$$

② 其他工作的最早开始时间应等于其紧前工作最早完成时间的最大值，即

$$ES_{i-j} = \max\{EF_{h-i}\} = \max\{ES_{h-i} + D_{h-i}\} \tag{3-4}$$

式中 ES_{i-j}——工作 i—j 的最早开始时间；
　　　EF_{h-i}——工作 i—j 的紧前工作 h—i（非虚工作）的最早完成时间；
　　　ES_{h-i}——工作 i—j 的紧前工作 h—i（非虚工作）的最早开始时间；
　　　D_{h-i}——工作 i—j 的紧前工作 h—i（非虚工作）的持续时间。

例如在本例中，工作3—5和工作4—6的最早开始时间分别为：

$$ES_{3-5} = EF_{1-3} = 4$$
$$ES_{4-6} = \max\{EF_{1-3}, EF_{1-4}\} = \max\{4, 2\} = 4$$

③ 网络计划的计算工期应等于以网络计划终点节点为完成节点的工作的最早完成时间的最大值，即

$$T_C = \max\{EF_{i-n}\} = \max\{ES_{i-n} + D_{i-n}\} \tag{3-5}$$

式中 T_C——网络计划的计算工期；
　　　EF_{i-n}——以网络计划终点节点 n 为完成节点的工作的最早完成时间；
　　　ES_{i-n}——以网络计划终点节点 n 为完成节点的工作的最早开始时间；
　　　D_{i-n}——以网络计划终点节点 n 为完成节点的工作的持续时间。

例如在本例中，网络计划的计算工期为：

$$T_C = \max\{EF_{2-7}, EF_{5-7}, EF_{6-7}\} = \max\{11, 12, 15\} = 15$$

2）确定网络计划的计划工期。网络计划的计划工期应按式（3-1）或式（3-2）确定。在本例中，假设未规定要求工期，则其计划工期就等于计算工期，即：$T_p = T_C = 15$。

计划工期应标注在网络计划终点节点的右上方，如图3-19所示。

3）计算工作的最迟完成时间和最迟开始时间。工作最迟完成时间和最迟开始时间的计算应从网络计划的终点节点开始，逆着箭线方向依次进行。其计算步骤如下：

① 以网络计划终点节点为完成节点的工作，其最迟完成时间等于网络计划的计划工期，即

$$LF_{i-n} = T_p \tag{3-6}$$

式中　LF_{i-n}——以网络计划终点节点 n 为完成节点的工作的最迟完成时间；

　　　T_p——网络计划的计划工期。

例如在本例中，工作2—7、工作5—7和工作6—7的最迟完成时间为

$$LF_{2-7} = LF_{5-7} = LF_{6-7} = T_p = 15$$

② 工作的最迟开始时间可利用式（3-7）进行计算：

$$LS_{i-j} = LF_{i-j} - D_{i-j} \tag{3-7}$$

式中　LS_{i-j}——工作 $i-j$ 的最迟开始时间；

　　　LF_{i-j}——工作 $i-j$ 的最迟完成时间；

　　　D_{i-j}——工作 $i-j$ 的持续时间。

例如在本例中，工作2—7、工作5—7和工作6—7的最迟开始时间分别为

$$LS_{2-7} = LF_{2-7} - D_{2-7} = 15 - 5 = 10$$
$$LS_{5-7} = LF_{5-7} - D_{5-7} = 15 - 3 = 12$$
$$LS_{6-7} = LF_{6-7} - D_{6-7} = 15 - 5 = 10$$

③ 其他工作的最迟完成时间应等于其紧后工作最迟开始时间的最小值，即

$$LF_{i-j} = \min\{LS_{j-k}\} = \min\{LF_{j-k} - D_{j-k}\} \tag{3-8}$$

式中　LF_{i-j}——工作 $i-j$ 的最迟完成时间；

　　　LS_{j-k}——工作 $i-j$ 的紧后工作 $j-k$（非虚工作）的最迟开始时间；

　　　LF_{j-k}——工作 $i-j$ 的紧后工作 $j-k$（非虚工作）的最迟完成时间；

　　　D_{j-k}——工作 $i-j$ 的紧后工作 $j-k$（非虚工作）的持续时间。

例如在本例中，工作3—5和工作4—6的最迟完成时间分别为

$$LF_{3-5} = \min\{LS_{5-7}, LS_{6-7}\} = \min\{12, 10\} = 10$$
$$LF_{4-6} = LS_{6-7} = 10$$

4）计算工作的总时差。计算工作的总时差等于该工作最迟完成时间与最早完成时间之差，或该工作最迟开始时间与最早开始时间之差，即

$$TF_{i-j} = LF_{i-j} - EF_{i-j} = LS_{i-j} - ES_{i-j} \tag{3-9}$$

式中　TF_{i-j}——工作 $i-j$ 的总时差；

　　　其余符号含义同前。

例如在本例中，工作3—5的总时差为

$$TF_{3-5} = LF_{3-5} - EF_{3-5} = 10 - 9 = 1$$

或

$$TF_{3-5} = LS_{3-5} - ES_{3-5} = 5 - 4 = 1$$

5）计算工作的自由时差。工作自由时差的计算应按以下两种情况分别考虑：

① 对于有紧后工作的工作，其自由时差等于本工作之紧后工作最早开始时间减本工作最早完成时间所得之差的最小值，即

$$FF_{i-j} = \min\{ES_{j-k} - EF_{i-j}\}$$
$$= \min\{ES_{j-k} - ES_{i-j} - D_{i-j}\} \quad (3\text{-}10)$$

式中　FF_{i-j}——工作 i—j 的自由时差；

　　　ES_{j-k}——工作 i—j 的紧后工作 j—k（非虚工作）的最早开始时间；

　　　EF_{i-j}——工作 i—j 的最早完成时间；

　　　ES_{i-j}——工作 i—j 的最早开始时间；

　　　D_{i-j}——工作 i—j 的持续时间。

例如在本例中，工作 1—4 和工作 3—5 的自由时差分别为

$$FF_{1-4} = ES_{4-6} - EF_{1-4} = 4 - 2 = 2$$
$$FF_{3-5} = \min\{ES_{5-7} - EF_{3-5}, ES_{6-7} - EF_{3-5}\}$$
$$= \min\{9-9, 10-9\}$$
$$= 0$$

② 对于无紧后工作的工作，也就是以网络计划终点节点为完成节点的工作，其自由时差等于计划工期与本工作最早完成时间之差，即

$$FF_{i-n} = T_p - EF_{i-n} = T_p - ES_{i-n} - D_{i-n} \quad (3\text{-}11)$$

式中　FF_{i-n}——以网络计划终点节点 n 为完成节点的工作 i—n 的自由时差；

　　　T_p——网络计划的计划工期；

　　　EF_{i-n}——以网络计划终点节点 n 为完成节点的工作 i—n 的最早完成时间；

　　　ES_{i-n}——以网络计划终点节点 n 为完成节点的工作 i—n 的最早开始时间；

　　　D_{i-n}——以网络计划终点节点 n 为完成节点的工作 i—n 的持续时间。

例如在本例中，工作 2—7、工作 5—7 和工作 6—7 的自由时差分别为：

$$FF_{2-7} = T_p - EF_{2-7} = 15 - 11 = 4$$
$$FF_{5-7} = T_p - EF_{5-7} = 15 - 12 = 3$$
$$FF_{6-7} = T_p - EF_{6-7} = 15 - 15 = 0$$

需要指出的是，对于网络计划中以终点节点为完成节点的工作，其自由时差与总时差相等。此外，由于工作的自由时差是其总时差的构成部分，所以，当工作的总时差为零时，其自由时差必然为零，可不必进行专门计算。例如在本例中，工作 1—3、工作 4—6 和工作 6—7 的总时差全部为零，故其自由时差也全部为零。

6）确定关键工作和关键线路。在网络计划中，总时差最小的工作为关键工作。特别地，当网络计划的计划工期等于计算工期时，总时差为零的工作就是关键工作。例如在本例中，工作 1—3、工作 4—6 和工作 6—7 的总时差均为零，故为关键工作。

找出关键工作之后，将这些关键工作首尾相连，便构成从起点节点到终点节点的通路，

位于该通路上各项工作的持续时间总和最大，这条通路就是关键线路。在关键线路上可能有虚工作存在。

关键线路一般用粗箭线或双线箭线标出，也可以用彩色箭线标出。例如在本例中，线①→③→④→⑥→⑦即为关键线路。关键线路上各项工作的持续时间总和应等于网络计划的计算工期，这一特点也是判别关键线路是否正确的准则。

在上述计算过程中，是将每项工作的六个时间参数均标注在图中的，故称为六时标注法，如图 3-19 所示。为使网络计划的图面更加简洁，在双代号网络计划中，除各项工作的持续时间以外，通常只需标注两个最基本的时间参数——各项工作的最早开始时间和最迟开始时间即可，而工作的其他四个时间参数（最早完成时间、最迟完成时间、总时差和自由时差）均可根据工作的最早开始时间、最迟开始时间及持续时间导出。这种方法称为二时标注法，如图 3-20 所示。

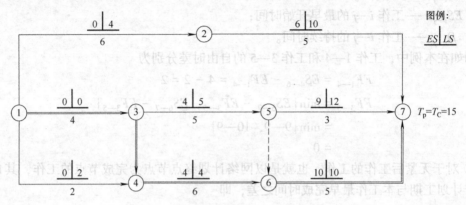

图 3-20　双代号网络计划（二时标注法）

（2）按节点计算法

所谓按节点计算法，就是先计算网络计划中各个节点的最早时间和最迟时间，然后再据此计算各项工作的时间参数和网络计划的计算工期。

下面仍以图 3-18 所示双代号网络计划为例，说明按节点计算法计算时间参数的过程，其计算结果如图 3-21 所示。

双代号网络时间计划时间参数计算——节点计算法

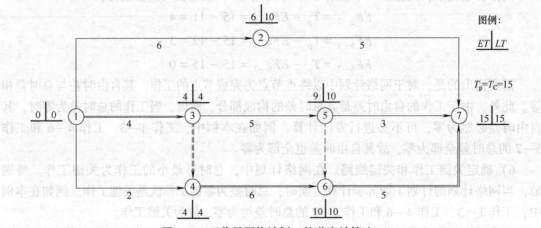

图 3-21　双代号网络计划（按节点计算法）

1) 计算节点的最早时间和最迟时间。

① 计算节点的最早时间。节点最早时间的计算应从网络计划的起点节点开始，顺着箭线方向依次进行。其计算步骤如下：

a. 网络计划起点节点，如未规定最早时间时，其值等于零。例如在本例中，起点节点①的最早时间为零，即：

$$ET_1 = 0$$

b. 其他节点的最早时间应按式（3-12）进行计算：

$$ET_j = \max\{ET_i + D_{i-j}\} \tag{3-12}$$

式中　ET_j——工作 i—j 的完成节点 j 的最早时间；

　　　ET_i——工作 i—j 的开始节点 i 的最早时间；

　　　D_{i-j}——工作 i—j 的持续时间。

例如在本例中，节点③和节点④的最早时间分别为

$$ET_3 = ET_1 + D_{1-3} = 0 + 4 = 4$$
$$ET_4 = \max\{ET_1 + D_{1-4}, ET_3 + D_{3-4}\}$$
$$= \max\{0 + 2, 4 + 0\}$$
$$= 4$$

c. 网络计划的计算工期等于网络计划终点节点的最早时间，即

$$T_c = ET_n \tag{3-13}$$

式中　T_C——网络计划的计算工期；

　　　ET_n——网络计划终点节点 n 的最早时间。

例如在本例中，其计算工期为

$$T_c = ET_7 = 15 \tag{3-14}$$

② 确定网络计划的计划工期。网络计划的计划工期应按式（3-1）或式（3-2）确定。在本例中，假设未规定要求工期，则其计划工期就等于计算工期，即：

$$T_p = T_c = 15$$

计划工期应标注在终点节点的右上方，如图 3-21 所示。

③ 计算节点的最迟时间。节点最迟时间的计算应从网络计划的终点节点开始，逆着箭线方向依次进行。其计算步骤如下：

a. 网络计划终点节点的最迟时间等于网络计划的计划工期，即

$$LT_n = T_p \tag{3-15}$$

式中　LT_n——网络计划终点节点 n 的最迟时间；

　　　T_p——网络计划的计划工期。

例如在本例中，终点节点⑦的最迟时间为：

$$LT_7 = T_p = 15$$

b. 其他节点的最迟时间应按式（3-16）进行计算：

$$LT_i = \min\{LT_j - D_{i-j}\} \tag{3-16}$$

式中　LT_i——工作 i—j 的开始节点 i 的最迟时间；

　　　LT_j——工作 i—j 的完成节点 j 的最迟时间；

　　　D_{i-j}——工作 i—j 的持续时间。

例如在本例中，节点⑥和节点⑤的最迟时间分别为

$$LT_6 = LT_7 - D_{6-7} = 15 - 5 = 10$$

$$LT_5 = \min\{LT_6 - D_{5-6}, LT_7 - D_{5-7}\}$$

$$= \min\{10 - 0, 15 - 3\}$$

$$= 10$$

2）根据节点的最早时间和最迟时间判定工作的六个时间参数。

① 工作的最早开始时间等于该工作开始节点的最早时间，即

$$ES_{i-j} = ET_i \tag{3-17}$$

例如在本例中，工作 1—2 和工作 2—7 的最早开始时间分别为：

$$ES_{1-2} = ET_1 = 0$$

$$ES_{2-7} = ET_2 = 6$$

② 工作的最早完成时间等于该工作开始节点的最早时间与其持续时间之和，即

$$EF_{i-j} = ET_i + D_{i-j} \tag{3-18}$$

例如在本例中，工作 1—2 和工作 2—7 的最早完成时间分别为：

$$EF_{1-2} = ET_1 + D_{1-2} = 0 + 6 = 6$$

$$EF_{2-7} = ET_2 + D_{2-7} = 6 + 5 = 11$$

③ 工作的最迟完成时间等于该工作完成节点的最迟时间，即

$$LF_{i-j} = LT_j \tag{3-19}$$

例如在本例中，工作 1—2 和工作 2—7 的最迟完成时间分别为：

$$LF_{1-2} = LT_2 = 10$$

$$LF_{2-7} = LT_7 = 15$$

④ 工作的最迟开始时间等于该工作完成节点的最迟时间与其持续时间之差，即

$$LS_{i-j} = LT_j - D_{i-j} \tag{3-20}$$

例如在本例中，工作 1—2 和工作 2—7 的最迟开始时间分别为：

$$LS_{1-2} = LT_2 - D_{1-2} = 10 - 6 = 4$$

$$LS_{2-7} = LT_7 - D_{2-7} = 15 - 5 = 10$$

⑤ 工作的总时差可根据式（3-9）、式（3-18）和式（3-19）得到：

$$TF_{i-j} = LF_{i-j} - EF_{i-j}$$

$$= LT_j - (ET_i + D_{i-j})$$

$$= LT_j - ET_i - D_{i-j} \tag{3-21}$$

由式（3-21）可知，工作的总时差等于该工作完成节点的最迟时间减去该工作开始节点的最早时间所得差值再减去其持续时间。例如在本例中，工作 1—2 和工作 3—5 的总时差分别为：

$$TF_{1-2} = LT_2 - ET_1 - D_{1-2} = 10 - 0 - 6 = 4$$

$$TF_{3-5} = LT_5 - ET_3 - D_{3-5} = 10 - 4 - 5 = 1$$

⑥ 工作的自由时差可根据式（3-10）和式（3-17）得到：

$$FF_{i-j} = \min\{ES_{j-k} - ES_{i-j} - D_{i-j}\}$$

$$= \min\{ES_{j-k}\} - ES_{i-j} - D_{i-j}$$

$$= \min\{ET_j\} - ET_i - D_{i-j} \tag{3-22}$$

由式（3-22）可知，工作的自由时差等于该工作完成节点的最早时间减去该工作开始节点的最早时间所得差值再减去其持续时间。例如在本例中，工作1—2和3—5的自由时差分别为：

$$FF_{1-2} = ET_2 - ET_1 - D_{1-2} = 6 - 0 - 6 = 0$$

$$FF_{3-5} = ET_5 - ET_3 - D_{3-5} = 9 - 4 - 5 = 0$$

特别需要注意的是，如果本工作与其各紧后工作之间存在虚工作时，其中的 ET_j 应为本工作紧后工作开始节点的最早时间，而不是本工作完成节点的最早时间。

3）确定关键线路和关键工作。在双代号网络计划中，关键线路上的节点称为关键节点。关键工作两端的节点必为关键节点，但两端为关键节点的工作不一定是关键工作。关键节点的最迟时间与最早时间的差值最小。特别地，当网络计划的计划工期等于计算工期时，关键节点的最早时间与最迟时间必然相等。例如在本例中，节点①、③、④、⑥、⑦就是关键节点。关键节点必然处在关键线路上，但由关键节点组成的线路不一定是关键线路。例如在本例中，由关键节点①、④、⑥、⑦组成的线路就不是关键线路。

当利用关键节点判别关键线路和关键工作时，还要满足下列判别式：

$$ET_i + D_{i-j} = ET_j \tag{3-23}$$

或

$$LT_i + D_{i-j} = LT_j \tag{3-24}$$

式中 ET_i——工作 i—j 的开始节点（关键节点）i 的最早时间；

D_{i-j}——工作 i—j 的持续时间；

ET_j——工作 i—j 的完成节点（关键节点）j 的最早时间；

LT_i——工作 i—j 的开始节点（关键节点）i 的最迟时间；

LT_j——工作 i—j 的完成节点（关键节点）j 的最迟时间。

如果两个关键节点之间的工作符合上述判别式，则该工作必然为关键工作，它应该在关键线路上。否则，该工作就不是关键工作，关键线路也就不会从此处通过。例如在本例中，工作1—3、虚工作3—4、工作4—6和工作6—7均符合上述判别式，故线路①→③→④→⑥→⑦为关键线路。

4）关键节点的特性。在双代号网络计划中，当计划工期等于计算工期时，关键节点具有以下一些特性，掌握这些特性，有助于确定工作时间参数。

① 开始节点和完成节点均为关键节点的工作，不一定是关键工作。例如在图3-21所示网络计划中，节点①和节点④为关键节点，但工作1—4为非关键工作。由于其两端为关键节点，机动时间不可能为其他工作所利用，故其总时差和自由时差均为2。

② 以关键节点为完成节点的工作，其总时差和自由时差必然相等。例如在图3-21所示网络计划中，工作1—4的总时差和自由时差均为2；工作2—7的总时差和自由时差均为5；工作5—7的总时差和自由时差均为3。

③ 当两个关键节点间有多项工作，且工作间的非关键节点无其他内向箭线和外向箭线时，则两个关键节点间各项工作的总时差均相等。在这些工作中，除以关键节点为完成节点的工作自由时差等于总时差外，其余工作的自由时差均为零。例如在图3-21所示网络计划中，工作1—2和工作2—7的总时差均为4。工作2—7的自由时差等于总时差，而工作1—2

的自由时差为零。

④ 当两个关键节点间有多项工作，且工作间的非关键节点有外向箭线而无其他内向箭线时，则两个关键节点间各项工作的总时差不一定相等。在这些工作中，除以关键节点为完成节点的工作自由时差等于总时差外，其余工作的自由时差均为零。例如在图 3-21 所示网络计划中，工作 3—5 和工作 5—7 的总时差分别为 1 和 3。工作 5—7 的自由时差等于总时差，而工作 3—5 的自由时差为零。

(3) 标号法

标号法是一种快速寻求网络计划计算工期和关键线路的方法。标号法利用按节点计算法的基本原理，对网络计划中的每一个节点进行标号，然后利用标号值确定网络计划的计算工期和关键线路。

下面仍以图 3-18 所示网络计划为例，说明标号法的计算过程，其计算结果如图 3-22 所示。

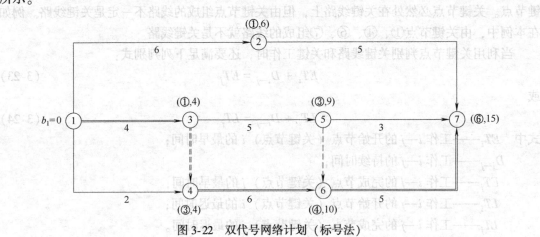

图 3-22 双代号网络计划（标号法）

1) 网络计划起点节点的标号值为零。例如在本例中，节点①的标号值为零，即 $b_1=0$。
2) 其他节点的标号值应根据式（3-25）按节点编号从小到大的顺序逐个进行计算：

$$b_j = \max\{b_i + D_{i-j}\} \tag{3-25}$$

式中 b_j——工作 i—j 的完成节点 j 的标号值；
 b_i——工作 i—j 的开始节点 i 的标号值；
 D_{i-j}——工作 i—j 的持续时间。

例如在本例中，节点③和节点④的标号值分别为：

$$b_3 = b_1 + D_{1-3} = 0 + 4 = 4$$
$$b_4 = \max\{b_1 + D_{1-4}, b_3 + D_{3-4}\}$$
$$= \max\{0+2, 4+0\}$$
$$= 4$$

当计算出节点的标号值后，应用其标号值及其源节点对该节点进行双标号。所谓源节点，就是用来确定本节点标号值的节点。例如在本例中，节点④的标号值 4 是由节点③所确定，故节点④的源节点就是节点③。如果源节点有多个，应将所有源节点标出。

3) 网络计划的计算工期就是网络计划终点节点的标号值。例如在本例中，其计算工期就等于终点节点⑦的标号值 15。

4）关键线路应从网络计划的终点节点开始，逆着箭线方向按源节点确定。例如在本例中，从终点节点⑦开始，逆着箭线方向按源节点可以找出关键线路为①→③→④→⑥→⑦。

3. 单代号网络计划时间参数的计算

单代号网络计划与双代号网络计划只是表现形式不同，它们所表达的内容则完全一样。下面以图 3-23 所示单代号网络计划为例，说明其时间参数的计算过程，计算结果如图 3-24 所示。

单代号网络图计算

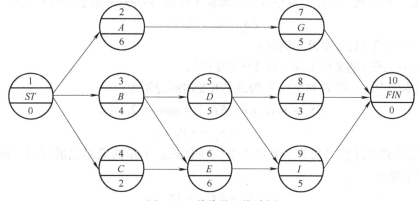

图 3-23 单代号网络计划

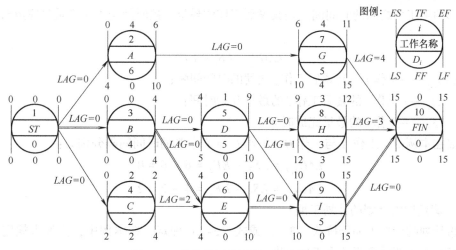

图 3-24 单代号网络计划（计算结果）

（1）计算工作的最早开始时间和最早完成时间

工作最早开始时间和最早完成时间的计算应从网络计划的起点节点开始，顺着箭线方向按节点编号从小到大的顺序依次进行。其计算步骤如下：

1）网络计划起点节点所代表的工作，其最早开始时间未规定时取值为零。例如在本例中，起点节点 ST 所代表的工作（虚拟工作）的最早开始时间为零，即

$$ES_1 = 0 \tag{3-26}$$

2）工作的最早完成时间等于本工作的最早开始时间与其持续时间之和，即

$$EF_i = ES_i + D_i \tag{3-27}$$

式中 EF_i——工作 i 的最早完成时间；
ES_i——工作 i 的最早开始时间；
D_i——工作 i 的持续时间。

例如在本例中，虚工作 ST 和工作 A 的最早完成时间分别为

$$EF_1 = ES_1 + D_1 = 0 + 0 = 0$$
$$EF_2 = ES_2 + D_2 = 0 + 6 = 6$$

3) 其他工作的最早开始时间应等于其紧前工作最早完成时间的最大值，即：

$$ES_j = \max\{EF_i\} \tag{3-28}$$

式中 ES_j——工作 j 的最早开始时间；
EF_i——工作 j 的紧前工作 i 的最早完成时间。

例如在本例中，工作 E 和工作 G 的最早开始时间分别为：

$$ES_6 = \max\{EF_3, EF_4\} = \max\{4, 2\} = 4$$
$$ES_7 = EF_2 = 6$$

4) 网络计划的计算工期等于其终点节点所代表的工作的最早完成时间。例如在本例中，其计算工期为：

$$T_c = EF_{10} = 15$$

(2) 计算相邻两项工作之间的时间间隔

相邻两项工作之间的时间间隔是其紧后工作的最早开始时间与本工作最早完成时间的差值，即

$$LAG_{i,j} = ES_j - EF_i \tag{3-29}$$

式中 $LAG_{i,j}$——工作 i 与其紧后工作 j 之间的时间间隔；
ES_j——工作 i 的紧后工作 j 的最早开始时间；
EF_i——工作 i 的最早完成时间。

例如在本例中，工作 A 与工作 G、工作 C 与工作 E 的时间间隔分别为：

$$LAG_{2,7} = ES_7 - EF_2 = 6 - 6 = 0$$
$$LAG_{4,6} = ES_6 - EF_4 = 4 - 2 = 2$$

(3) 确定网络计划的计划工期

网络计划的计划工期仍按式（3-1）或式（3-2）确定。在本例中，假设未规定要求工期，则其计划工期就等于计算工期，即：

$$T_p = T_c = 15$$

(4) 计算工作的总时差

工作总时差的计算应从网络计划的终点节点开始，逆着箭线方向按节点编号从大到小的顺序依次进行。

1) 网络计划终点节点 n 所代表的工作的总时差应等于计划工期与计算工期之差，即

$$TF_n = T_p - T_c \tag{3-30}$$

当计划工期等于计算工期时，该工作的总时差为零。例如在本例中，终点节点⑩所代表的工作 FIN（虚拟工作）的总时差为：

$$TF_{10} = T_p - T_c = 15 - 15 = 0$$

2）其他工作的总时差应等于本工作与其紧后工作之间时间间隔加上该紧后工作的总时差所得之和的最小值，即

$$TF_i = \min\{LAG_{i,j} + TF_j\} \tag{3-31}$$

式中　TF_i——工作 i 的总时差；

　　　$LAG_{i,j}$——工作 i 与其紧后工作 j 之间的时间间隔；

　　　TF_j——工作 i 的紧后工作 j 的总时差。

例如在本例中，工作 H 和工作 D 的总时差分别为：

$$TF_8 = LAG_{8,10} + TF_{10} = 3 + 0 = 3$$
$$TF_5 = \min\{LAG_{5,8} + TF_8, LAG_{5,9} + TF_9\}$$
$$= \min\{0 + 3, 1 + 0\}$$
$$= 1$$

（5）计算工作的自由时差

1）网络计划终点节点 n 所代表的工作的自由时差等于计划工期与本工作的最早完成时间之差，即

$$FF_n = T_p - EF_n \tag{3-32}$$

式中　FF_n——终点节点 n 所代表的工作的自由时差；

　　　T_p——网络计划的计划工期；

　　　EF_n——终点节点 n 所代表的工作的最早完成时间（即计算工期）。

例如在本例中，终点节点⑩所代表的工作 FIN（虚拟工作）的自由时差为：

$$FF_{10} = T_p - EF_{10} = 15 - 15 = 0$$

2）其他工作的自由时差等于本工作与其紧后工作之间时间间隔的最小值，即

$$FF_i = \min\{LAG_{i,j}\} \tag{3-33}$$

例如在本例中，工作 D 和工作 G 的自由时差分别为：

$$FF_5 = \min\{LAG_{5,8}, LAG_{5,9}\} = \min\{0, 1\} = 0$$
$$FF_7 = LAG_{7,10} = 4$$

（6）计算工作的最迟完成时间和最迟开始时间

工作的最迟完成时间和最迟开始时间的计算可按以下两种方法进行：

1）根据总时差计算。

① 工作的最迟完成时间等于本工作的最早完成时间与其总时差之和，即

$$LF_i = EF_i + TF_i \tag{3-34}$$

例如在本例中，工作 D 和工作 G 的最迟完成时间分别为

$$LF_5 = EF_5 + TF_5 = 9 + 1 = 10$$
$$LF_7 = EF_7 + TF_7 = 11 + 4 = 15$$

② 工作的最迟开始时间等于本工作的最早开始时间与其总时差之和，即

$$LS_i = ES_i + TF_i \tag{3-35}$$

例如在本例中，工作 D 和工作 G 的最迟开始时间分别为：

$$LS_5 = ES_5 + TF_5 = 4 + 1 = 5$$

$$LS_7 = ES_7 + TF_7 = 6 + 4 = 10$$

2) 根据计划工期计算。工作最迟完成时间和最迟开始时间的计算应从网络计划的终点节点开始，逆着箭线方向按节点编号从大到小的顺序依次进行。

① 网络计划终点节点 n 所代表的工作的最迟完成时间等于该网络计划的计划工期，即：

$$LF_n = T_p \tag{3-36}$$

例如在本例中，终点节点 D 所代表的工作 FIN（虚拟工作）的最迟完成时间为

$$LF_{10} = T_p = 15$$

工作的最迟开始时间等于本工作的最迟完成时间与其持续时间之差，即

$$LS_i = LF_i - D_i \tag{3-37}$$

例如在本例中，虚拟工作 FIN 和工作 G 的最迟开始时间分别为：

$$LS_{10} = LF_{10} - D_{10} = 15 - 0 = 15$$
$$LS_7 = LF_7 - D_7 = 15 - 5 = 10$$

② 其他工作的最迟完成时间等于该工作各紧后工作最迟开始时间的最小值，即

$$LF_i = \min\{LS_j\} \tag{3-38}$$

式中 LF_i ——工作 i 的最迟完成时间；

LS_j ——工作 i 的紧后工作 j 的最迟开始时间。

例如在本例中，工作 H 和工作 D 的最迟完成时间分别为：

$$LF_8 = LS_{10} = 15$$
$$\begin{aligned}LF_5 &= \min\{LS_8, LS_9\}\\ &= \min\{12, 10\}\\ &= 10\end{aligned}$$

(7) 确定网络计划的关键线路

1) 利用关键工作确定关键线路。如前所述，总时差最小的工作为关键工作。将这些关键工作相连，并保证相邻两项关键工作之间的时间间隔为零而构成的线路就是关键线路。

例如在本例中，由于工作 B、工作 E 和工作 I 的总时差均为零，故这些工作均为关键工作。由网络计划的起点节点①和终点节点⑩与上述三项关键工作组成的线路上，相邻两项工作之间的时间间隔全部为零，故线路①→③→⑥→⑨→⑩为关键线路。

2) 利用相邻两项工作之间的时间间隔确定关键线路。从网络计划的终点节点开始，逆着箭线方向依次找出相邻两项工作之间时间间隔为零的线路就是关键线路。例如在本例中，逆着箭线方向可以直接找出关键线路①→③→⑥→⑨→⑩，因为在这条线路上，相邻两项工作之间的时间间隔均为零。

3.2.4 双代号时标网络计划

双代号时标网络计划（简称时标网络计划）必须以水平时间坐标为尺度表示工作时间。时标的时间单位应根据需要在编制网络计划之前确定，可以是小时、天、周、月或季度等。

在时标网络计划中，以实箭线表示工作，实箭线的水平投影长度表示该工作的持续时间；以虚箭线表示虚工作，由于虚工作的持续时间为零，故虚箭线只能垂直画；以波形线表示工作与其紧后工作之间的时间间隔（以终点节点为完成节点的工作除外，当计划工期等

于计算工期时,这些工作箭线中波形线的水平投影长度表示其自由时差)。

时标网络计划既具有网络计划的优点,又具有横道计划直观易懂的优点,它将网络计划的时间参数直观地表达出来。

1. 时标网络计划的编制方法

时标网络计划宜按各项工作的最早开始时间编制。为此,在编制时标网络计划时应使每一个节点和每一项工作(包括虚工作)尽量向左靠,直至不出现从右向左的逆向箭线为止。

在编制时标网络计划之前,应先按已经确定的时间单位绘制时标网络计划表。时间坐标可以标注在时标网络计划表的顶部或底部。当网络计划的规模比较大,且比较复杂时,可以在时标网络计划表的顶部和底部同时标注时间坐标。必要时,还可以在顶部时间坐标之上或底部时间坐标之下同时加注日历时间。时标网络计划表见表3-1。表中部的刻度线宜为细线。为使图面清晰简洁,此线也可不画或少画。

表3-1 时标网络计划表

日 历																
时间单位	1	2	3	4	5	6	7	8	9	10	11	12	13	14	15	16
网络计划																
时间单位	1	2	3	4	5	6	7	8	9	10	11	12	13	14	15	16

编制时标网络计划应先绘制无时标的网络计划草图,然后按间接绘制法或直接绘制法进行绘制。

(1)间接绘制法

所谓间接绘制法,是指先根据无时标的网络计划草图计算其时间参数并确定关键线路,然后在时标网络计划表中进行绘制。在绘制时应先将所有节点按其最早时间定位在时标网络计划表中的相应位置,然后再用规定线型(实箭线和虚箭线)按比例绘出工作和虚工作。当某些工作箭线的长度不足以到达该工作的完成节点时,须用波形线补足,箭头应画在与该工作完成节点的连接处。

(2)直接绘制法

所谓直接绘制法,是指不计算时间参数而直接按无时标的网络计划草图绘制时标网络计划。现以图3-25所示网络计划为例,说明时标网络计划的绘制过程。

网络计划——双代号时标网络计划

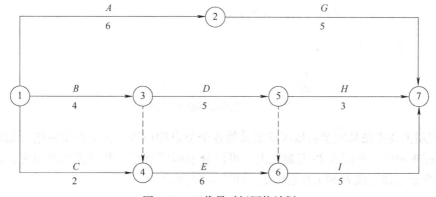

图3-25 双代号时标网络计划

1）将网络计划的起点节点定位在时标网络计划表的起始刻度上。如图3-26所示，节点①就是定位在时标网络计划表的起始刻度线"0"位置上。

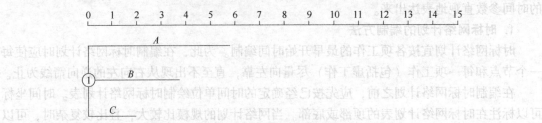

图3-26 直接绘制法第一步

2）按工作的持续时间绘制以网络计划起点节点为开始节点的工作箭线。如图3-26所示，分别绘出工作箭线A、B和C。

3）除网络计划的起点节点外，其他节点必须在所有以该节点为完成节点的工作箭线均绘出后，定位在这些工作箭线中最迟的箭线末端。当某些工作箭线的长度不足以到达该节点时，须用波形线补足，箭头画在与该节点的连接处。例如在本例中，节点②直接定位在工作箭线A的末端；节点③直接定位在工作箭线B的末端；节点④的位置需要在绘出虚箭线③→④之后，定位在工作箭线C和虚箭线③→④中最迟的箭线末端，即坐标"4"的位置上。此时，工作箭线C的长度不足以到达节点④，因而用波形线补足，如图3-27所示。

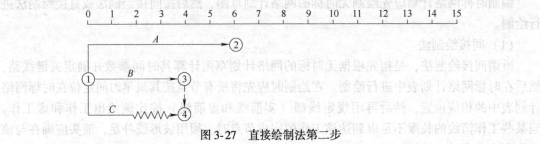

图3-27 直接绘制法第二步

4）当某个节点的位置确定之后，即可绘制以该节点为开始节点的工作箭线。例如在本例中，在图3-27基础之上，可以分别以节点②、节点③和节点④为开始节点绘制工作箭线G、工作箭线D和工作箭线E，如图3-28所示。

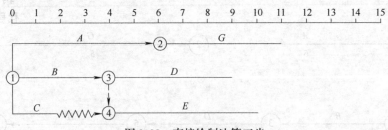

图3-28 直接绘制法第三步

5）利用上述方法从左至右依次确定其他各个节点的位置，直至绘出网络计划的终点节点。例如在本例中，在图3-28基础之上，可以分别确定节点⑤和节点⑥的位置，并在它们之后分别绘制工作箭线H和工作箭线I，如图3-29所示。

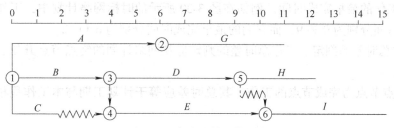

图 3-29 直接绘制法第四步

最后,根据工作箭线 G、工作箭线 H 和工作箭线 I 确定出终点节点的位置。本例对应的时标网络计划如图 3-30 所示,图中双箭线表示的线路为关键线路。

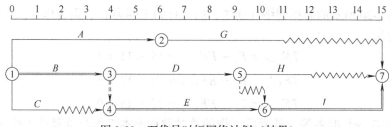

图 3-30 双代号时标网络计划(结果)

在绘制时标网络计划时,特别需要注意的问题是处理好虚箭线。首先,应将虚箭线与实箭线等同看待,只是其对应工作的持续时间为零;其次,尽管其本身没有持续时间,但可能存在波形线,因此,要按规定画出波形线。在画波形线时,其垂直部分仍应画为虚线(如图 3-30 所示,时标网络计划中的虚箭线⑤→⑥)。

2. 时标网络计划中时间参数的判定

(1) 关键线路和计算工期的判定

1) 关键线路的判定。时标网络计划中的关键线路可从网络计划的终点节点开始,逆着箭线方向进行判定。凡自始至终不出现波形线的线路即为关键线路。因为不出现波形线,就说明在这条线路上相邻两项工作之间的时间间隔全部为零,也就是在计算工期等于计划工期的前提下,这些工作的总时差和自由时差全部为零。例如在图 3-30 所示时标网络计划中,线路①→③→④→⑥→⑦即为关键线路。

2) 计算工期的判定。网络计划的计算工期应等于终点节点所对应的时标值与起点节点所对应的时标值之差。例如,图 3-30 所示时标网络计划的计算工期为:

$$T_C = 15 - 0 = 15$$

(2) 相邻两项工作之间时间间隔的判定

除以终点节点为完成节点的工作外,工作箭线中波形线的水平投影长度表示工作与其紧后工作之间的时间间隔。例如在图 3-30 所示的时标网络计划中,工作 C 和工作 E 之间的时间间隔为 2;工作 D 和工作 I 之间的时间间隔为 1;其他工作之间的时间间隔均为零。

(3) 工作六个时间参数的判定

1) 工作最早开始时间和最早完成时间的判定。工作箭线左端节点中心所对应的时标值为该工作的最早开始时间。当工作箭线中不存在波形线时,其右端节点中心所对应的时标值为该工作的最早完成时间;当工作箭线中存在波形线时,工作箭线实线部分右端点所对应的时标值为该工作的最早完成时间。例如在图 3-30 所示的时标网络计划中,工作 A 和工作 H 的最早开始时间分别为 0 和 9,而它们的最早完成时间分别为 6 和 12。

2) 工作总时差的判定。工作总时差的判定应从网络计划的终点节点开始,逆着箭线方向依次进行。

① 以终点节点为完成节点的工作,其总时差应等于计划工期与本工作最早完成时间之差,即

$$TF_{i-n} = T_p - EF_{i-n} \tag{3-39}$$

式中 TF_{i-n}——以网络计划终点节点 n 为完成节点的工作的总时差;

T_p——网络计划的计划工期;

EF_{i-n}——以网络计划终点节点 n 为完成节点的工作的最早完成时间。

例如在图 3-30 所示的时标网络计划中,假设计划工期为 15,则工作 G、工作 H 和工作 I 的总时差分别为:

$$TF_{2-7} = T_p - EF_{2-7} = 15 - 11 = 4$$
$$TF_{5-7} = T_p - EF_{5-7} = 15 - 12 = 3$$
$$TF_{6-7} = T_p - EF_{6-7} = 15 - 15 = 0$$

② 其他工作的总时差等于其紧后工作的总时差加上本工作与该紧后工作之间的时间间隔所得之和的最小值,即

$$TF_{i-j} = \min\{TF_{j-k} + LAG_{i-j, j-k}\} \tag{3-40}$$

式中 TF_{i-j}——工作 $i-j$ 的总时差;

TF_{j-k}——工作 $i-j$ 的紧后工作 $j-k$(非虚工作)的总时差;

$LAG_{i-j, j-k}$——工作 $i-j$ 与其紧后工作 $j-k$(非虚工作)之间的时间间隔。

例如在图 3-30 所示的时标网络计划中,工作 A、工作 C 和工作 D 的总时差分别为:

$$TF_{1-2} = TF_{2-7} + LAG_{1-2, 2-7} = 4 + 0 = 4$$
$$TF_{1-4} = TF_{4-6} + LAG_{1-4, 4-6} = 0 + 2 = 2$$
$$TF_{3-5} = \min\{TF_{5-7} + LAG_{3-5, 5-7}, TF_{6-7} + LAG_{3-5, 6-7}\}$$
$$= \min\{3 + 0, 0 + 1\}$$
$$= 1$$

3) 工作自由时差的判定。

① 以终点节点为完成节点的工作,其自由时差应等于计划工期与本工作最早完成时间之差,即

$$FF_{i-n} = T_p - EF_{i-n} \tag{3-41}$$

式中 FF_{i-n}——以网络计划终点节点 n 为完成节点的工作的总时差;

T_p——网络计划的计划工期;

EF_{i-n}——以网络计划终点节点 n 为完成节点的工作的最早完成时间。

例如在图 3-30 所示的时标网络计划中,工作 G、工作 H 和工作 I 的自由时差分别为:

$$FF_{2-7} = T_p - EF_{2-7} = 15 - 11 = 4$$
$$FF_{5-7} = T_p - EF_{5-7} = 15 - 12 = 3$$
$$FF_{6-7} = T_p - EF_{6-7} = 15 - 15 = 0$$

事实上，以终点节点为完成节点的工作，其自由时差与总时差必然相等。

② 其他工作的自由时差就是该工作箭线中波形线的水平投影长度。但当工作之后只紧接虚工作时，则该工作箭线上一定不存在波形线，而其紧接的虚箭线中波形线水平投影长度的最短者为该工作的自由时差。

例如在图 3-30 所示的时标网络计划中，工作 A、工作 B、工作 D 和工作 E 的自由时差均为零，而工作 C 的自由时差为 2。

4）工作最迟开始时间和最迟完成时间的判定。

① 工作的最迟开始时间等于本工作的最早开始时间与其总时差之和，即

$$LS_{i-j} = ES_{i-j} + TF_{i-j} \tag{3-42}$$

式中　LS_{i-j}——工作 $i-j$ 的最迟开始时间；

　　　ES_{i-j}——工作 $i-j$ 的最早开始时间；

　　　TF_{i-j}——工作 $i-j$ 的总时差。

例如在图 3-30 所示的时标网络计划中，工作 A、工作 C、工作 D、工作 G 和工作 H 的最迟开始时间分别为：

$$LS_{1-2} = ES_{1-2} + TF_{1-2} = 0 + 4 = 4$$

$$LS_{1-1} = ES_{1-4} + TF_{1-4} = 0 + 2 = 2$$

$$LS_{3-5} = ES_{3-5} + TF_{3-5} = 4 + 1 = 5$$

$$LS_{2-7} = ES_{2-7} + TF_{2-7} = 6 + 4 = 10$$

$$LS_{5-7} = ES_{5-7} + TF_{5-7} = 9 + 3 = 12$$

② 工作的最迟完成时间等于本工作的最早完成时间与其总时差之和，即

$$LF_{i-j} = EF_{i-j} + TF_{i-j} \tag{3-43}$$

式中　LF_{i-j}——工作 $i-j$ 的最迟完成时间；

　　　EF_{i-j}——工作 $i-j$ 的最早完成时间；

　　　TF_{i-j}——工作 $i-j$ 的总时差。

例如在图 3-30 所示的时标网络计划中，工作 A、工作 C、工作 D、工作 G 和工作 H 的最迟完成时间分别为：

$$LF_{1-2} = EF_{1-2} + TF_{1-2} = 6 + 4 = 10$$

$$LF_{1-4} = EF_{1-4} + TF_{1-4} = 2 + 2 = 4$$

$$LF_{3-5} = EF_{3-5} + TF_{3-5} = 9 + 1 = 10$$

$$LF_{2-7} = EF_{2-7} + TF_{2-7} = 11 + 4 = 15$$

$$LF_{5-7} = EF_{5-7} + TF_{5-7} = 12 + 3 = 15$$

图 3-30 所示时标网络计划中时间参数的判定结果应与图 3-19 所示网络计划时间参数的计算结果完全一致。

3. 时标网络计划的坐标体系

时标网络计划的坐标体系有计算坐标体系、工作日坐标体系和日历坐标体系三种。

（1）计算坐标体系

计算坐标体系主要用作网络计划时间参数的计算。采用该坐标体系便于时间参数的计算，但不够明确。如按照计算坐标体系，网络计划所表示的计划任务从第零天开始，就不容

易理解。实际上应为第 1 天开始或明示开始日期。

（2）工作日坐标体系

工作日坐标体系可明示各项工作在整个工程开工后第几天（上班时刻）开始和第几天（下班时刻）完成。但不能明示出整个工程的开工日期和完工日期以及各项工作的开始日期与完成日期。

在工作日坐标体系中，整个工程的开工日期和各项工作的开始日期分别等于计算坐标体系中整个工程的开工日期和各项工作的开始日期加 1；而整个工程的完工日期和各项工作的完成日期就等于计算坐标体系中整个工程的完工日期和各项工作的完成日期。

（3）日历坐标体系

日历坐标体系可以明示整个工程的开工日期和完工日期以及各项工作的开始日期与完成日期，同时还可以考虑扣除节假日休息时间。

图 3-31 所示的双代号时标网络计划中同时标出了三种坐标体系。其中上面为计算坐标体系，中间为工作日坐标体系，下面为日历坐标体系。这里假定 4 月 24 日（星期三）开工，星期六、星期日和"五一"国际劳动节休息。

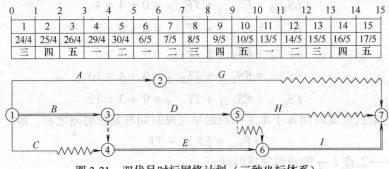

图 3-31　双代号时标网络计划（三种坐标体系）

4. 进度计划表

进度计划表也是建设工程进度计划的一种表达方式，包括工作日进度计划表和日历进度计划表。

（1）工作日进度计划表

工作日进度计划表是一种根据带有工作日坐标体系的时标网络计划编制的工程进度计划表。根据图 3-31 所示双代号时标网络计划编制的工作日进度计划见表 3-2。

表 3-2　工作日进度计划

序号	工作代号	工作名称	持续时间	最早开始时间	最早完成时间	最迟开始时间	最迟完成时间	自由时差	总时差	关键工作
1	1—2	A	6	1	6	5	10	0	4	否
2	1—3	B	4	1	4	1	4	0	0	是
3	1—4	C	2	1	2	3	4	2	2	否
4	3—5	D	5	5	9	5	10	0	1	否
5	4—6	E	6	5	10	5	10	0	0	是

(续)

序号	工作代号	工作名称	持续时间	最早开始时间	最早完成时间	最迟开始时间	最迟完成时间	自由时差	总时差	关键工作
6	2—7	G	5	7	11	11	15	4	4	否
7	5—7	H	3	10	12	13	15	3	3	否
8	6—7	I	5	11	15	11	15	0	0	是

（2）日历进度计划表

日历进度计划表是一种根据带有日历坐标体系的时标网络计划编制的工程进度计划表，根据图 3-31 所示双代号时标网络计划编制的日历进度计划见表 3-3。

表 3-3 日历进度计划

序号	工作代号	工作名称	持续时间	最早开始时间	最早完成时间	最迟开始时间	最迟完成时间	自由时差	总时差	关键工作
1	1—2	A	6	24/4	6/5	30/4	10/5	0	4	否
2	1—3	B	4	24/4	29/4	24/4	29/4	0	0	是
3	1—4	C	2	24/4	25/4	26/4	29/4	2	2	否
4	3—5	D	6	30/4	9/5	6/5	10/5	0	1	否
5	4—6	E	6	30/4	10/5	30/4	10/5	0	0	是
6	2—7	G	5	7/5	13/5	13/5	17/5	4	4	否
7	5—7	H	3	10/5	14/5	15/5	17/5	3	3	否
8	6—7	I	5	13/5	17/5	13/5	17/5	0	0	是

3.2.5 网络计划的优化

网络计划的优化是指在一定约束条件下，按既定目标对网络计划进行不断改进，以寻求满意方案的过程。

网络计划的优化目标应按计划任务的需要和条件选定，包括工期目标、费用目标和资源目标。根据优化目标的不同，网络计划的优化可分为工期优化、费用优化和资源优化三种。

1. 工期优化

所谓工期优化，是指网络计划的计算工期不满足要求工期时，通过压缩关键工作的持续时间以满足要求工期目标的过程。

（1）工期优化方法

网络计划工期优化的基本方法是在不改变网络计划中各项工作之间逻辑关系的前提下，通过压缩关键工作的持续时间来达到优化目标。在工期优化过程中，按照经济合理的原则，不能将关键工作压缩成非关键工作。此外，当工期优化过程中出现多条关键线路时，必须将各条关键线路的总持续时间压缩至相同数值，否则，不能有效地缩短工期。

网络计划的工期优化可按下列步骤进行：

1）确定初始网络计划的计算工期和关键线路。

2）按要求工期计算应缩短的时间 ΔT：

$$\Delta T = T_C - T_r \qquad (3-44)$$

式中 T_C——网络计划的计算工期；

T_r——要求工期。

3) 选择应缩短持续时间的关键工作。选择压缩对象时宜在关键工作中考虑下列因素：

① 缩短持续时间对质量和安全影响不大的工作。

② 有充足备用资源的工作。

③ 缩短持续时间所需增加的费用最少的工作。

4) 将所选定的关键工作的持续时间压缩至最短，并重新确定计算工期和关键线路。若被压缩的关键工作变成非关键工作，则应延长其持续时间，使之仍为关键工作。

5) 当计算工期仍超过要求工期时，则重复上述2)~4)，直至计算工期满足要求工期或计算工期已不能再缩短为止。

6) 当所有关键工作的持续时间都已达到其能缩短的极限而寻求不到继续缩短工期的方案，但网络计划的计算工期仍不能满足要求工期时，应对网络计划的原技术方案、组织方案进行调整，或对要求工期重新审定。

(2) 工期优化示例

【例3-1】 已知某工程双代号网络计划如图3-32所示，图中箭线下方括号外数字为工作的正常持续时间，括号内数字为最短持续时间；箭线上方括号内数字为优选系数，该系数综合考虑质量、安全和费用增加情况而确定。选择关键工作压缩其持续时间时，应选择优选系数最小的关键工作。若需要同时压缩多个关键工作的持续时间时，则它们的优选系数之和（组合优选系数）最小者应优先作为压缩对象。现假设要求工期为15，试对其进行工期优化。

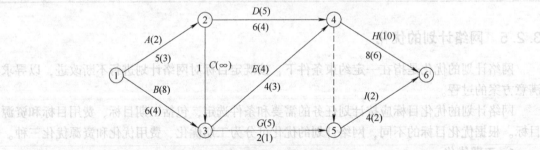

图3-32 双代号网络计划（例3-1）

【解】 该网络计划的工期优化可按以下步骤进行：

(1) 根据各项工作的正常持续时间。用标号法确定网络计划的计算工期和关键线路，如图3-33所示。此时关键线路为①→②→④→⑥。

(2) 计算应缩短的时间：

$$\Delta T = T_C - T_r = 19 - 15 = 4$$

(3) 由于此时关键工作为工作A、工作D和工作H，而其中工作A的优选系数最小，故应将工作A作为优先压缩对象。

(4) 将关键工作A的持续时间压缩至最短持续时间3，利用标号法确定新的计算工期和关键线路，如图3-34所示。此时，关键工作A被压缩成非关键工作，故将其持续时间3延长为4，使之成为关键工作。工作 A 恢复为关键工作之后，网络计划中出现两条关键线路，即①→②→④→⑥和①→③→④→⑥，如图 3-35 所示。

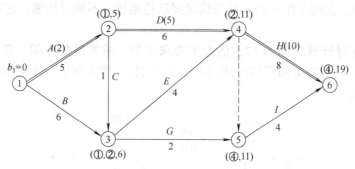

图 3-33　双代号网络计划中的关键线路（例 3-1）

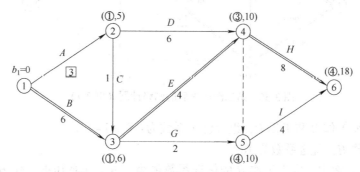

图 3-34　工作 A 压缩至最短时的关键线路

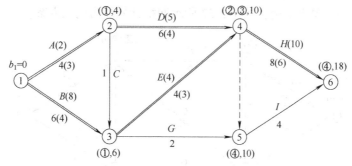

图 3-35　第一次压缩后的网络计划（例 3-1）

（5）由于此时计算工期为 18，仍大于要求工期，故需继续压缩。需要缩短的时间：$\Delta T_1 = 18-15 = 3$。在图 3-35 所示网络计划中，有以下五个压缩方案：

1）同时压缩工作 A 和工作 B，组合优选系数为：2 + 8 = 10。
2）同时压缩工作 A 和工作 E，组合优选系数为：2 + 4 = 6。
3）同时压缩工作 B 和工作 D，组合优选系数为：8 + 5 = 13。
4）同时压缩工作 D 和工作 E，组合优选系数为：5 + 4 = 9。
5）压缩工作 H，优选系数为 10。

在上述压缩方案中，由于工作 A 和工作 E 的组合优选系数最小，故应选择同时压缩工作 A 和工作 E 的方案。将这两项工作的持续时间各压缩 1（压缩至最短），再用标号法确定计算工期和关键线路,如图 3-36 所示。此时,关键线路仍为两条,即①→②→④→⑥ 和①→③→④→⑥。

在图 3-35 中,关键工作 A 和 E 的持续时间已达最短,不能再压缩,它们的优选系数变为无穷大。

(6)由于此时计算工期为 17,仍大于要求工期,故需继续压缩。需要缩短的时间:$\Delta T_2 = 17 - 15 = 2$。在图 3-36 所示网络计划中,由于关键工作 A 和 E 已不能再压缩,故此时只有两个压缩方案:

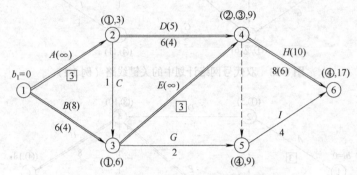

图 3-36 第二次压缩后的网络计划(例 3-1)

1)同时压缩工作 B 和工作 D,组合优选系数为:$8 + 5 = 13$。
2)压缩工作 H,优选系数为 10。

在上述压缩方案中,由于工作 H 的优选系数最小,故应选择压缩工作 H 的方案。将工作 H 的持续时间缩短 2,再用标号法确定计算工期和关键线路,如图 3-37 所示。此时,计算工期为 15,已等于要求工期,故图 3-37 所示网络计划即为优化方案。

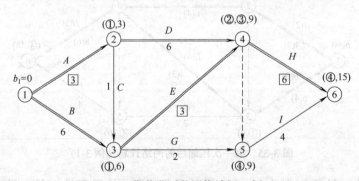

图 3-37 工期优化后的网络计划(例 3-1)

2. 费用优化

费用优化又称工期成本优化,是指寻求工程总成本最低时的工期安排,或按要求工期寻求最低成本的计划安排的过程。

(1)费用和时间的关系

在建设工程施工过程中,完成一项工作通常可以采用多种施工方法和组织方法,而不同的施工方法和组织方法,又会有不同的持续时间和费用。由于一项建设工程往往包含许多工作,所以在安排建设工程进度计划时,就会出现许多进度方案。进度方案不同,所对应的总工期和总费用也就不同。为了能从多种方案中找出总成本最低的方案，必须首先分析费用和时间之间的关系。

1）工程费用与工期的关系。工程总费用由直接费和间接费组成。直接费由人工费、材料费、施工机具使用费、措施费及现场经费等组成。施工方案不同，直接费也就不同；如果施工方案一定，工期不同，直接费也不同。直接费会随着工期的缩短而增加。间接费包括企业经营管理的全部费用，一般会随着工期的缩短而减少。在考虑工程总费用时，还应考虑工期变化带来的其他损益，包括效益增量和资金的时间价值等。工程费用与工期的关系如图 3-38 所示。

2）工作直接费与持续时间的关系。由于网络计划的工期取决于关键工作的持续时间，为了进行工期成本优化，必须分析网络计划中各项工作的直接费与持续时间之间的关系，这是网络计划工期成本优化的基础。

工作的直接费与持续时间之间的关系类似于工程直接费与工期之间的关系，工作的直接费随着持续时间的缩短而增加，如图 3-39 所示。为简化计算，工作的直接费与持续时间之间的关系被近似地认为是一条直线关系。当工作划分比较详细时，其计算结果还是比较精确的。

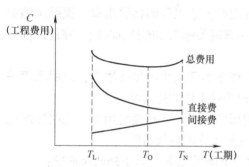

图 3-38　工程费用-工期曲线
T_L—最短工期　T_O—最优工期
T_N—正常工期

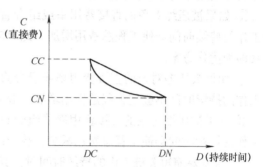

图 3-39　直接费-持续时间曲线
DN—工作的正常持续时间
CN—按正常持续时间完成工作时所需的直接费
DC—工作的最短持续时间
CC—按最短持续时间完成工作时所需的直接费

工作持续时间每缩短单位时间而增加的直接费称为直接费用率。直接费用率可按式（3-45）计算：

$$\Delta C_{i-j} = \frac{CC_{i-j} - CN_{i-j}}{DN_{i-j} - DC_{i-j}} \qquad (3-45)$$

式中　ΔC_{i-j}——工作 $i-j$ 的直接费用率；
　　　CC_{i-j}——按最短持续时间完成工作 $i-j$ 时所需的直接费；
　　　CN_{i-j}——按正常持续时间完成工作 $i-j$ 时所需的直接费；
　　　DN_{i-j}——工作 $i-j$ 的正常持续时间；
　　　DC_{i-j}——工作 $i-j$ 的最短持续时间。

从式（3-45）可以看出，工作的直接费用率越大，说明将该工作的持续时间缩短一个时间单位，所需增加的直接费就越多；反之，将该工作的持续时间缩短一个时间单位，所需增加的直接费就越少。因此，在压缩关键工作的持续时间以达到缩短工期的目的时，应将直接费用率最小的关键工作作为压缩对象。当有多条关键线路出现而需要同时压缩多个关键工作的持续时间时，应将它们的直接费用率之和（组合直接费用率）最小者作为压缩对象。

（2）费用优化方法

费用优化的基本思路：不断地在网络计划中找出直接费用率（或组合直接费用率）最小的关键工作，缩短其持续时间，同时考虑间接费随工期缩短而减少的数值，最后求得工程总成本最低时的最优工期安排或按要求工期求得最低成本的计划安排。

按照上述基本思路，费用优化可按以下步骤进行：

1）按工作的正常持续时间确定计算工期和关键线路。

2）计算各项工作的直接费用率，直接费用率的计算按式（3-45）进行。

3）当只有一条关键线路时，应找出直接费用率最小的一项关键工作，作为缩短持续时间的对象；当有多条关键线路时，应找出组合直接费用率最小的一组关键工作，作为缩短持续时间的对象。

4）对于选定的压缩对象（一项关键工作或一组关键工作），首先比较其直接费用率或组合直接费用率与工程间接费用率的大小。

① 如果被压缩对象的直接费用率或组合直接费用率大于工程间接费用率，说明压缩关键工作的持续时间会使工程总费用增加。此时应停止缩短关键工作的持续时间，在此之前的方案即为优化方案。

② 如果被压缩对象的直接费用率或组合直接费用率等于工程间接费用率，说明压缩关键工作的持续时间不会使工程总费用增加，故应缩短关键工作的持续时间。

③ 如果被压缩对象的直接费用率或组合直接费用率小于工程间接费用率，说明压缩关键工作的持续时间会使工程总费用减少，故应缩短关键工作的持续时间。

5）当需要缩短关键工作的持续时间时，其缩短值的确定必须符合下列两条原则：

① 缩短后工作的持续时间不能小于其最短持续时间。

② 缩短持续时间的工作不能变成非关键工作。

6）计算关键工作持续时间缩短后相应增加的总费用。

7）重复上述3）~6），直至计算工期满足要求工期或被压缩对象的直接费用率或组合直接费用率大于工程间接费用率为止。

8）计算优化后的工程总费用。

（3）费用优化示例

【例3-2】 已知某工程双代号网络计划如图3-40所示，图中箭线下方括号外数字为工作的正常持续时间，括号内数字为最短持续时间；箭线上方括号外数字为工作按正常持续时间完成时所需的直接费，括号内数字为工作按最短持续时间完成时所需的直接费。该工程的间接费用率为0.8万元/天，试对其进行费用优化。

【解】 该网络计划的费用优化可按以下步骤进行：

（1）根据各项工作的正常持续时间，用标号法确定网络计划的计算工期和关键线路，如图3-41所示。计算工期为19天，关键线路有两条，即①→③→④→⑥和①→③→④→⑤→⑥。

（2）计算各项工作的直接费用率：

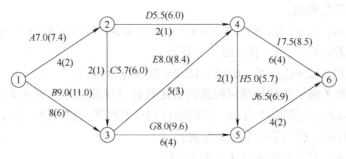

图 3-40 双代号网络计划（例 3-2）
（费用单位：万元；时间单位：天）

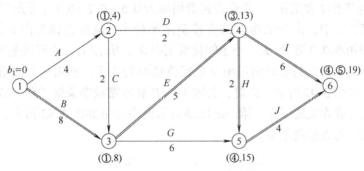

图 3-41 双代号网络计划中的关键线路（例 3-2）

$$\Delta C_{1-2} = \frac{CC_{1-2} - CN_{1-2}}{DN_{1-2} - DC_{1-2}} = \frac{7.4 - 7.0}{4 - 2} = 0.2 \, (万元/天)$$

$$\Delta C_{1-3} = \frac{CC_{1-3} - CN_{1-3}}{DN_{1-3} - DC_{1-3}} = \frac{11.0 - 9.0}{8 - 6} = 1.0 \, (万元/天)$$

$$\Delta C_{2-3} = \frac{CC_{2-3} - CN_{2-3}}{DN_{2-3} - DC_{2-3}} = \frac{6.0 - 5.7}{2 - 1} = 0.3 \, (万元/天)$$

$$\Delta C_{2-4} = \frac{CC_{2-4} - CN_{2-4}}{DN_{2-4} - DC_{2-4}} = \frac{6.0 - 5.5}{2 - 1} = 0.5 \, (万元/天)$$

$$\Delta C_{3-4} = \frac{CC_{3-4} - CN_{3-4}}{DN_{3-4} - DC_{3-4}} = \frac{8.4 - 8.0}{5 - 3} = 0.2 \, (万元/天)$$

$$\Delta C_{3-5} = \frac{CC_{3-5} - CN_{3-5}}{DN_{3-5} - DC_{3-5}} = \frac{9.6 - 8.0}{6 - 4} = 0.8 \, (万元/天)$$

$$\Delta C_{4-5} = \frac{CC_{4-5} - CN_{4-5}}{DN_{4-5} - DC_{4-5}} = \frac{5.7 - 5.0}{2 - 1} = 0.7 \, (万元/天)$$

$$\Delta C_{4-6} = \frac{CC_{4-6} - CN_{4-6}}{DN_{4-6} - DC_{4-6}} = \frac{8.5 - 7.5}{6 - 4} = 0.5 \, (万元/天)$$

$$\Delta C_{5-6} = \frac{CC_{5-6} - CN_{5-6}}{DN_{5-6} - DC_{5-6}} = \frac{6.9 - 6.5}{4 - 2} = 0.2 \, (万元/天)$$

(3) 计算工程总费用：

① 直接费总和：$C_d = 7.0 + 9.0 + 5.7 + 5.5 + 8.0 + 8.0 + 5.0 + 7.5 + 6.5 = 62.2$（万元）。

② 间接费总和：$C_i = 0.8 \times 19 = 15.2$（万元）。

③ 工程总费用：$C_t = C_d + C_i = 62.2 + 15.2 = 77.4$（万元）。

(4) 通过压缩关键工作的持续时间进行费用优化（优化过程见表3-4）：

1) 第一次压缩：从图3-41可知，该网络计划中有两条关键线路，为了同时缩短两条关键线路的总持续时间，有以下四个压缩方案：

① 压缩工作 B，直接费用率为 1.0 万元/天。

② 压缩工作 E，直接费用率为 0.2 万元/天。

③ 同时压缩工作 H 和工作 I，组合直接费用率为 $0.7 + 0.5 = 1.2$（万元/天）。

④ 同时压缩工作 I 和工作 J，组合直接费用率为 $0.5 + 0.2 = 0.7$（万元/天）。

在上述压缩方案中，由于工作 E 的直接费用率最小，故应选择工作 E 作为压缩对象。工作 E 的直接费用率 0.2 万元/天，小于间接费用率 0.8 万元/天，说明压缩工作 E 可使工程总费用降低。将工作 E 的持续时间压缩至最短持续时间 3 天，利用标号法重新确定计算工期和关键线路，如图3-42所示。此时，关键工作 E 被压缩成非关键工作，故将其持续时间延长为 4 天，使之成为关键工作。第一次压缩后的网络计划如图3-43所示，图中箭线上方括号内数字为工作的直接费用率。

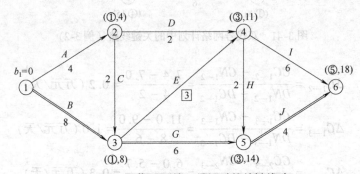

图 3-42 工作 E 压缩至最短时的关键线路

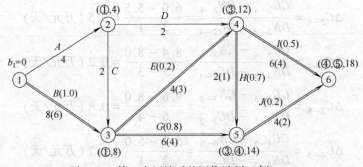

图 3-43 第一次压缩后的网络计划（例3-2）

2) 第二次压缩：从图3-43可知，该网络计划中有三条关键线路，即①→③→④→⑥、①→③→④→⑤→⑥和①→③→⑤→⑥。为了同时缩短三条关键线路的总持续时间，有以下五个压缩方案：

① 压缩工作 B，直接费用率为 1.0 万元/天。
② 同时压缩工作 E 和工作 G，组合直接费用率为 0.2 + 0.8 = 1.0（万元/天）。
③ 同时压缩工作 E 和工作 J，组合直接费用率为 0.2 + 0.2 = 0.4（万元/天）。
④ 同时压缩工作 G、工作 H 和工作 I，组合直接费用率为 0.8 + 0.7 + 0.5 = 2.0（万元/天）。
⑤ 同时压缩工作 I 和工作 J，组合直接费用率为 0.5 + 0.2 = 0.7（万元/天）。

在上述压缩方案中，由于工作 E 和工作 J 的组合直接费用率最小，故应选择工作 E 和工作 J 作为压缩对象。工作 E 和工作 J 的组合直接费用率 0.4 万元/天，小于间接费用率 0.8 万元/天，说明同时压缩工作 E 和工作 J 可使工程总费用降低。由于工作 E 的持续时间只能压缩 1 天，工作 J 的持续时间也只能随之压缩 1 天。工作 E 和工作 J 的持续时间同时压缩 1 天后，利用标号法重新确定计算工期和关键线路。此时，关键线路由压缩前的三条变为两条，即①→③→④→⑥和①→③→⑤→⑥。原来的关键工作 H 未经压缩而被动地变成了非关键工作。第二次压缩后的网络计划如图 3-44 所示。此时，关键工作 E 的持续时间已达最短，不能再压缩，故其直接费用率变为无穷大。

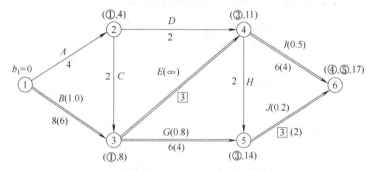

图 3-44 第二次压缩后的网络计划（例 3-2）

3）第三次压缩：从图 3-44 可知，由于工作 E 不能再压缩，而为了同时缩短两条关键线路①→③→④→⑥和①→③→⑤→⑥的总持续时间，只有以下三个压缩方案：

① 压缩工作 B，直接费用率为 1.0 万元/天。
② 同时压缩工作 G 和工作 I，组合直接费用率为 0.8 + 0.5 = 1.3（万元/天）。
③ 同时压缩工作 I 和工作 J，组合直接费用率为 0.5 + 0.2 = 0.7（万元/天）。

在上述压缩方案中，由于工作 I 和工作 J 的组合直接费用率最小，故应选择工作 I 和工作 J 作为压缩对象。工作 I 和工作 J 的组合直接费用率 0.7 万元/天，小于间接费用率 0.8 万元/天，说明同时压缩工作 I 和工作 J 可使工程总费用降低。由于工作 J 的持续时间只能压缩 1 天，工作 I 的持续时间也只能随之压缩 1 天。工作 I 和工作 J 的持续时间同时压缩 1 天后，利用标号法重新确定计算工期和关键线路。此时，关键线路仍然为两条，即①→③→④→⑥和①→③→⑤→⑥。第三次压缩后的网络计划如图 3-45 所示。此时，关键工作 J 的持续时间也已达最短，不能再压缩，故其直接费用率变为无穷大。

4）第四次压缩：从图 3-45 可知，由于工作 E 和工作 J 不能再压缩，而为了同时缩短两条关键线路①→③→④→⑥和①→③→⑤→⑥的总持续时间，只有以下两个压缩方案：

① 压缩工作 B，直接费用率为 1.0 万元/天。

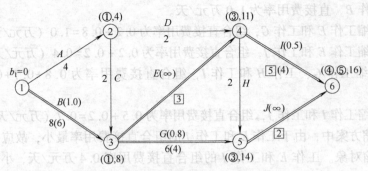

图 3-45 第三次压缩后的网络计划（例 3-2）

② 同时压缩工作 G 和工作 I，组合直接费用率为 $0.8+0.5=1.3$（万元/天）。

在上述压缩方案中，由于工作 B 的直接费用率最小，故应选择工作 B 作为压缩对象。但是，由于工作 B 的直接费用率 1.0 万元/天，大于间接费用率 0.8 万元/天，说明压缩工作 B 会使工程总费用增加。因此，不需要压缩工作 B，优化方案已得到，优化后的网络计划如图 3-46 所示，图中箭线上方括号内数字为工作的直接费。

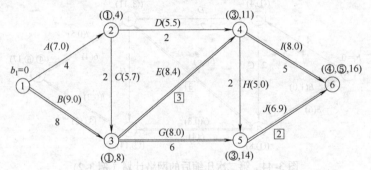

图 3-46 费用优化后的网络计划（例 3-2）

(5) 计算优化后的工程总费用（表 3-4）：

① 直接费总和：$C_{d0}=7.0+9.0+5.7+5.5+8.4+8.0+5.0+8.0+6.9=63.5$（万元）。

② 间接费总和：$C_{i0}=0.8\times16=12.8$（万元）。

③ 工程总费用：$C_{t0}=C_{d0}+C_{i0}=63.5+12.8=76.3$（万元）。

表 3-4 优化表

压缩次数	被压缩工序	被压缩的工作名称	直接费用率或组合直接费用率/（万元/天）	费用差/（万元/天）	缩短时间	费用增加值/万元	总工期/天	总费用/万元
0	—	—	—	—	—	—	19	77.4
1	3—4	E	0.2	−0.6	1	−0.6	18	76.8
2	3—4、5—6	E、J	0.4	−0.4	1	−0.4	17	76.4
3	4—6、5—6	I、J	0.7	−0.1	1	−0.1	16	76.3
4	1—3	B	1.0	+0.2	—	—	—	—

注：费用差是指工作的直接费用率与工程间接费用率之差。它表示工期缩短单位时间时工程总费用增加的数值。

3. 资源优化

资源是指为完成一项计划任务所需投入的人力、材料、机械设备和资金等。完成一项工程任务所需要的资源量基本上是不变的，不可能通过资源优化将其减少。资源优化的目的是通过改变工作的开始时间和完成时间，使资源按照时间的分布符合优化目标。

在通常情况下，网络计划的资源优化分为两种，即"资源有限，工期最短"的优化和"工期固定，资源均衡"的优化。前者是通过调整计划安排，在满足资源限制条件下，使工期延长最少的过程；而后者是通过调整计划安排，在工期保持不变的条件下，使资源需用量尽可能均衡的过程。

这里所讲的资源优化，其前提条件是：

1）在优化过程中，不改变网络计划中各项工作之间的逻辑关系。

2）在优化过程中，不改变网络计划中各项工作的持续时间。

3）网络计划中各项工作的资源强度（单位时间所需资源数量）为常数，而且是合理的。

4）除规定可中断的工作外，一般不允许中断工作，应保持其连续性。

3.2.6　建设工程进度计划的编制程序

当应用网络计划技术编制建设工程进度计划时，其编制程序一般包括四个阶段。

1. 计划准备阶段

1）调查研究。调查研究的目的是为了掌握足够充分、准确的资料，从而为确定合理的进度目标、编制科学的进度计划提供可靠依据。调查研究的内容包括：①工程任务情况、实施条件、设计资料；②有关标准、定额、规程、制度；③资源需求与供应情况；④资金需求与供应情况；⑤有关统计资料、经验总结及历史资料等。

调查研究的方法有：①实际观察、测算、询问；②会议调查；③资料检索；④分析预测等。

2）确定进度计划目标。网络计划的目标由工程项目的目标所决定，一般可分为三类：①时间目标；②时间—资源目标；③时间—成本目标。

2. 绘制网络图阶段

1）进行项目分解。

2）分析逻辑关系。

3）绘制网络图。

3. 计算时间参数及确定关键线路阶段

1）计算工作持续时间。工作持续时间是指完成该工作所花费的时间。其计算方法有多种，既可以凭以往的经验进行估算，也可以通过试验推算。当有定额可用时，还可利用时间定额或产量定额并考虑工作面及合理的劳动组织进行计算。

时间定额是指某种专业的工人班组或个人，在合理的劳动组织与合理使用材料的条件下，完成符合质量要求的单位产品所必需的工作时间，包括准备与结束时间、基本生产时间、辅助生产时间、不可避免的中断时间及工人必需的休息时间。时间定额通常以工日为单位，每一工日按 8h 计算。

2）计算网络计划时间参数。网络计划是指在网络图上加注各项工作的时间参数而成的工作进度计划。网络计划时间参数一般包括：工作最早开始时间、工作最早完成时间、工作最迟开始时间、工作最迟完成时间、工作总时差、工作自由时差、节点最早时间、节点最迟时间、相邻两项工作之间的时间间隔、计算工期等。应根据网络计划的类型及其使用要求计算上述时间参数。网络计划时间参数的计算方法有：图上计算法、表上计算法、公式法等。

3）确定关键线路和关键工作。在计算网络计划时间参数的基础上，便可根据有关时间参数确定网络计划中的关键线路和关键工作。

4. 网络计划优化阶段

1）优化网络计划。当初始网络计划的工期满足所要求的工期及资源需求量能得到满足而无须进行网络优化时，初始网络计划即可作为正式的网络计划。否则，需要对初始网络计划进行优化。根据所追求的目标不同，网络计划的优化包括工期优化、费用优化和资源优化三种。应根据工程的实际需要选择不同的优化方法。

2）编制优化后网络计划。根据网络计划的优化结果，便可绘制优化后的网络计划，同时编制网络计划说明书。网络计划说明书的内容应包括：编制原则和依据、主要计划指标一览表、执行计划的关键问题、需要解决的主要问题及其主要措施，以及其他需要说明的问题。

3.3 课堂提问和讨论

1. 在网络计划中，判断关键工作的条件是什么？

参考答案：在网络计划中，总时差最小的工作为关键工作。特别地，当网络计划的计划工期等于计算工期时，总时差为零的工作就是关键工作。

2. 网络计划优化时可以任意挑选一种方法优化吗？

参考答案：网络计划优化是指在一定约束条件下，按既定目标对网络计划进行不断改进，以寻求满意方案的过程。网络计划优化目标按计划任务的需要和条件选定，包括工期目标、费用目标和资源目标。根据优化目标的不同，网络计划的优化可分为工期优化、费用优化和资源优化三种。

3. 绘制单代号搭接网络图时，箭线可以交叉吗？

参考答案：绘制网络图时，箭线不宜交叉。当交叉不可避免时，可采用过桥法或断桥法绘制。

3.4 随堂习题

1. 在工程网络计划执行过程中，若某项工作比原计划拖后，当拖后的时间大于其拥有的自由时差时，则（　　）。

A. 不影响其后续工作和工程总工期
B. 不影响其后续工作，但影响工程总工期
C. 影响其后续工作，且可能影响工程总工期
D. 影响其后续工作和工程总工期

解析：本题考查的是自由时差的概念。本题正确答案为选项C。

2. 单代号网络计划中（　　）。
A. 箭线表示工作及其进行的方向，节点表示工作之间的逻辑关系
B. 节点表示工作及其进行的方向，箭线表示工作之间的逻辑关系
C. 箭线表示工作及其进行的方向，节点表示工作的开始或结束
D. 节点及其编号表示工作，箭线表示工作之间的逻辑关系

解析：本题考查的是单代号网络计划的编制。单代号网络图是以节点及其编号表示工作，以箭线表示工作之间的逻辑关系。因此，本题正确答案为选项 D。

3. 在工程网络计划执行过程中，如果发现某项工作的完成时间拖后而导致工期延长时，需要调整的工作对象应该是工作的（　　）。
A. 平行工作　　　B. 紧后工作　　　C. 后续工作　　　D. 先行工作

解析：本题考查的是后续工作的概念。在工程网络计划的实施过程中，如果发现某项工作进度出现拖延，则受到影响的工作必然是该工作的后续工作。因此，本题正确答案为选项 C。

4. 已知工程网络计划中某工作的自由时差为 5 天，总时差为 7 天。监理工程师在检查进度时发现只有该工作实际进度拖延，且影响工期 3 天，则该工作实际进度比计划进度拖延（　　）天。
A. 10　　　　　B. 8　　　　　C. 7　　　　　D. 3

解析：本题考查的是影响总工期的天数=拖延天数-总时差。本题正确答案为选项 A。

5. 某工程双代号网络计划如下图所示，关键线路有（　　）条。

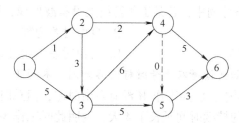

A. 1　　　　　B. 2　　　　　C. 3　　　　　D. 5

解析：本题考查的是如何确定关键线路。本题正确答案为选项 A。

6. 某工程双代号网络计划如下图所示，其关键线路有（　　）条。
A. 1　　　　　B. 2　　　　　C. 3　　　　　D. 4

解析：本题考查的是如何确定关键线路。本题正确答案为选项 B。

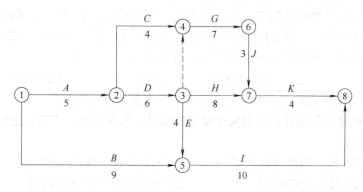

7. 下列关于双代号时标网络计划说法中,错误的是（　　）。
   A. 虚箭线只能水平画
   B. 双代号时标网络计划具有横道计划直观易懂的优点
   C. 双代号时标网络计划将时间参数直观地表达了出来
   D. 实箭线的水平投影长度表示该工作的持续时间

   解析：本题考查的是双代号时标网络图的绘制。实箭线的水平投影长度表示该工作的持续时间；虚箭线表示的虚工作持续时间为零，因此只能垂直画。因此，本题正确答案为选项 A。

8. 在工程网络计划中,某工作的最迟完成时间与其最早完成时间的差值是（　　）。
   A. 该工作的总时差　　　　　　　B. 该工作的自由时差
   C. 该工作与其紧后工作之间的时间间隔　D. 该工作的持续时间

   解析：本题考查的是某工作的总时差＝最迟完成时间-最早完成时间。本题正确答案为选项 A。

9. 网络图的（　　）是寻求工程总成本最低时的工期安排,或要求工期寻求最低成本的计划安排的过程。
   A. 工期优化　　B. 费用优化　　C. 效果优化　　D. 资源优化

   解析：本题考查的是网络图费用优化,费用优化又称工期成本优化,是指寻求工程总成本最低时的工期安排,或按要求工期寻求最低成本的计划安排的过程。因此,本题正确答案为选项 B。

10. 在双代号时标网络计划中,若某工作箭线上没有波形线,则说明该工作（　　）。
    A. 为关键工作　　　　　　　　B. 自由时差为零
    C. 总时差等于自由时差　　　　D. 自由时差不超过总时差

    解析：本题考查的是如何读懂双代号时标网络计划。本题正确答案为选项 B。

11. 在某工程网络计划中,已知工作 M 没有自由时差,但总时差为 5 天,监理工程师检查实际进度时发现该工作的持续时间延长了 4 天,说明此时工作 M 的实际进度（　　）。
    A. 既不影响总工期,也不影响其后续工作的正常进行
    B. 不影响总工期,但将其紧后工作的最早开始时间推迟 4 天
    C. 将使总工期延长 4 天,但不影响其后续工作的正常进行
    D. 将其后续工作的开始时间推迟 4 天,并使总工期延长 1 天

    解析：本题考查的是影响总工期的天数＝拖延天数-总时差。本题正确答案为选项 B。

12. 在工程双代号网络计划中,工作 N 的最早开始时间为第 15 天,其持续时间为 7 天。该工作有两项紧后工作,它们的最早开始时间分别为第 27 天和第 30 天,最迟开始时间分别为第 28 天和第 33 天,则工作 N 的总时差和自由时差（　　）天。
    A. 均为 5　　B. 分别为 6 和 5　　C. 均为 6　　D. 分别为 11 和 6

    解析：本题考查的是时间参数的计算。本题正确答案为选项 B。

13. 当工程网络计划的计算工期大于要求工期时,为满足要求工期,进行工期优化的基本方法是（　　）。
    A. 减少相邻工作之间的时间间隔　　B. 缩短关键工作的持续时间
    C. 减少相邻工作之间的时距　　　　D. 缩短关键工作的总时差

解析：本题考查的是网络计划工期优化的方法。本题正确答案为选项B。

14. 在网络计划工期优化过程中，当出现两条独立的关键线路时，在考虑对质量、安全影响的基础上，优先选择的压缩对象应是这两条关键线路上（   ）的工作组合。
   A. 资源消耗量之和最小   B. 直接费用率之和最小
   C. 持续时间之和最长   D. 间接费用率之和最小
   解析：本题考查的是网络计划工期优化的原则。本题正确答案为选项B。

15. 在双代号网络计划中，工作P最迟完成时间为20，持续时间为5。其有三项紧前工作，它们的最早开始时间分别为8、10、7，持续时间分别为4、3、6，那么工作P的总时差为（   ）。
   A. 2   B. 3   C. 1   D. 0

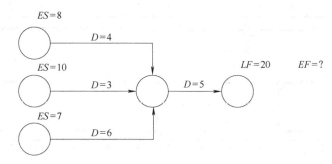

解析：本题考查的是双代号网络图中总时差的计算。本题正确答案为选项A。

16. 在双代号网络计划中，某工作A最早完成时间为15，其有三项紧后工作，它们的最迟开始时间分别为17、20、19，总时差分别为1、2、3，那么工作A的自由时差为（   ）。
   A. 1   B. 0   C. 2   D. 4

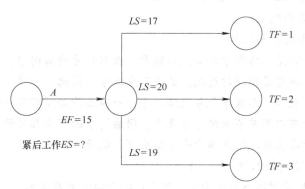

解析：本题考查的是双代号网络图中自由时差的计算。本题正确答案为选项A。

17. 下列网络计划中，关键工作是（   ）。
   A. 工作A、工作E和工作C B. 工作A、工作D和工作E
   C. 工作D、工作F和工作C D. 工作F、工作D和工作A
   解析：本题考查的是单代号网络计划关键线路和关键工作。本题正确答案为选项A。

18. 某工程双代号时标网络计划如下图所示，其中工作A的总时差和自由时差（   ）周。
   A. 均为0   B. 分别为1和0   C. 分别为2和0   D. 均为4
   解析：本题考查的是如何看懂双代号时标网络图。工作A没有波浪线，故没有自由时差，工作 G 的总时差=其自由时差=4，因此，本题的正确答案为选项 D。

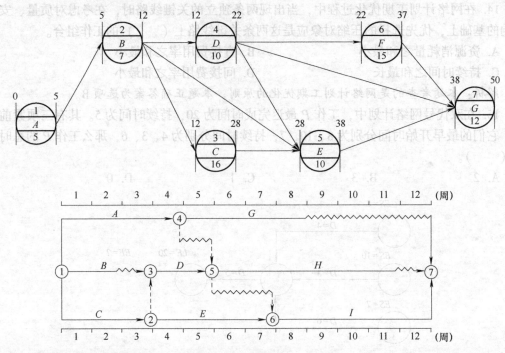

19. 绘制双代号网络图时，节点编号的原则有（　　）。

A. 不应重复编号

B. 可以随机编号

C. 箭尾节点编号小于箭头节点编号

D. 编号之间可以有间隔

E. 虚工作的节点可以不编号

解析：本题考查的是网络图中的节点的编号。在双代号网络图中，一项工作必须有唯一的箭线和相应的一对不重复出现的箭尾、箭头节点编号。因此，一项工作的名称可以用其箭尾和箭头节点编号来表示。而在单代号网络图中，一项工作必须有唯一的节点及相应的一个代号，该工作的名称可以用其节点编号来表示。网络图中的节点都必须有编号，其编号严禁重复，并应使每条箭线上箭尾节点编号小于箭头节点编号。因此，正确答案为选项 A、C。

20. 确定关键线路的依据有（　　）。

A. 从起点节点开始到终点节点为止，各工作的自由时差都为零

B. 从起点节点开始到终点节点为止，各工作的总时差都相等

C. 从起点节点开始到终点节点为止，线路持续时间最长

D. 从起点节点开始到终点节点为止，各工作的总时差最小

E. 从起点节点开始到终点节点为止，各工作的自由时差最小

解析：线路上所有工作的持续时间总和称为该线路的总持续时间，总持续时间最长的线路称为关键线路。在网络计划中，总时差最小的工作为关键工作，找出关键工作后，将这些关键工作首尾相连，便构成一条从起点节点到终点节点的线路，这条线路上各项工作的持续时间总和最大，则这条线路就是关键线路。因此，正确答案为选项 C、D。

21. 根据下表给定的逻辑关系绘制而成的某分部工程双代号网络计划如下图所示,其作图错误包括( )。

A. 节点编号有误
B. 存在循环回路
C. 有多个起点节点
D. 有多个终点节点字
E. 不符合给定逻辑关系

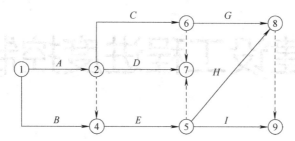

工作名称	A	B	C	D	E	G	H	I
紧后工作	C、D	E	G	—	H、I	—	—	—

解析:本题考查的是双代号网络计划的绘制注意事项。本题正确答案为选项 D、E。

3.5 能力训练

1. 背景资料

以学校二号楼学生公寓现场项目监理组为背景。

2. 训练内容

1) 某项目分成三段,有三个过程:支模、绑钢筋、浇筑混凝土。每个过程在每段需要工作 3 天。请计算总工期,并画出双代号网络图和双代号时标网络图。

2) 简述网络计划的工期优化的步骤。

3) 利用时标网络计划绘制实际进度前锋线,并分析实际进度对后续工作和总工期的影响程度。

3. 训练方案设计

重点:①各种优化方法的掌握;②时标网络计划中六个参数的计算。

难点:①费用优化方法;②自由时差与时间间隔的区别。

关键点:①费用和时间的关系;②时标网络计划中波浪线的意义。

4. 训练指导

重点:①掌握网络计划优化方法;②时标网络计划时间参数的计算。

难点:①费用优化方法;②自由时差与时间间隔的区别。

关键点:①费用和时间的关系;②时标网络计划中波浪线的意义。

5. 评估及结果(在学生练习期间,巡查指导,评估纠正)

6. 收集练习结果并打分

单元 4

建设工程进度控制

4.1 施工阶段进度控制目标的确定

1. 课题：施工阶段进度控制目标的确定
2. 课型：理实一体课
3. 授课时数：4 课时
4. 教学目标和重难点分析
(1) 知识目标
1) 了解：建设单位、施工单位、监理单位进度控制计划体系。
2) 熟悉：施工进度控制目标体系及目标的确定，以及影响进度的因素。
3) 掌握：建设工程进度控制的概念、进度控制的措施和主要任务。
(2) 能力目标
1) 确定拟定项目进度控制总目标、分解目标（依据施工合同、工程概况等）。
2) 进度控制对于合同履约的意义。
(3) 教学重点、难点、关键点
1) 重点：影响进度的因素、进度控制的措施和主要任务。
2) 难点：施工进度控制目标体系与进度控制计划体系概念的区别。
3) 关键点：工程进度控制不等同于施工进度控制。
5. 教学方法（讲授，视频、图片展示，学生训练）
6. 教学过程（任务导入、理论知识准备、课堂提问和讨论、随堂习题、能力训练）
7. 教学要点和课时安排
(1) 任务导入（5 分钟）
(2) 理论知识准备（60 分钟）
(3) 课堂提问和讨论（10 分钟）
(4) 随堂习题（5 分钟）
(5) 能力训练（80 分钟）

4.1.1 任务导入

1. 案例

某大型建设工程项目，根据尽早提供可动用单元的原则，以便尽早投入使用，尽快发挥投资效益。决定集中力量分期分批建设，保证每一动用单元形成完整的生产能力。这些动用单元交付使用时所必须全部配套项目需要和动用单元同步作为进度控制的目标。

2. 引出

施工阶段进度控制目标的确定的要点：
1）建设工程进度控制的概念。
2）建设工程进度控制计划体系。
3）施工阶段进度控制目标的确定。

4.1.2 理论知识准备

1. 建设工程进度控制的概念

（1）进度控制的概念

工程项目进度控制

建设工程进度控制是指对工程项目建设各阶段的工作内容、工作程序、持续时间和衔接关系根据进度总目标及资源优化配置的原则编制计划并付诸实施，然后在进度计划的实施过程中经常检查实际进度是否按计划要求进行，对出现的偏差情况进行分析，采取补救措施或调整、修改原计划后再付诸实施，如此循环，直到建设工程竣工验收交付使用。建设工程进度控制的最终目的是确保建设项目按预定的时间动用或提前交付使用，建设工程进度控制的总目标是建设工期。

由于在工程建设过程中存在着许多影响进度的因素，这些因素往往来自不同的部门和不同的时期，它们对建设工程进度产生复杂的影响。因此，进度控制人员必须事先对影响建设工程进度的各种因素进行调查分析，预测它们对建设工程进度的影响程度，确定合理的进度控制目标，编制可行的进度计划，使工程建设工作始终按计划进行。

但是，不管进度计划的周密程度如何，其毕竟是人们的主观设想，在其实施过程中，必然会因为新情况的产生、各种干扰因素和风险因素的作用而发生变化，使人们难以执行原定的进度计划。为此，进度控制人员必须掌握动态控制原理，在进度计划执行过程中不断检查建设工程实际进展情况，并将实际状况与进度计划安排进行对比，从中得出偏离计划的信息。然后在分析偏差及其产生原因的基础上，通过采取组织、技术、经济等措施，维持原进度计划，使之能正常实施。如果采取措施后不能维持进度原计划，则需要对原进度计划进行调整或修正，再按新的进度计划实施。这样在进度计划的执行过程中进行不断的检查和调整，以保证建设工程进度得到有效控制。

（2）影响进度的因素分析

建设工程具有规模庞大、工程结构与工艺技术复杂、建设周期长及相关单位多等特点，这决定了建设工程进度将受到许多因素的影响。要想有效地控制建设工程进度，就必须对影响进度的有利因素与不利因素进行全面、细致的分析和预测。这样，一方面可以促进对有利因素的充分利用和对不利因素的妥善预防；另一方面也便于事先制定预防措施，事中采取有效对策，事后进行妥善补救，以缩小实际进度与计划进度的偏差，实现对建设工程进度的主动控制和动态控制。

影响建设工程进度的不利因素有很多，如人为因素，技术因素，设备、材料及构配件因素，机具因素，资金因素，水文、地质与气象因素，以及其他自然与社会环境等方面的因素。其中，人为因素是最大的干扰因素。从产生的根源看，有的来源于建设单位及其上级主管部门；有的来源于勘察设计、施工及材料、设备供应单位；有的来源于政府、建设主管部门、有关协作单位和社会；有的来源于各种自然条件；也有的来源于建设监理单位本身。在工程建设过程中，常见的影响因素如下：

1) 业主因素。如业主使用要求改变而进行设计变更；应提供的施工场地条件不能及时提供或所提供的场地不能满足工程正常需要；不能及时向施工承包单位或材料供应商付款等。

2) 勘察设计因素。如勘察资料不准确，特别是地质资料错误或遗漏；设计内容不完善，规范应用不恰当，设计有缺陷或错误；设计对施工的可能性未考虑或考虑不周；施工图供应不及时、不配套，或出现重大差错等。

3) 施工技术因素。如施工工艺错误；不合理的施工方案；施工安全措施不当；不可靠技术的应用等。

4) 自然环境因素。如复杂的工程地质条件；不明的水文气象条件；地下埋藏文物的保护、处理；洪水、地震、台风等不可抗力等。

5) 社会环境因素。如外单位临近工程施工干扰；节假日交通、市容整顿的限制；临时停水、停电、断路；在国外常见的法律及制度变化，经济制裁、战争、骚乱、罢工、企业倒闭等。

6) 组织管理因素。如向有关部门提出各种申请审批手续的延误；合同签订时遗漏条款、表达失当；计划安排不周密，组织协调不力，导致停工待料、相关作业脱节；领导不力，指挥失当，使参加工程建设的各个单位、各个专业、各个施工过程之间交接、配合上发生矛盾等。

7) 材料、设备因素。如材料、构配件、机具、设备供应环节的差错，品种、规格、质量、数量、时间不能满足工程的需要；特殊材料及新材料的不合理使用；施工设备不配套，选型失当，安装失误，有故障等。

8) 资金因素。如有关方拖欠资金，资金不到位，资金短缺；汇率浮动和通货膨胀等。

正是由于上述因素的影响，才使得施工阶段的进度控制显得非常重要。上述的影响因素，如自然灾害等是无法避免的，但在大多数情况下，其损失是可以通过有效的进度控制而得到弥补的。

(3) 建设工程施工进度控制的主要任务

施工阶段进度控制的主要任务是编制施工总进度计划并控制其执行，按期完成整个施工项目的施工任务；编制单位工程施工进度计划并控制其执行，按期完成单位工程的施工任务；编制分部分项工程施工进度计划，并控制其执行，按期完成分部分项工程的施工任务；编制季度、月（旬）进度计划，并控制其执行，完成规定的目标等。

(4) 施工进度控制工作内容

建设工程施工进度控制工作从审核承包单位提交的施工进度计划开始，直至建设工程保修期满为止，其工作内容主要有：

1) 编制施工进度控制工作细则。施工进度控制工作细则是在建设工程监理规划的指导下，由项目监理班子中进度控制部门的监理工程师负责编制的、更具有实施性和操作性的监理业务文件。其主要内容包括：

① 施工进度控制目标分解图。

② 施工进度控制的主要工作内容和深度。

③ 进度控制人员的职责分工。

④ 与进度控制有关各项工作的时间安排及工作流程。

2) 编制或审核施工进度计划。当建设工程有总承包单位时，监理工程师只需对总承包单位提交的施工总进度计划进行审核即可。而对于单位工程施工进度计划，监理工程师只负责审核而不需要编制。

施工进度计划审核的内容主要有：

① 进度安排是否符合工程项目建设总进度计划中总目标和分目标的要求，是否符合施工合同中开工、竣工日期的规定。

② 施工总进度计划中的项目是否有遗漏，分期施工是否满足分批动用的需要和配套动用的要求。

③ 施工顺序的安排是否符合施工工艺的要求。

④ 劳动力、材料、构配件、设备及施工机具、水、电等生产要素的供应计划是否能保证施工进度计划的实现，供应是否均衡，需求高峰期是否有足够能力实现计划供应。

3) 按年、季、月编制工程综合计划。在按计划期编制的进度计划中，监理工程师应着重解决各承包单位施工进度计划之间、施工进度计划与资源（包括资金、设备、机具、材料及劳动力）保障计划之间及外部协作条件的延伸性计划之间的综合平衡与相互衔接问题，并根据上期计划的完成情况对本期计划做必要的调整，从而作为承包单位近期执行的指令性计划。

4) 下达工程开工令。监理工程师应根据承包单位和业主双方关于工程开工的准备情况，选择合适的时机发布工程开工令。工程开工令的发布，要尽可能及时。因为从发布工程开工令之日算起，加上合同工期后即为工程竣工日期。如果开工令发布拖延，就等于推迟了竣工时间，甚至可能引起承包单位的索赔。

5) 协助承包单位实施进度计划。监理工程师要随时了解施工进度计划执行过程中所存在的问题，并帮助承包单位予以解决，特别是承包单位无力解决的内外关系协调问题。

6) 监督施工进度计划的实施。这是建设工程施工进度控制的经常性工作。监理工程师不仅要及时检查承包单位报送的施工进度报表和分析资料，同时还要进行必要的现场实地检查，核实所报送的已完项目的时间及工程量，杜绝虚报现象。

7) 组织现场协调会。监理工程师应每月、每周定期组织召开不同层级的现场协调会议，以解决工程施工过程中的相互协调配合问题。在每月召开的高级协调会上通报工程项目建设的重大变更事项，协商其后果处理，解决各个承包单位之间以及业主与承包单位之间的重大协调配合问题。在每周召开的管理层协调会上，通报各自进度状况、存在的问题及下周的安排，解决施工中的相互协调配合问题。这通常包括：各承包单位之间的进度协调问题；工作面交接和阶段成品保护责任问题；场地与公用设施利用中的矛盾问题；某一方面断水、断电、断路、开挖要求对其他方面影响的协调问题以及资源保障、外协条件配合问题等。

8）签发工程进度款支付凭证。监理工程师应对承包单位申报的已完分项工程量进行核实，在质量监理人员检查验收后，签发工程进度款支付凭证。

9）审批工程延期。造成工程进度拖延的原因有两个方面：一是由于承包单位自身的原因；二是由于承包单位以外的原因。前者所造成的进度拖延，称为工程延误；而后者所造成的进度拖延称为工程延期。

① 工程延误。当出现工程延误时，监理工程师有权要求承包单位采取有效措施加快施工进度。如果经过一段时间后，实际进度没有明显改进，仍然拖后于计划进度，而且显然影响工程按期竣工时，监理工程师应要求承包单位修改进度计划，并提交给监理工程师重新确认。

② 工程延期。如果由于承包单位以外的原因造成工期拖延，承包单位有权提出延长工期的申请。监理工程师应根据合同规定，审批工程延期时间。经监理工程师核实批准的工程延期时间，应纳入合同工期，作为合同工期的一部分，即新的合同工期应等于原定的合同工期加上监理工程师批准的工程延期时间。

10）向业主提供进度报告。监理工程师应随时整理进度资料，并做好工程记录，定期向业主提交工程进度报告。

11）督促承包单位整理技术资料。监理工程师要根据工程进展情况，督促承包单位及时整理有关技术资料。

12）签署工程竣工报验单，提交质量评估报告。当单位工程达到竣工验收条件后，承包单位在自行预验的基础上提交工程竣工报验单，申请竣工验收。监理工程师在对竣工资料及工程实体进行全面检查、验收合格后，签署工程竣工报验单，并向业主提出质量评估报告。

13）整理工程进度资料。在工程完工以后，监理工程师应将工程进度资料收集起来，进行归类、编目和建档，以便为今后其他类似工程项目的进度控制提供参考。

14）工程移交。监理工程师应督促承包单位办理工程移交手续，颁发工程移交证书。在工程移交后的保修期内，还要处理验收后质量问题的原因及责任等争议问题，并督促责任单位及时修理。当保修期结束且再无争议时，建设工程进度控制的任务即告完成。

2. 施工进度控制原理

（1）动态控制基本原理

施工进度控制是一个不断进行的动态控制，也是一个循环进行的过程。它是从工程施工开始，实际进度就出现了运动的轨迹，也就是计划进入执行的动态。实际进度按照计划进度进行时，两者相吻合；当实际进度与计划进度不一致时，便产生超前或落后的偏差。分析偏差的原因，采取相应的措施，调整原来计划，使两者在新的起点上重合，继续按其进行施工活动，并且尽量发挥组织管理的作用，使实际工作按计划进行。但是在新的影响因素作用下，又会产生新的偏差。施工进度控制就是采用这种动态循环的控制方法。动态控制基本原理如图4-1所示。

（2）系统性原理

1）施工项目计划系统。为了对建筑工程施工实行进度计划控制，首先必须编制工程施工的各种进度计划。其中有工程施工总进度计划、单位工程施工进度计划、分部分项工程施工进度计划、季度和月（旬）作业计划，这些计划组成一个工程施工进度计划系统。计划的编制对象由大到小，计划的内容从粗到细。编制时，从总体计划到局部计划，逐层进行控制目标分解，以保证计划控制目标落实。执行计划时，从月（旬）作业计划开始实施，逐级按目标控制，从而达到对施工整体进度目标控制。

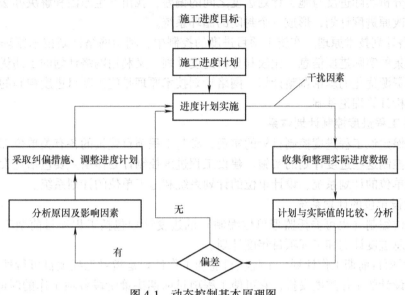

图4-1　动态控制基本原理图

2）施工进度实施组织系统。施工实施全过程的各专业工作队伍都是遵照计划规定的目标去努力完成一个个任务的。施工项目经理和有关劳动调配、材料设备、采购运输等各职能部门都按照施工进度规划要求进行严格管理、落实和完成各自的任务。施工组织各级负责人，从项目经理、施工队长、班组长及其所属全体成员组成了施工项目实施的完整组织系统。

3）施工进度控制组织系统。为了保证施工的工程进度实施，还有一个工程进度的检查控制系统。自公司经理、项目经理，一直到作业班组都设有专门职能部门或人员负责检查汇报，统计整理实际施工进度的资料，并与计划进度比较分析和进行调整。当然不同层级人员负有不同进度控制职责，分工协作，形成一个纵横连接的施工项目控制组织系统。事实上有的领导可能是计划的实施者又是计划的控制者，实施是计划控制的落实，控制是保证计划按期实施。监理工程师对建筑施工进度进行检查和控制，确保进度目标实现。

4）信息反馈原理。信息反馈是工程施工进度控制的主要环节，施工的实际进度通过信息反馈给基层施工项目进度控制的管理人员，在分工的职责范围内，经过对其加工处理，再将信息逐级向上反馈，直到主控制室，主控制室整理统计各方面的信息，经比较分析做出决策，调整进度计划，使其仍符合预定工期目标。若不应用信息反馈原理，不断地进行信息反馈，则无法进行计划控制。施工项目进度控制的过程就是信息反馈的过程。

5）弹性原理。施工项目进度计划工期长、影响进度的因素多，其中有的已被人们掌握，根据统计经验估计出影响的程度和出现的可能性，并在确定进度目标时，进行实现目标的风险分析。在进度计划编制者具备了这些知识和实践经验之后，编制施工进度计划时就会留有余地，使施工进度计划具有弹性。在进行施工项目进度控制时，便可以利用这些弹性，缩短有关工作的时间，或者改变它们之间的搭接关系，即使检查之前拖延了工期，但通过缩短剩余计划工期的方法，仍然达到预期的计划目标。

6) 封闭循环原理。进度计划控制是按照 PDCA 循环工作法进行，即计划（Plan）、实施（Do）、检查（Check）、处理（Action）发现和分析影响进度的原因，确定调整措施再计划。从编制项目施工进度计划开始，经过实施过程中的跟踪检查，收集有关实际进度的信息，比较和分析实际进度与施工计划进度之间的偏差，找出产生原因和解决办法，确定调整措施，再修改原进度计划，形成一个封闭的循环系统。

7) 网络计划技术原理。在施工项目进度的控制中，利用网络计划技术原理编制进度计划，根据收集的实际进度信息，比较和分析进度计划，又利用网络计划的工期优化，工期与成本优化和资源优化的理论调整计划。网络计划技术原理是施工项目进度控制的、完整的计划管理和分析计算理论基础。

3. 建设工程进度控制计划体系

为了确保建设工程进度控制目标的实现，参与工程项目建设的各有关单位都要编制进度计划，并且控制这些进度计划的实施。建设工程进度控制计划体系主要包括建设单位的计划系统、监理单位的计划系统、设计单位的计划系统和施工单位的计划系统。

（1）建设单位的计划系统

建设单位编制（也可委托监理单位编制）的进度计划包括工程项目前期工作计划、工程项目建设总进度计划和工程项目年度计划。

1) 工程项目前期工作计划。工程项目前期工作计划是指对工程项目可行性研究、项目评估及初步设计的工作进度安排，它可使工程项目前期决策阶段各项工作的时间得到控制。工程项目前期工作计划需要在预测的基础上编制，见表 4-1。其中，"建设性质"是指新建、改建或扩建；"建设规模"是指生产能力、使用规模或建筑面积等。

表 4-1　工程项目前期工作计划

项目名称	建设性质	建设规模	可行性研究		项目评估		初步设计	
			进度要求	负责单位和负责人	进度要求	负责单位和负责人	进度要求	负责单位和负责人

2) 工程项目建设总进度计划。工程项目建设总进度计划是指初步设计被批准后，在编报工程项目年度计划之前，根据初步设计，对工程项目从开始建设（设计、施工准备）至竣工投产（动用）全过程的统一部署。其主要目的是安排各单位工程的建设进度，合理分配年度投资，组织各方面的协作，保证初步设计所确定的各项建设任务的完成。工程项目建设总进度计划对于保证工程项目建设的连续性，增强工程建设的预见性，确保工程项目按期动用，都具有十分重要的作用。

工程项目建设总进度计划是编报工程建设年度计划的依据，其主要内容包括文字和表格两部分。

① 文字部分。文字部分用于说明工程项目的概况和特点，安排建设总进度的原则和依据，建设投资来源和资金年度安排情况，技术设计、施工图设计、设备交付和施工力量进场时间的安排，道路、供电、供水等方面的协作配合及进度的衔接，计划中存在的主要问题及采取的措施，需要上级及有关部门解决的重大问题等。

② 表格部分。

a. 工程项目一览表。工程项目一览表将初步设计中确定的建设内容，按照单位工程归类并编号，明确其建设内容和投资额，以便各部门按统一的口径确定工程项目投资额，并以此为依据对其进行管理。工程项目一览表见表 4-2。

表 4-2 工程项目一览表

单位工程名称	工程编号	工程内容	概算额/千元						备注
			合计	建筑工程费	安装工程费	设备工程费	工器具购置费	工程建设其他费用	

b. 工程项目总进度计划。工程项目总进度计划是根据初步设计中确定的建设工期和工艺流程，具体安排单位工程的开工日期和竣工日期，其表式见表 4-3。

表 4-3 工程项目总进度计划

工程编号	单位工程名称	工程量		××年				××年				……
		单位	数量	一季	二季	三季	四季	一季	二季	三季	四季	……

c. 投资计划年度分配表。投资计划年度分配表是根据工程项目总进度计划安排各个年度的投资，以便预测各个年度的投资规模，为筹集建设资金或与银行签订借款合同及制定分年用款计划提供依据，其表式见表 4-4。

表 4-4 投资计划年度分配表

工作编号	单位工程名称	投资额	投资分配/万元					
			××年	××年	××年	××年	××年	……
……								
……								
	合计 其中： 建安工程投资 设备投资 工器具投资 其他投资							

d. 工程项目进度平衡表。工程项目进度平衡表用来明确各种设计文件交付日期、主要设备交货日期、施工单位进场日期、水电及道路接通日期等，以保证工程建设中各个环节相互衔接，确保工程项目按期投产或交付使用，其表式见表 4-5。

表 4-5 工程项目进度平衡表

工程编号	单位工程名称	开工日期	竣工日期	要求设计进度			要求设备进度		要求施工进度		协作配合进度				
				交付日期		设计单位	数量	交货日期	供货单位	进场日期	竣工日期	施工单位	道路通行日期	供电		供水	
				技术设计	施工图	设计清单									数量	日期	数量	日期

在此基础上，可以分别编制综合进度控制计划、设计进度控制计划、采购进度控制计划、施工进度控制计划和验收投产进度计划等。

3）工程项目年度计划。工程项目年度计划是依据工程项目建设总进度计划和批准的设计文件进行编制的。该计划既要满足工程项目建设总进度计划的要求，又要与当年可能获得的资金、设备、材料、施工力量相适应。应根据分批配套投产或交付使用的要求，合理安排本年度建设的工程项目。工程项目年度计划主要包括文字和表格两部分内容。

① 文字部分。文字部分用于说明编制年度计划的依据和原则，建设进度、本年度计划投资额及计划建造的建筑面积，施工图、设备、材料、施工力量等建设条件的落实情况，动力资源情况，对外部协作配合项目建设进度的安排或要求，需要上级主管部门协助解决的问题，计划中存在的其他问题，以及为完成计划而采取的各项措施等。

② 表格部分。

a. 年度计划项目表。年度计划项目表将确定年度施工项目的投资额和年末形象进度，并阐明建设条件（图纸、设备、材料、施工力量）的落实情况，其表式见表4-6。

表4-6 年度计划项目表

工程编号	单位工程名称	开工日期	竣工日期	投资额/万元	投资来源	年初完成			本年计划						年末形象进度	建设条件落实情况			
						投资额/万元	建安投资/万元	设备投资/万元	投资/万元			建筑面积/m²				施工图	设备	材料	施工力量
									合计	建安	设备	新开工	续建	竣工					

b. 年度竣工投产交付使用计划表。年度竣工投产交付使用计划表将阐明各单位工程的建筑面积、投资额、新增固定资产、新增生产能力等建筑总规模及本年计划完成情况，并阐明其竣工日期，其表式见表4-7。

表4-7 年度竣工投产交付使用计划表

工程编号	单位工程名称	总规模				本年计划完成				
		建筑面积/m²	投资/万元	新增固定资产/万元	新增生产能力	竣工日期	建筑面积/m²	投资/万元	新增固定资产/万元	新增生产能力

c. 年度建设资金平衡表。年度建设资金平衡表的表式见表4-8。

表4-8 年度建设资金平衡表　　　　　　　　　　（单位：万元）

工程编号	单位工程名称	本年计划投资	动用内部资金	储备资金	本年计划需要资金	资金来源				
						预算拨款	自筹资金	建设贷款	国外贷款	……

d. 年度设备平衡表。年度设备平衡表的表式见表4-9。

表4-9 年度设备平衡表

工程编号	单位工程名称	设备名称和规格	要求到货		自 制		订 货	
			数量	时间	数量	完成时间	数量	到货时间

(2) 监理单位的计划系统

监理单位除对被监理单位的进度计划进行监控外,自身也应编制有关进度计划,以便更有效地控制建设工程实施进度。

1) 监理总进度计划。在对建设工程实施全过程监理的情况下,监理总进度计划是依据工程项目可行性研究报告、工程项目前期工作计划和工程项目建设总进度计划编制的,其目的是对建设工程进度控制总目标进行规划,明确建设工程前期准备、设计、施工、动用前准备及项目动用等各个阶段的进度安排。其表式见表4-10。

表4-10 监理总进度计划

建设阶段	各阶段进度																
	××年				××年				××年				××年				
	1	2	3	4	1	2	3	4	1	2	3	4	1	2	3	4	……
前期准备																	
设计																	
施工																	
动用前准备																	
项目动用																	

2) 监理总进度分解计划。

按工程进展阶段分解,监理总进度分解计划包括:①设计准备阶段进度计划;②设计阶段进度计划;③施工阶段进度计划;④动用前准备阶段进度计划。

按时间分解,监理总进度分解计划包括:①年度进度计划;②季度进度计划;③月度进度计划。

(3) 设计单位的计划系统

设计单位的计划系统包括:设计总进度计划、阶段性设计进度计划和设计作业进度计划。

1) 设计总进度计划。设计总进度计划主要用来安排自设计准备开始至施工图设计完成的总设计时间内所包含的各阶段工作的开始时间和完成时间,从而确保设计进度控制总目标的实现。该计划的表式见表4-11。

表4-11 设计总进度计划

阶段名称	进度/月																	
设计准备	1	2	3	4	5	6	7	8	9	10	11	12	13	14	15	16	17	18
方案设计																		
初步设计																		
技术设计																		
施工图设计																		

2）阶段性设计进度计划。阶段性设计进度计划包括：设计准备工作进度计划、初步设计（技术设计）工作进度计划和施工图设计工作进度计划。这些计划是用来控制各阶段的设计进度，从而实现阶段性设计进度目标。在编制阶段性设计进度计划时，必须考虑设计总进度计划对各个设计阶段的时间要求。

① 设计准备工作进度计划。设计准备工作进度计划中一般要考虑规划设计条件的确定、设计基础资料的提供及委托设计等工作的时间安排，计划表式见表4-12。表中的项目还可根据需要进一步细化。

表 4-12　设计准备工作进度计划

工作内容	进度/周														
	2	4	6	8	10	12	14	16	18	20	22	24	26	28	30
确定规划设计条件															
提供设计基础资料															
委托设计															

② 初步设计（技术设计）工作进度计划。初步设计（技术设计）工作进度计划要考虑方案设计、初步设计、技术设计、设计的分析评审、概算的编制、修正概算的编制以及设计文件审批等工作的时间安排，一般按单位工程编制，其表式见表4-13。

表 4-13　××单位工程初步设计（技术设计）工作进度计划

工作内容	进度/周																	
	1	2	3	4	5	6	7	8	9	10	11	12	13	14	15	16	17	18
方案设计																		
初步设计																		
编制概算																		
技术设计																		
编制修正概算																		
分析评审																		
审批设计																		

③ 施工图设计工作进度计划。施工图设计工作进度计划主要考虑各单位工程的设计进度及其搭接关系，其表式见表4-14。

表 4-14　××工程施工图设计工作进度计划

工程名称	建筑规模	设计工日定额/工日	设计人数	进度/天									
				1	2	3	4	5	6	7	8	9	10
××工程													
××工程													
××工程													
××工程													
××工程													

3）设计作业进度计划。为了控制各专业的设计进度，并作为设计人员承包设计任务的

依据，应根据施工图设计工作进度计划、单位工程设计工日定额及所投入的设计人员数，编制设计作业进度计划。其表式见表 4-15。

表 4-15　××工程设计作业进度计划

工作内容	工日定额	设计人数	进度/天												
			2	4	6	8	10	12	14	16	18	20	22	24	26	28
工艺设计																
建筑设计																
结构设计																
给水排水设计																
通风设计																
电气设计																
审查设计																

（4）施工单位的计划系统

施工单位的计划系统包括：施工准备工作计划、施工总进度计划、单位工程施工进度计划及分部分项工程进度计划。

1）施工准备工作计划。施工准备工作计划的主要任务是为建设工程的施工创造必要的技术和物资条件，统筹安排施工力量和施工现场。施工准备的工作内容通常包括：技术准备、物资准备、劳动组织准备、施工现场准备和施工场外准备。为落实各项施工准备工作，加强检查和监督，应根据各项施工准备工作的定额内容、时间、人员，编制施工准备工作计划。其表式见表 4-16。

表 4-16　施工准备工作计划

序号	施工准备项目	简要内容	负责单位	负责人	开始时间	完成时间	备注

2）施工总进度计划。施工总进度计划是根据施工部署中施工方案和工程项目的开展程序，对全工地所有单位工程做出时间上的安排。其目的在于确定各单位工程及全工地性工程的施工期限及开竣工日期，进而确定施工现场劳动力、材料、成品、半成品、施工机械的需要数量和调配情况，以及现场临时设施的数量、水电供应量和能源、交通需求量。因此，科学、合理地编制施工总进度计划，是保证整个建设工程按期交付使用，充分发挥投资效益，降低建设工程成本的重要条件。

3）单位工程施工进度计划。单位工程施工进度计划是在既定施工方案的基础上，根据规定的工期和各种资源供应条件，遵循各施工过程的合理施工顺序，对单位工程中的各施工过程做出时间和空间上的安排，并以此为依据，确定施工作业所必需的劳动力、施工机具和材料供应计划。因此，合理安排单位工程施工进度计划，是保证在规定工期内完成符合质量要求的工程任务的重要前提。同时，为编制各种资源需要量计划和施工准备工作计划提供依据。

4）分部分项工程进度计划。分部分项工程进度计划是针对工程量较大或施工技术比较复杂的分部分项工程，在依据工程具体情况所制定的施工方案基础上，对其各施工过程所做出的时间安排。如大型基础土方工程、复杂的基础加固工程、大体积混凝土工程、大型桩基工程、大面积预制构件吊装工程等，均应编制详细的进度计划，以保证单位工程施工进度计划的顺利实施。此外，为了有效地控制建设工程施工进度，施工单位还应编制年度施工计划、季度施工计划和月（旬）作业计划，将施工进度计划逐层细化，形成一个旬保月、月保季、季保年的计划体系。

4. 施工阶段进度控制目标的确定

（1）施工进度控制目标体系

保证工程项目按期建成交付使用，是建设工程施工阶段进度控制的最终目的。为了有效地控制施工进度，首先要将施工进度总目标从不同角度进行层层分解，形成施工进度控制目标体系，从而作为实施进度控制的依据。建设工程施工进度控制目标体系如图4-2所示。

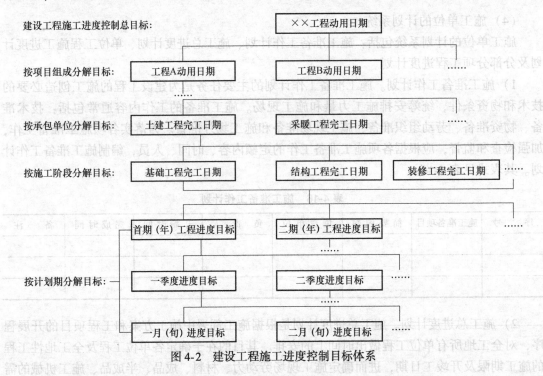

图4-2 建设工程施工进度控制目标体系

从图4-2可以看出，建设工程不但要有项目建成交付使用的确切日期这个总目标，还要有各单位工程交工动用的分目标以及按承包单位、施工阶段和不同计划期划分的分目标。各目标之间相互联系，共同构成建设工程施工进度控制目标体系。其中，下级目标受上级目标的制约，下级目标保证上级目标，最终保证施工进度总目标的实现。

1）按项目组成分解，确定各单位工程开工及动用日期。各单位工程的进度目标在工程项目建设总进度计划及建设工程年度计划中都有体现。在施工阶段应进一步明确各单位工程的开工和交工动用日期，以确保施工总进度目标的实现。

2）按承包单位分解，明确分工条件和承包责任。在一个单位工程中有多个承包单位参加施工时，应按承包单位将单位工程的进度目标分解，确定出各分包单位的进度目标，列入分包合同，以便落实分包责任，并根据各专业工程交叉施工方案和前后衔接条件，明确不同承包单位工作面交接的条件和时间。

3）按施工阶段分解，划定进度控制分界点。根据工程项目的特点，应将其施工分成不同阶段，如土建工程可分为基础、结构和内外装修阶段。每一阶段的起止时间都要有明确的标志，特别是不同单位承包的不同施工段之间，更要明确划定时间分界点，以此作为形象进度的控制标志，从而使单位工程动用目标具体化。

4）按计划期分解，组织综合施工。将工程项目的施工进度控制目标按年度、季度、月（旬）进行分解，并用实物工程量、货币工作量及形象进度表示，将更有利于监理工程师明确对各承包单位的进度要求。同时，还可以据此监督其实施，检查其完成情况。计划期越短，进度目标越细，进度跟踪就越及时，发生进度偏差时也就更能有效地采取措施予以纠正。这样，就形成一个有计划、有步骤协调施工、长期目标对短期目标自上而下逐级控制、短期目标对长期目标自下而上逐级保证、逐步趋近进度总目标的局面，最终达到工程项目按期竣工交付使用的目的。

(2) 施工进度控制目标的确定

为了提高施工进度计划的预见性和施工进度控制的主动性，在确定施工进度控制目标时，必须全面细致地分析与建设工程进度有关的各种有利因素和不利因素。只有这样，才能制订出一个科学、合理的进度控制目标。确定施工进度控制目标的主要依据有：建设工程总进度目标对施工工期的要求；工期定额、类似工程项目的实际进度；工程难易程度和工程条件的落实情况等。

在确定施工进度分解目标时，还要考虑以下各个方面：

1）对于大型建设工程项目，应根据尽早提供可动用单元的原则，集中力量分期分批建设，以便尽早投入使用，尽快发挥投资效益。这时，为保证每一动用单元能形成完整的生产能力，就要考虑这些动用单元交付使用时所必需的全部配套项目。因此，要处理好前期动用和后期建设的关系、每期工程中主体工程与辅助及附属工程之间的关系等。

2）合理安排土建与设备的综合施工。要按照它们各自的特点，合理安排土建施工与设备基础、设备安装的先后顺序及搭接、交叉或平行作业，明确设备工程对土建工程的要求和土建工程为设备工程提供施工条件的内容及时间。

3）结合本工程的特点，参考同类建设工程的经验来确定施工进度目标。避免只按主观愿望盲目确定进度目标，从而在实施过程中造成进度失控。

4）做好资金供应能力、施工力量配备、物资（材料、构配件、设备）供应能力与施工进度的平衡工作，确保满足工程进度目标的要求而不使其落空。

5）考虑外部协作条件的配合情况。这包括施工过程中及项目竣工动用所需的水、电、气、通信、道路及其他社会服务项目的满足程度和满足时间。它们必须与有关项目的进度目标相协调。

6）考虑工程项目所在地区地形、地质、水文、气象等方面的限制条件。

总之，要想对工程项目的施工进度实施控制，就必须有明确、合理的进度目标（进度总目标和进度分目标）；否则，控制便失去了意义。

5. 施工进度控制措施

为了对工程进度实施有效控制，进度控制管理人员（施工和监理人员）必须根据建设工程的具体情况，认真分析影响进度的各种原因，制定符合实际、具有针对性的进度控制措施，以确保建筑施工进度控制目标的实现。进度控制的措施主要包括组织、技术、经济及合同措施。

（1）组织措施

建筑施工进度控制的组织措施主要包括：

1）建立进度目标控制体系，明确现场承包商和监理组织机构中进度控制人员及其职责分工。

2）建立工程进度报告制度及进度信息沟通网络，确保各种信息的准确和及时。

3）建立进度计划审核制度和进度计划实施中的检查分析制度。

4）建立进度协调会议制度，一般可以通过例会进行协调，确定协调会议举行的时间、地点，协调会议的参加人员等。

5）建立图纸审查、工程变更和设计变更管理制度。

（2）技术措施

建筑施工进度控制的技术措施主要包括：

1）审查承包商提交的进度计划，使承包商能在满足进度目标和合理的状态下施工。

2）编制监理人员所需的进度控制实施细则，指导监理人员实施进度控制。

3）采用网络计划技术及其他科学适用的计划技术，并结合计算机各种进度管理软件的应用，对建筑工程施工进度实施动态控制。

（3）经济措施

建筑施工进度控制的经济措施主要包括：

1）管理人员及时办理工程预付款及工程进度款支付手续。

2）管理单位应要求业主对非施工单位原因的应急赶工给予优厚的赶工费用或给予适当的奖励。

3）施工工期提前建设单位对施工单位应有必要的奖励政策。

4）管理单位协助业主对施工单位造成的工程延误收取误期损失赔偿金，加强索赔管理，公正地处理索赔。

（4）合同措施

建筑施工进度控制的合同措施主要包括：

1）加强合同管理，协调合同工期与进度计划的管理，保证合同中工期目标的实现。

2）推行 CM 承发包模式，对建设工程实行分段设计、分段发包和分段施工。

3）严格控制合同变更，对各方提出的工程变更和设计变更，管理工程师应严格审查后再补入合同文件之中。

4）加强风险管理，在合同中应充分考虑风险因素及其对进度的影响，以及相应的处理方法。

4.1.3 课堂提问和讨论

1. 确定施工进度控制目标的主要依据有什么？

参考答案：确定施工进度控制目标的主要依据有工程难易程度、项目投产动用要求和项目外部配合条件。

2. 作为建设工程项目进度控制的依据，建设工程项目进度计划系统应在何时形成？

参考答案：项目进度控制是一个动态的控制过程，故进度计划是在项目进展过程中逐步形成的。

3. 由不同功能的计划构成的进度计划系统有哪些？

参考答案：①指导性进度计划；②实施性进度计划；③控制性进度计划。本题主要考查了根据项目进度的不同需要和用途，建设工程项目进度计划系统的划分。

4.1.4　随堂习题

1. 影响建设工程进度的不利因素很多，其中（　　）因素是最大的干扰因素。
   A. 人为　　　　　　　　　　　　B. 技术
   C. 地质与气象　　　　　　　　　D. 设备、材料及构配件

   解析：本题考查的是影响建设工程进度的不利因素。影响因素有很多，如人为因素，技术因素，设备、材料及构配件因素，机具因素，资金因素，水文、地质与气象因素，以及其他自然与社会环境等方面的因素。其中，人为因素是最大的干扰因素。因此，本题正确答案为选项 A。

2. 确定进度协调工作制度是监理工程师控制工程建设进度的（　　）。
   A. 技术措施　　B. 合同措施　　C. 组织措施　　D. 经济措施

   解析：本题考查的是进度控制的组织措施。建立进度协调会议制度，包括协调会议举行的时间、地点、协调会议参加的人员等，这是属于进度控制组织措施的内容。因此，本题正确答案为选项 C。

3. 下列建设工程进度控制措施中，属于监理工程师采取的组织措施的是（　　）。
   A. 编制进度控制工作细则　　　　B. 分析进度控制目标风险
   C. 监理监督协调会议制度　　　　D. 定期收集实际进度数据

   解析：本题考查的是进度控制的组织措施，其主要包括：①建立进度控制目标体系，明确工程现场监理机构中进度控制人员及其职责分工；②建立工程进度报告制度及进度信息沟通网络；③建立进度计划审核制度和进度计划实施中的检查分析制度；④建立进度协调会议制度，包括协调会议举行的时间、地点、参加人员等；⑤建立图纸审查、工程变更和设计变更管理制度。因此，本题正确答案为选项 C。

4. 监理工程师在设计准备阶段控制进度的任务是（　　）。
   A. 进行设计进度目标决策
   B. 建立图纸审查、工程变更管理制度
   C. 向建设单位提供有关工期的信息
   D. 编制详细的出图计划

   解析：监理无权决策且只能收集工期的信息并提供给建设单位，因此，正确答案为选项 C。

5. 为了有效地控制施工进度，要将施工进度总目标从不同角度进行层层分解，其中按项目组成分解总目标的是（　　）。
   A. 单位工程动用时间　　　　　　B. 土建工程完工日期

C. 一季度进度目标　　　　　　　D. 二期（年）工程进度目标

解析：本题考查的是施工进度目标的分解。如按项目组成分解，确定各单位工程开工及动用日期，以确保施工总进度目标的实现。因此，本题正确答案为选项 A。

6. 下列建设工程进度影响因素中，属于业主因素的是（　　）。
A. 地下埋藏文物的保护、处理
B. 合同签订时遗漏条款、表达失当
C. 施工场地条件不能及时提供
D. 特殊材料及新材料的不合理使用

解析：建设工程进度影响因素中，业主因素包括：①业主使用要求改变而进行设计变更；②应提供的施工场地条件不能及时提供或所提供的场地不能满足工程正常需要；③不能及时向施工承包单位或材料供应商付款等。A 选项属于自然环境因素；B 选项属于组织管理因素；D 选项属于材料、设备因素。因此，正确答案为选项 C。

7. 设计单位的进度计划系统不包括（　　）。
A. 设计总进度计划　　　　　　　B. 阶段性设计进度计划
C. 设计招标投标进度计划　　　　D. 设计作业进度计划

解析：本题考查的是设计单位的进度计划系统，其包括：①设计总进度计划；②阶段性设计进度计划；③设计作业进度计划。因此，本题正确答案为选项 C。

8. 在建设单位的计划系统中，工程项目年度计划主要包括（　　）。
A. 年度建设资金平衡表　　　　　B. 工程项目进度平衡表
C. 年度设备平衡表　　　　　　　D. 年度竣工投产交付使用计划表
E. 设计作业进度计划表

解析：本题考查的是工程项目年度计划，其包括：①年度计划项目表；②年度竣工投产交付使用计划表；③年度建设资金平衡表；④年度设备平衡表。因此，本题正确答案为选项 A、C、D。

9. 在建设工程施工阶段确定施工进度分解目标时，应考虑的因素有（　　）。
A. 土建与设备综合施工的合理安排
B. 工程量清单与施工过程的匹配
C. 资源供应能力、施工力量配备与施工进度平衡
D. 外部协作条件的配合情况
E. 工程项目所在地地形、地质、水文、气象等方面的限制条件

解析：本题考查的是确定施工进度分解目标时考虑的因素。本题正确答案为选项 A、C、D、E。

10. 影响建设工程进度的不利因素有很多，下列不属于组织管理因素的有（　　）。
A. 资金不到位　　　　　　　　　B. 临时停水停电
C. 施工安全措施不当　　　　　　D. 组织协调不力
E. 合同签订时遗漏条款、表达失当

解析：在工程建设过程中，常见的组织管理因素包括：向有关部门提出各种申请审批手续的延误；合同签订时遗漏条款、表达失当；计划安排不周密，组织协调不力，导致停工待

料、相关作业脱节；领导不力，指挥失当，使参加工程建设的各个单位、各个专业、各个施工过程之间在交接、配合上发生矛盾等。选项 A 是资金因素，选项 B 是社会环境因素，选项 C 是施工技术因素。因此，本题正确答案为选项 A、B、C。

4.1.5 能力训练

1. 背景资料

以学校二号楼学生公寓现场项目监理组为背景。

2. 训练内容

请列出进度计划的种类。说说进度计划的控制原理及措施。

3. 训练方案设计

重点：此处的进度控制计划仅限于监理方。

难点：明确进度控制计划不同于进度计划。

关键点：影响进度的因素要协助学生一起分析。

4. 训练指导

重点：确定施工阶段进度控制目标。

难点：正确分析影响进度的因素。

关键点：正确编制进度控制计划。

5. 评估及结果（在学生练习期间，巡查指导，评估纠正）

6. 收集练习结果并打分

4.2 建设工程进度控制

1. 课题：建设工程进度控制
2. 课型：理实一体课
3. 授课时数：4 课时
4. 教学目标和重难点分析

（1）知识目标

1）了解：进度监测系统与进度调整系统、施工进度控制工作流程。

2）熟悉：设计进度与计划进度的比较方法、进度计划实施中的调整方法、施工计划的动态检查。

3）掌握：施工进度控制工作内容。

（2）能力目标

能够根据横道图、S 曲线、香蕉曲线、前锋线和列表比较法进行进度比较；进度计划调整的两种方法；审查、审核施工进度计划；组织现场协调会；审批工程延期等。

能对合同工期的尊重，树立良好的契约精神。

（3）教学重点、难点、关键点

1）重点：施工进度控制工作内容；进度计划调整的两种方法、前锋线比较法。

2）难点：分析进度偏差对后续工作及总工期的影响、进度计划调整的两种方法。

3）关键点：两种进度计划调整方法的选择依据。

5. 教学方法（讲授，视频，图片展示，学生训练）

6. 教学过程（任务导入、理论知识准备、课堂提问和讨论、随堂习题、能力训练）

7. 教学要点和课时安排

(1) 任务导入（5分钟）

(2) 理论知识准备（60分钟）

(3) 课堂提问和讨论（10分钟）

(4) 随堂习题（5分钟）

(5) 能力训练（80分钟）

4.2.1 任务导入

1. 案例

某工程项目由于百年不遇的大雨造成主体标准层工程进度缓慢，已经滞后于原定的进度计划，施工单位以不可抗力为由，向项目监理机构申请合同工期延期的要求，项目监理机构认真审查申报材料后做出同意延期的决定。

2. 引出

确定施工进度控制工作内容的要点：

1) 施工进度计划的监测与调整。

2) 施工进度控制工作流程。

3) 施工进度控制工作内容。

4.2.2 理论知识准备

1. 实际进度与计划进度的比较方法

实际进度与计划进度的比较是建设工程进度监测的主要环节。常用的进度比较方法有横道图、S曲线、香蕉曲线、前锋线和列表比较法。

(1) 横道图比较法

横道图比较法是指将项目实施过程中检查实际进度收集到的数据，经加工整理后直接用横道线平行绘于原计划的横道线处，进行实际进度与计划进度的比较方法。采用横道图比较法，可以形象、直观地反映实际进度与计划进度的比较情况。

例如，某工程项目基础工程的计划进度和截止到第9周末的实际进度如图4-3所示，其中双线条表示该工程计划进度，粗实线表示实际进度。从图4-3中实际进度与计划进度的比较可以看出，到第9周末进行实际进度检查时，挖土方和做垫层两项工作已经完成；支模板按计划也应该完成，但实际只完成75%，任务量拖欠25%；绑扎钢筋按计划应该完成60%，而实际只完成20%，任务量拖欠40%。

根据各项工作的进度偏差，进度控制者可以采取相应的纠偏措施对进度计划进行调整，以确保该工程按期完成。

图4-3所表达的比较方法仅适用于工程项目中的各项工作都是均匀进展的情况，即每项工作在单位时间内完成的任务量都相等的情况。事实上，工程项目中各项工作的进展不一定是匀速的。根据工程项目中各项工作的进展是否匀速，可分别采用以下两种方法进行实际进度与计划进度的比较。

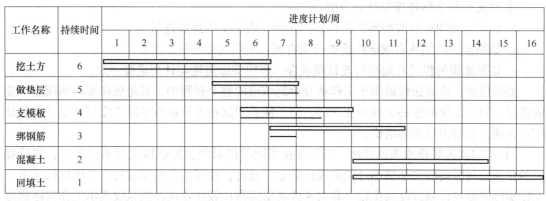

图 4-3　某基础工程实际进度与计划进度比较图

1）匀速进展横道图比较法。匀速进展是指在工程项目中，每项工作在单位时间内完成的任务量都是相等的，即工作的进展速度是均匀的。此时，每项工作累计完成的任务量与时间呈线性关系，如图 4-4 所示。完成的任务量可以用实物工程量、劳动消耗量或费用支出表示。为了便于比较，通常用上述物理量的百分比表示。

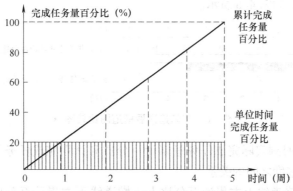

图 4-4　工作匀速进展时任务量与时间的关系曲线

采用匀速进展横道图比较法时，其步骤如下：
① 编制横道图进度计划。
② 在进度计划上标出检查日期。
③ 将检查收集到的实际进度数据经加工整理后按比例用涂黑的粗线标于计划进度的下方，如图 4-5 所示。

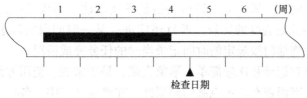

图 4-5　匀速进展横道图比较图

④ 对比分析实际进度与计划进度：
a. 如果涂黑的粗线右端落在检查日期左侧，表明实际进度拖后。
b. 如果涂黑的粗线右端落在检查日期右侧，表明实际进度超前。
c. 如果涂黑的粗线右端与检查日期重合，表明实际进度与计划进度一致。

必须指出，该方法仅适用于工作从开始到结束的整个过程中，其进展速度均为固定不变的情况。如果工作的进展速度是变化的，则不能采用这种方法进行实际进度与计划进度的比较；否则，会得出错误的结论。

2）非匀速进展横道图比较法。当工作在不同单位时间里的进展速度不相等时，累计完成的任务量与时间的关系就不可能是线性关系。此时，应采用非匀速进展横道图比较法进行工作实际进度与计划进度的比较。非匀速进展横道图比较法在用涂黑粗线表示工作实际进度的同时，还要标出其对应时刻完成任务量的累计百分比，并将该百分比与其同时刻计划完成任务量的累计百分比相比较，以判断工作实际进度与计划进度之间的关系。

采用非匀速进展横道图比较法时，其步骤如下：
① 编制横道图进度计划。
② 在横道线上方标出各主要时间工作的计划完成任务量累计百分比。
③ 在横道线下方标出相应时间工作的实际完成任务量累计百分比。
④ 用涂黑粗线标出工作的实际进度，从开始之日标起，同时反映出该工作在实施过程中的连续与间断情况，如图4-6所示。

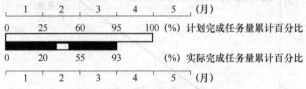

图4-6 非匀速进展横道图比较图

⑤ 通过比较同一时刻实际完成任务量累计百分比和计划完成任务量累计百分比，判断工作实际进度与计划进度之间的关系：
a. 如果同一时刻横道线上方累计百分比大于横道线下方累计百分比，表明实际进度拖后，拖欠的任务量为二者之差。
b. 如果同一时刻横道线上方累计百分比小于横道线下方累计百分比，表明实际进度超前，超前的任务量为二者之差。
c. 如果同一时刻横道线上下方两个累计百分比相等，表明实际进度与计划进度一致。

可以看出，由于工作进展速度是变化的，因此，在图4-6中的横道线，无论是计划的还是实际的，只能表示工作的开始时间、完成时间和持续时间，并不表示计划完成的任务量和实际完成的任务量。此外，采用非匀速进展横道图比较法，不仅可以进行某一时刻（如检查日期）实际进度与计划进度的比较，而且还能进行某一时间段实际进度与计划进度的比较。当然，这需要实施部门按规定的时间记录当时的任务完成情况。

横道图比较法虽有记录和比较简单、形象直观、易于掌握、使用方便等优点，但由于其以横道计划为基础，因而带有不可克服的局限性。在横道计划中，各项工作之间的逻辑关系表达不明确，关键工作和关键线路无法确定。一旦某些工作实际进度出现偏差时，难以预测其对后续工作和工程总工期的影响,也就难以确定相应的进度计划调整方法。因此,横道图比较法主要用于工程项目中某些工作实际进度与计划进度的局部比较。

(2) S 曲线比较法

S 曲线比较法是以横坐标表示时间,纵坐标表示累计完成任务量,绘制一条按计划时间累计完成任务量的 S 曲线。然后将工程项目实施过程中各检查时间实际累计完成任务量的 S 曲线也绘制在同一坐标系中,进行实际进度与计划进度比较的一种方法。

从整个工程项目实际进展全过程看,单位时间投入的资源量一般是开始和结束时较少,中间阶段较多。与其相对应,单位时间完成的任务量也呈同样的变化规律,如图 4-7 所示;而随工程进展累计完成的任务量则应呈 S 形变化,如图 4-8 所示。由于其形似英文字母"S",S 曲线因此而得名。

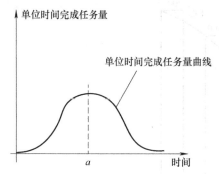

图 4-7 时间与单位时间完成任务量关系曲线

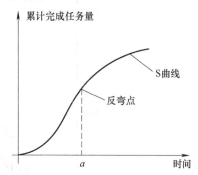

图 4-8 时间与累计完成任务量关系曲线

1) S 曲线的绘制方法。下面以一简例说明 S 曲线的绘制方法。

【例 4-1】 某混凝土工程的浇筑总量为 2000m^3,按照施工方案,计划 9 个月完成,每月计划完成的混凝土浇筑量如图 4-9 所示,试绘制该混凝土工程的计划 S 曲线。

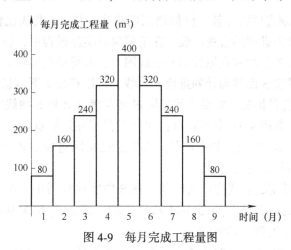

图 4-9 每月完成工程量图

【解】 根据已知条件:

(1) 确定单位时间计划完成任务量。在本例中,将每月计划完成混凝土浇筑量列于表 4-17 中。

表 4-17 完成工程量汇总表

时间/月	1	2	3	4	5	6	7	8	9
每月完成量/m³	80	160	240	320	400	320	240	160	80
累计完成量/m³	80	240	480	800	1200	1520	1760	1920	2000

（2）计算不同时间累计完成任务量。在本例中，依次计算每月计划累计完成的混凝土浇筑量，结果列于表 4-17 中。

（3）根据累计完成任务量绘制 S 曲线。在本例中，根据每月计划累计完成混凝土浇筑量而绘制的 S 曲线如图 4-10 所示。

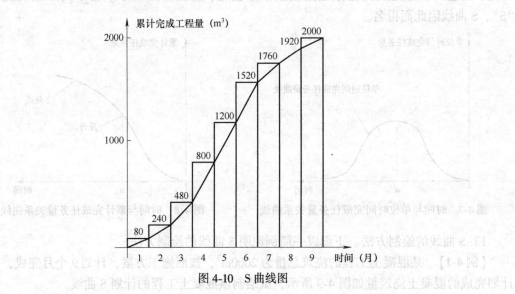

图 4-10 S 曲线图

2）实际进度与计划进度的比较。同横道图比较法一样，S 曲线比较法也是在图上进行工程项目实际进度与计划进度的直观比较。在工程项目实施过程中，按照规定时间将检查收集到的实际累计完成任务量绘制在原计划 S 曲线图上，即可得到实际进度 S 曲线，如图 4-11 所示。通过比较实际进度 S 曲线和计划进度 S 曲线，可以获得如下信息：

① 工程项目实际进展状况：如果工程实际进展点落在计划 S 曲线左侧，表明此时实际进度比计划进度超前，如图 4-11 中的 a 点；如果工程实际进展点落在 S 计划曲线右侧，表明此时实际进度拖后，如图 4-11 中的 b 点；如果工程实际进展点正好落在计划 S 曲线上，则表示此时实际进度与计划进度一致。

② 工程项目实际进度超前或拖后的时间：在 S 曲线比较图中，可以直接读出实际进度比计划进度超前或拖后的时间。如图 4-11 所示，ΔT_a 表示 T_a 时刻实际进度超前的时间；ΔT_b 表示 T_b 时刻实际进度拖后的时间。

③ 工程项目实际超额或拖欠的任务量：在 S 曲线比较图中，也可直接读出实际进度比计划进度超额或拖欠的任务量。如图 4-11 所示，ΔQ_a 表示 T_a 时刻超额完成的任务量，ΔQ_b 表示 T_b 时刻拖欠的任务量。

④ 后期工程进度预测：如果后期工程按原计划速度进行，则可做出后期工程计划 S 曲线如图 4-11 中虚线所示，从而可以确定工期拖延预测值 ΔT。

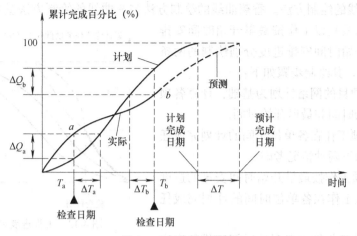

图 4-11　S 曲线比较图

（3）香蕉曲线比较法

香蕉曲线是由两条 S 曲线组合而成的闭合曲线。由 S 曲线比较法可知，工程项目累计完成的任务量与计划时间的关系，可以用一条 S 曲线表示。对于一个工程项目的网络计划来说，如果以其中各项工作的最早开始时间安排进度而绘制 S 曲线，称为 ES 曲线；如果以其中各项工作的最迟开始时间安排进度而绘制 S 曲线，称为 LS 曲线。两条 S 曲线具有相同的起点和终点，因此，两条曲线是闭合的。在一般情况下，ES 曲线上的其余各点均落在 LS 曲线的相应点的左侧。由于该闭合曲线形似"香蕉"，故称为香蕉曲线，如图 4-12 所示。

1）香蕉曲线比较法的作用。香蕉曲线比较法能直观地反映工程项目的实际进展情况，并可以获得比 S 曲线更多的信息。其主要作用有：

① 合理安排工程项目进度计划。如果工程项目中的各项工作均按其最早开始时间安排进度，将导致项目的投资加大；而如果各项工作都按其最迟开始时间安排进度，则一旦受到进度影响因素的干扰，又将导致工期拖延，使工程进度风险加大。因此，一个科学合理的进度计划优化曲线应处于香蕉曲线所包络的区域之内，如图 4-12 中的点画线所示。

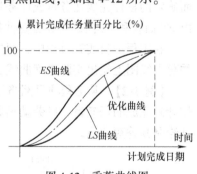

图 4-12　香蕉曲线图

② 定期比较工程项目的实际进度与计划进度。在工程项目的实施过程中，根据每次检查收集到的实际完成任务量，绘制出实际进度 S 曲线，便可以与计划进度进行比较。工程项目实施进度的理想状态是任一时刻工程实际进展点应落在香蕉曲线图的范围之内。如果工程实际进展点落在 ES 曲线的左侧，表明此刻实际进度比各项工作按其最早开始时间安排的计划进度超前；如果工程实际进展点落在 LS 曲线的右侧，则表明此刻实际进度比各项工作按其最迟开始时间安排的计划进度拖后。

③ 预测后期工程进展趋势。利用香蕉曲线可以对后期工程的进展情况进行预测。例如，在图 4-13 中，该工程项目在检查日期实际进度超前。检查日期之后的后期工程进度安排如图中虚线所示，预计该工程项目将提前完成。

2）香蕉曲线的绘制方法。香蕉曲线的绘制方法与 S 曲线的绘制方法基本相同，所不同之处在于香蕉曲线是以工作按最早开始时间安排进度和按最迟开始时间安排进度分别绘制的两条 S 曲线组合而成。其绘制步骤如下：

① 以工程项目的网络计划为基础，计算各项工作的最早开始时间和最迟开始时间。

② 确定各项工作在各单位时间的计划完成任务量，分别按以下两种情况考虑。

a. 根据各项工作按最早开始时间安排的进度计划，确定各项工作在各单位时间的计划完成任务量。

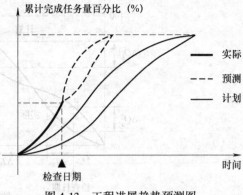

图 4-13 工程进展趋势预测图

b. 根据各项工作按最迟开始时间安排的进度计划，确定各项工作在各单位时间的计划完成任务量。

③ 计算工程项目总任务量，即对所有工作在各单位时间计划完成的任务量累加求和。

④ 分别根据各项工作按最早开始时间、最迟开始时间安排的进度计划，确定工程项目在各单位时间计划完成的任务量，即将各项工作在某一单位时间内计划完成的任务量求和。

⑤ 分别根据各项工作按最早开始时间、最迟开始时间安排的进度计划，确定不同时间累计完成的任务量或任务量的百分比。

⑥ 绘制香蕉曲线。分别根据各项工作按最早开始时间、最迟开始时间安排的进度计划而确定的累计完成任务量或任务量的百分比描绘各点，并连接各点得到 ES 曲线和 LS 曲线，由 ES 曲线和 LS 曲线组成香蕉曲线。

在工程项目实施过程中，根据检查得到的实际累计完成任务量，按同样的方法在原计划香蕉曲线图上绘出实际进度曲线，便可以进行实际进度与计划进度的比较。

【例 4-2】 某工程项目网络计划如图 4-14 所示，图中箭线上方括号内数字表示各项工作计划完成的任务量，以劳动消耗量表示；箭线下方数字表示各项工作的持续时间（周）。试绘制其香蕉曲线。

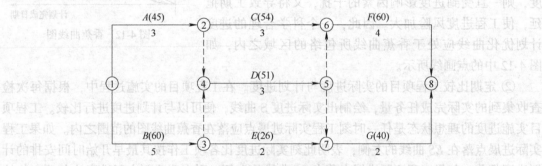

图 4-14 某工程项目网络计划

【解】 假设各项工作均为匀速进展，即各项工作每周的劳动消耗量相等。

（1）确定各项工作每周的劳动消耗量：

工作 A：$45/3=15$　　工作 B：$60/5=12$

工作 C：$54/3=18$　　工作 D：$51/3=17$

工作 E：$26/2=13$　　工作 F：$60/4=15$
工作 G：$40/2=20$

（2）计算工程项目劳动消耗总量 Q：
$Q=45+60+54+51+26+60+40=336$

（3）根据各项工作按最早开始时间安排的进度计划，确定工程项目每周计划劳动消耗量及各周累计劳动消耗量，如图 4-15 所示。

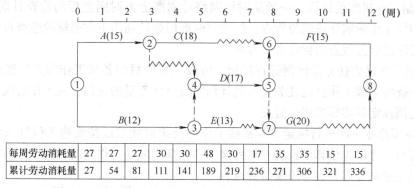

图 4-15　按工作最早开始时间安排的进度计划及劳动消耗量

（4）根据各项工作按最迟开始时间安排的进度计划，确定工程项目每周计划劳动消耗量及各周累计劳动消耗量，如图 4-16 所示。

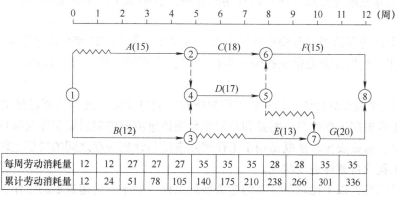

图 4-16　按工作最迟开始时间安排的进度计划及劳动消耗量

（5）根据不同的累计劳动消耗量分别绘制 ES 曲线和 LS 曲线，便得到香蕉曲线，如图 4-17 所示。

（4）前锋线比较法

前锋线比较法是通过绘制某检查时刻工程实际进度前锋线，进行工程实际进度与计划进度比较的方法，它主要适用于时标网络计划。所谓前锋线，是指在原时标网络计划上，从检查时刻的时标点出发，用点画线依次将各项工作实际进展位置点连接而成的折线。

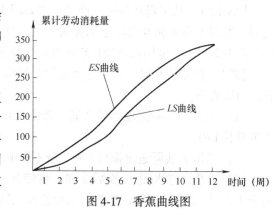

图 4-17　香蕉曲线图

前锋线比较法就是通过实际进度前锋线与原进度计划中各工作箭线交点的位置来判断工作实际进度与计划进度的偏差，进而判定该偏差对后续工作及总工期影响程度的一种方法。

采用前锋线比较法进行实际进度与计划进度的比较，其步骤如下：

1) 绘制时标网络计划图。工程项目实际进度前锋线是在时标网络计划图上标示的，为清楚起见，可在时标网络计划图的上方和下方各设一时间坐标。

2) 绘制实际进度前锋线。一般从时标网络计划图上方时间坐标的检查日期开始绘制，依次连接相邻工作的实际进展位置点，最后与时标网络计划图下方坐标的检查日期相连接。

工作实际进展位置点的标定方法有两种：

① 按该工作已完任务量比例进行标定。假设工程项目中各项工作均为匀速进展，根据实际进度检查时刻该工作已完任务量占其计划完成总任务量的比例，在工作箭线上从左至右按相同的比例标定其实际进展位置点。

② 按尚需作业时间进行标定。当某些工作的持续时间难以按实物工程量来计算而只能凭经验估算时，可以先估算出检查时刻到该工作全部完成尚需作业的时间，然后在该工作箭线上从右向左逆向标定其实际进展位置点。

3) 进行实际进度与计划进度的比较。前锋线可以直观地反映出检查日期有关工作实际进度与计划进度之间的关系。对某项工作来说，其实际进度与计划进度之间的关系可能存在以下三种情况：

① 工作实际进展位置点落在检查日期的左侧，表明该工作实际进度拖后，拖后的时间为二者之差。

② 工作实际进展位置点与检查日期重合，表明该工作实际进度与计划进度一致。

③ 工作实际进展位置点落在检查日期的右侧，表明该工作实际进度超前，超前的时间为二者之差。

4) 预测进度偏差对后续工作及总工期的影响。通过实际进度与计划进度的比较确定进度偏差后，还可根据工作的自由时差和总时差预测该进度偏差对后续工作及项目总工期的影响。由此可见，前锋线比较法既适用于工作实际进度与计划进度之间的局部比较，又可用来分析和预测工程项目整体进度状况。

值得注意的是，以上比较是针对匀速进展的工作。对于非匀速进展的工作，比较方法较复杂，此处不赘述。

【例 4-3】 某工程项目时标网络计划如图 4-18 所示。该计划执行到第 6 周末检查实际进度时，发现工作 A 和 B 已经全部完成，工作 D、E 分别完成计划任务量的 20% 和 50%，工作 C 尚需 3 周完成，试用前锋线比较法进行实际进度与计划进度的比较。

【解】 根据第 6 周末实际进度的检查结果绘制前锋线，如图 4-18 中点画线所示。通过比较可以看出：

（1）工作 D 实际进度拖后 2 周，将使其后续工作 F 的最早开始时间推迟 2 周，并使总工期延长 1 周。

（2）工作 E 实际进度拖后 1 周，既不影响总工期，也不影响其后续工作的正常进行。

（3）工作 C 实际进度拖后 2 周，将使其后续工作 G、H、J 的最早开始时间推迟 2 周。由于工作 G、J 开始时间的推迟，从而使总工期延长 2 周。

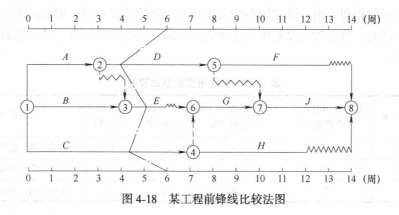

图 4-18 某工程前锋线比较法图

综上所述,如果不采取措施加快进度,该工程项目的总工期将延长 2 周。

(5) 列表比较法

当工程进度计划用非时标网络图表示时,可以采用列表比较法进行实际进度与计划进度的比较。这种方法是记录检查日期应该进行的工作名称及其已经作业的时间,然后列表计算有关时间参数,并根据工作总时差进行实际进度与计划进度比较的方法。

采用列表比较法进行实际进度与计划进度的比较,其步骤如下:

1) 对于实际进度检查日期应该进行的工作,根据已经作业的时间,确定其尚需作业时间。

2) 根据原进度计划计算检查日期应该进行的工作从检查日期到原计划最迟完成时间尚余时间。

3) 计算工作尚有总时差,其值等于工作从检查日期到原计划最迟完成时间尚余时间与该工作尚需作业时间之差。

4) 比较实际进度与计划进度,可能有以下四种情况:

① 如果工作尚有总时差与原有总时差相等,说明该工作实际进度与计划进度一致。

② 如果工作尚有总时差大于原有总时差,说明该工作实际进度超前,超前的时间为二者之差。

③ 如果工作尚有总时差小于原有总时差,且仍为非负值,说明该工作实际进度拖后,拖后的时间为二者之差,但不影响总工期。

④ 如果工作尚有总时差小于原有总时差,且为负值,说明该工作实际进度拖后,拖后的时间为二者之差,此时工作实际进度偏差将影响总工期。

【例 4-4】 仍采用图 4-18 所示工程项目。该计划执行到第 10 周末检查实际进度时,发现工作 A、B、C、D、E 已经全部完成,工作 F 已进行 1 周,工作 G 和工作 H 均已进行 2 周,试用列表比较法进行实际进度与计划进度的比较。

【解】 根据工程项目进度计划及实际进度检查结果,可以计算出检查日期应进行工作的尚需作业时间、原有总时差及尚有总时差等,计算结果见表 4-18。通过比较尚有总时差和原有总时差,即可判断目前工程的实际进展状况。

2. 分析进度偏差对后续工作及总工期的影响

在工程项目实施过程中,当通过实际进度与计划进度的比较,发现有进度偏差时,需要分析该偏差对后续工作及总工期的影响,从而采取相应的调整措施对原进度计划进行调整,以确保工期目标的顺利实现。进度偏差的大小及其所处的位置不同，对后续工作和总工期的影响程度是不同的，分析时需要利用网络计划中工作总时差和自由时差的概念进行判断。其分析步骤如下：

表4-18 工程进度检查比较表

工作代号	工作名称	检查计划时尚需作业周期/周	到计划最迟完成时尚余周数	原有总时差/周	尚有总时差/周	情况判断
5—8	F	4	4	1	0	拖后1周，但不影响工期
6—7	G	1	0	0	−1	拖后1周，影响工期1周
4—8	H	3	4	2	1	拖后1周，但不影响工期

（1）分析出现进度偏差的工作是否为关键工作

如果出现进度偏差的工作位于关键线路上，即该工作为关键工作，则无论其偏差有多大，都将对后续工作和总工期产生影响，必须采取相应的调整措施；如果出现偏差的工作是非关键工作，则需要根据进度偏差值与总时差和自由时差的关系做进一步分析。

（2）分析进度偏差是否超过总时差

如果工作的进度偏差大于该工作的总时差，则此进度偏差必将影响其后续工作和总工期，必须采取相应的调整措施；如果工作的进度偏差未超过该工作的总时差，则此进度偏差不影响总工期。至于对后续工作的影响程度，还需要根据偏差值与其自由时差的关系做进一步分析。

（3）分析进度偏差是否超过自由时差

如果工作的进度偏差大于该工作的自由时差，则此进度偏差将对其后续工作产生影响，此时应根据后续工作的限制条件确定调整方法；如果工作的进度偏差未超过该工作的自由时差，则此进度偏差不影响后续工作，因此，原进度计划可以不做调整。

进度偏差对后续工作和总工期影响的分析过程如图4-19所示。通过分析，进度控制人员可以根据进度偏差的影响程度，制订相应的纠偏措施以进行调整，从而获得符合实际进度情况和计划目标的新进度计划。

3. 进度计划的调整方法

当实际进度偏差影响到后续工作、总工期而需要调整进度计划时，其调整方法主要有两种：

（1）改变某些工作之间的逻辑关系

当工程项目实施中产生的进度偏差影响到总工期，且有关工作的逻辑关系允许改变时，可以改变关键线路和超过计划工期的非关键线路上的有关工作之间的逻辑关系，达到缩短工期的目的。例如，将顺序进行的工作改为平行作业、搭接作业以及分段组织流水作业等，都可以有效地缩短工期。

【例4-5】某工程项目基础工程包括挖基槽、做垫层、砌基础、回填土4个施工过程，各施工过程的持续时间分别为21天、15天、18天和9天，如果采取顺序作业方式进行施工，则其总工期为63天。为缩短该基础工程总工期，如果在工作面及资源供应允许的条件下，将基础工程划分为工程量大致相等的3个施工段组织流水作业，试绘制该基础工程流水作业网络计划，并确定其计算工期。

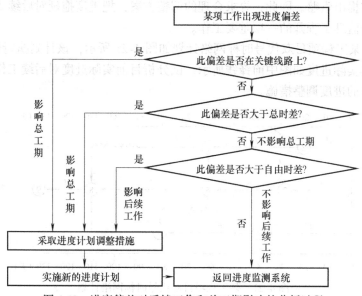

图 4-19 进度偏差对后续工作和总工期影响的分析过程

【解】 某基础工程流水施工网络计划如图 4-20 所示。通过组织流水作业,使得该基础工程的计算工期由 63 天缩短为 35 天。

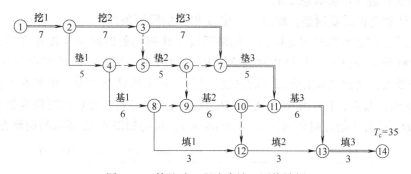

图 4-20 某基础工程流水施工网络计划

(2) 缩短某些工作的持续时间

这种方法是不改变工程项目中各项工作之间的逻辑关系,而通过采取增加资源投入、提高劳动效率等措施来缩短某些工作的持续时间,使工程进度加快,以保证按计划工期完成该工程项目。这些被压缩持续时间的工作是位于关键线路和超过计划工期的非关键线路上的工作。同时,这些工作又是其持续时间可被压缩的工作。这种调整方法通常可以在网络图上直接进行。其调整方法视限制条件及对其后续工作的影响程度的不同而有所区别,一般可分为以下情况:

1) 网络计划中某项工作进度拖延的时间已超过其自由时差但未超过其总时差。如前所述,此时该工作的实际进度不会影响总工期,而只对其后续工作产生影响。因此,在进行调整前,需要确定其后续工作允许拖延的时间限制,并以此作为进度调整的限制条件。该限制条件的确定常常较复杂,尤其是当后续工作由多个平行的承包单位负责实施时更是如此。后续工作如不能按原计划进行,在时间上产生的任何变化都可能使合同不能正常履行,而导致蒙受损失的一方提出索赔。因此，寻求合理的调整方案，把进度拖延对后续工作的影响降低到最低程度，是监理工程师的一项重要工作。

【例 4-6】 某工程项目双代号时标网络计划如图 4-21 所示，该计划执行到第 35 天下班时刻检查时，其实际进度如图中前锋线所示。试分析目前实际进度对后续工作和总工期的影响，并提出相应的进度调整措施。

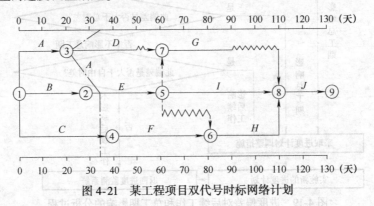

图 4-21 某工程项目双代号时标网络计划

【解】 从图 4-21 中可以看出，目前只有工作 D 的开始时间拖后 15 天，而影响其后续工作 G 的最早开始时间，其他工作的实际进度均正常。由于工作 D 的总时差为 30 天，故此时工作 D 的实际进度不影响总工期。

该进度计划是否需要调整，取决于工作 D 和 G 的限制条件：

(1) 后续工作拖延的时间无限制。如果后续工作拖延的时间完全被允许时，可将拖延后的时间参数带入原计划，并简化网络图（即去掉已执行部分，以进度检查日期为起点，将实际数据带入，绘制出未实施部分的进度计划），即可得调整方案。例如在本例中，以检查时刻第 35 天为起点，将工作 D 的实际进度数据及工作 G 被拖延后的时间参数带入原计划（此时工作 D、G 的开始时间分别为 35 天和 65 天），可得如图 4-22 所示的调整方案。

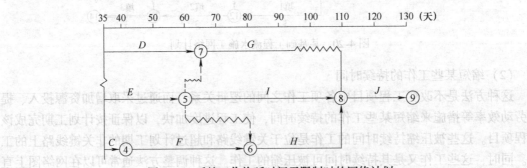

图 4-22 后续工作拖延时间无限制时的网络计划

(2) 后续工作拖延的时间有限制。如果后续工作不允许拖延或拖延的时间有限制时，需要根据限制条件对网络计划进行调整，寻求最优方案。例如在本例中，如果工作 G 的开始时间不允许超过第 60 天，则只能将其紧前工作 D 的持续时间压缩为 25 天，调整后的网络计划如图 4-23 所示。如果在工作 D、G 之间还有多项工作，则可以利用工期优化的原理确定应压缩的工作，得到满足 G 工作限制条件的最优调整方案。

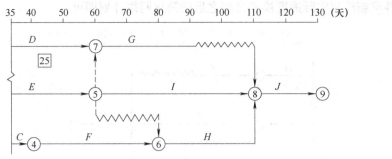

图 4-23 后续工作拖延时间有限制时的网络计划

2）网络计划中某项工作进度拖延的时间超过其总时差。如果网络计划中某项工作进度拖延的时间超过其总时差，则无论该工作是否为关键工作，其实际进度都将对后续工作和总工期产生影响。此时，进度计划的调整方法又可分为以下三种情况：

① 如果项目总工期不允许拖延，工程项目必须按照原计划工期完成，则只能采取缩短关键线路上后续工作持续时间的方法来达到调整计划的目的。这种方法实质上就是第3章中所述的工期优化的方法。

【例 4-7】 仍以图 4-21 所示网络计划为例，如果在计划执行到第 40 天下班时刻检查时，其实际进度如图 4-24 中前锋线所示，试分析目前实际进度对后续工作和总工期的影响，并提出相应的进度调整措施。

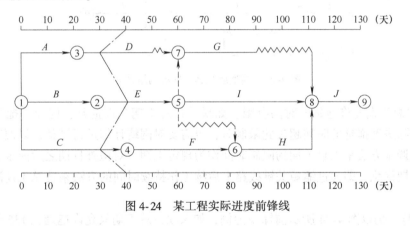

图 4-24 某工程实际进度前锋线

【解】 从图 4-24 中可以看出：

（1）工作 D 实际进度拖后 10 天，但不影响其后续工作，也不影响总工期。

（2）工作 E 实际进度正常，既不影响后续工作，也不影响总工期。

（3）工作 C 实际进度拖后 10 天，由于其为关键工作，故其实际进度将使总工期延长 10 天，并使其后续工作 F、H 和 J 的开始时间推迟 10 天。

如果该工程项目总工期不允许拖延，则为了保证其按原计划工期 130 天完成，必须采用工期优化的方法，缩短关键线路上后续工作的持续时间。现假设工作 C 的后续工作 F、H 和 J 均可以压缩 10 天，通过比较，压缩工作 H 的持续时间所需付出的代价最小，故将工作 H 的持续时间由 30 天缩短为 20 天。调整后的网络计划如图 4-25 所示。

② 项目总工期允许拖延。如果项目总工期允许拖延，则此时只需以实际数据取代原计

划数据，并重新绘制实际进度检查日期之后的简化网络计划即可。

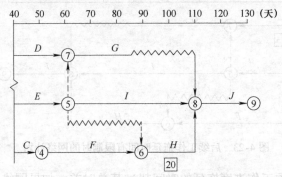

图 4-25 调整后工期不拖延的网络计划

【例 4-8】 以图 4-24 所示前锋线为例，如果项目总工期允许拖延，此时只需以检查日期第 40 天为起点，用其后各项工作尚需作业时间取代相应的原计划数据，绘制出网络计划如图 4-26 所示。方案调整后，项目总工期为 140 天。

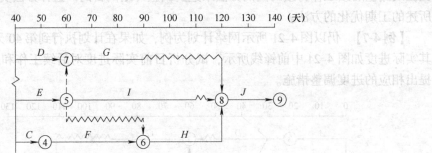

图 4-26 调整后拖延工期的网络计划

③ 项目总工期允许拖延的时间有限。如果项目总工期允许拖延，但允许拖延的时间有限，则当实际进度拖延的时间超过此限制时，也需要对网络计划进行调整，以便满足要求。

具体的调整方法是以总工期的限制时间作为规定工期，对检查日期之后尚未实施的网络计划进行工期优化，即通过缩短关键线路上后续工作持续时间的方法来使总工期满足规定工期的要求。

【例 4-9】 仍以图 4-24 所示前锋线为例，如果项目总工期只允许拖延至 135 天，则可按以下步骤进行调整：

（1）绘制简化的网络计划，如图 4-26 所示。

（2）确定需要压缩的时间。从图 4-26 中可以看出，在第 40 天检查实际进度时发现总工期将延长 10 天，该项目至少需要 140 天才能完成。而总工期只允许延长至 135 天，故需将总工期压缩 5 天。

（3）对网络计划进行工期优化。从图 4-26 中可以看出，此时关键线路上的工作为 C、F、H 和 J。现假设通过比较，压缩关键工作 H 的持续时间所需付出的代价最小，故将其持续时间由原来的 30 天压缩至 25 天，调整后的网络计划如图 4-27 所示。

以上情况均是以总工期为限制条件调整进度计划的。值得注意的是，当某项工作实际进度拖延的时间超过其总时差而需要对进度计划进行调整时，除需考虑总工期的限制条件外，还应考虑网络计划中后续工作的限制条件，特别是对总进度计划的控制更应注意这一点。因为在这类网络计划中，后续工作也许就是一些独立的合同段。时间上的任何变化，都会带来协调上的麻烦或者引起索赔。因此，当网络计划中某些后续工作对时间的拖延有限制时，同样需要以此为条件，按前述方法进行调整。

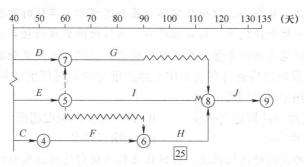

图4-27　总工期拖延时间有限时的网络计划

4.2.3　课堂提问和讨论

1. 施工进度计划实时监测的方法有哪些？

参考答案：

1）跟踪计划的实施并进行监督，当发现进度计划执行受到干扰时，应采取调整措施。

2）在进度计划图上进行实际进度记录，并跟踪记载每个施工过程的开始日期、完成日期、每日完成数量、施工现场发生的情况、干扰因素的排除情况。

3）执行施工合同中对进度、开工及延期开工、暂停施工、工期延误、工程竣工的承诺。

4）跟踪工程部位的形象进度对工程量、总产值、耗用的人工、材料和机械台班等数量进行统计与分析，编制统计报表。

5）控制进度的措施应具体落实到执行人、目标、任务、检查方法和考核办法。

6）按规定程序和要求，处理进度索赔。

2. 施工进度计划的调整包括哪些内容？

参考答案：施工进度计划的调整依据进度计划检查结果，其调整的内容包括：施工内容；工程量；起止时间；持续时间；工作关系；资源供应等。调整施工进度计划采用的原理、方法与施工进度计划的优化相同，包括：单纯调整工期；资源有限-工期最短调整；工期固定-资源均衡调整；工期-成本调整。

3. 监理工程师施工进度控制工作包括哪些内容？

参考答案：监理工程师施工进度控制工作包括：①审核施工总进度计划，并控制其执行；②审核单位工程施工进度计划，并控制其执行；③审核工程年、季、月实施计划，并控制其执行。

4.2.4　随堂习题

1. 对大多数工程项目来说，单位时间的资源消耗在整个使用范围内通常是（　　）。

　　A. 中间多，两头少　　　　　　　　B. 中间少，两头多

C. 前期少，后来逐渐增多　　　　　　D. 前期多，后来逐渐减少

解析：本题考查的是 S 曲线比较法的定义。S 曲线比较法是以横坐标表示时间，纵坐标表示累计完成任务量，绘制一条按计划时间累计完成任务量的 S 曲线；然后将工程项目实施过程中各检查时间实际累计完成任务量的 S 曲线也绘制在同一坐标系中，进行实际进度与计划进度比较的一种方法。从整个工程项目实际进展全过程看，单位时间投入的资源量一般是开始和结束时较少，中间阶段较多。与其相对应，单位时间完成的任务量也呈同样的变化规律。而随工程进展累计完成的任务量则应呈 S 形变化。因此，本题正确答案为选项 A。

2. 前锋线明显地反映出检查日有关工作实际进度与计划进度的关系，当工作实际进度点的位置在检查日时间坐标右侧表示（　　）。

A. 该工作实际进度与计划进度一致　　B. 该工作实际进度超前
C. 该工作实际进度落后　　　　　　　D. 无明显意义

解析：本题考查的是前锋线比较法。前锋线比较法进行实际进度与计划进度的比较：工作实际进展位置点落在检查日期的左侧，表明该工作实际进度拖后，拖后的时间为二者之差；重合，表明该工作实际进度与计划进度一致；落在右侧，表明该工作实际进度超前，超前的时间为二者之差。因此，本题正确答案为选项 B。

3. 在工程网络计划的执行过程中，监理工程师检查实际进度时，只发现工作 M 的总时差由原计划的 2 天变为 -1 天，说明工作 M 的实际进度（　　）。

A. 拖后 3 天，影响工期 1 天　　　　B. 拖后 1 天，影响工期 1 天
C. 拖后 3 天，影响工期 2 天　　　　D. 拖后 2 天，影响工期 1 天

解析：本题考查的是采用列表比较法时，实际进度与计划进度的对比分析。如果工作尚有总时差小于原有总时差，且为负值，说明该工作实际进度拖后，拖后的时间为二者之差，此时工作实际进度偏差将影响总工期。本题正确答案为选项 A。

4. 利用（　　）可以对后期工程的进展情况进行预测。

A. 香蕉曲线　　　B. S 曲线　　　　C. 前锋线　　　　D. 横道图

解析：本题考查的是香蕉曲线比较法的作用。利用香蕉曲线可以对后期工程的进展情况进行预测。本题正确答案为选项 A。

5. 已知某钢筋工程每周计划完成的工程量和第 1~4 周实际完成的工程量见下表，则截至第 4 周末工程实际进展点落在计划 S 曲线的（　　）。

某钢筋工程完成工程量表

时间/周	1	2	3	4	5	6	7
每周计划工程量/t	160	210	250	260	200	160	100
每周实际工程量/t	200	220	210	200			

A. 左侧，表明此时实际进度比计划进度拖后 60t
B. 右侧，表明此时实际进度比计划进度超前 60t
C. 左侧，表明此时实际进度比计划进度超前 50t
D. 右侧，表明此时实际进度比计划进度拖后 50t

解析：本题考查的是采用 S 曲线比较法时，实际进度与计划进度的对比分析。落在计划 S 曲线左边的点表示进度超前，落在计划 S 曲线右边的点表示进度拖后。本题到第 4 周末累

计计划工程量为880t，实际累计工程量为830t。所以工程实际进展点落在S计划曲线右侧，表明此时实际进度拖后。本题正确答案为选项D。

6. 监理工程师控制物资供应进度，在受理物资供应单位投标文件时，对于投标文件进行商务评价一般应考虑的因素有（　　）等。

   A. 关税　　　　B. 付款条件　　　C. 价格政策
   D. 材料、设备的重量和体积　　　E. 汇率

   解析：本题考查的是对投标文件进行商务评价时一般应考虑的因素。对于投标文件进行商务评价一般应考虑的因素有：①材料、设备价格；②包装费及运费；③关税；④价格政策；⑤付款条件；⑥交货时间；⑦材料、设备的重量和体积。所以，本题正确答案为选项A、B、C、D。

7. 在建设工程监理规划指导下编制的施工进度控制工作细则，其主要内容有（　　）。

   A. 进度控制工作流程
   B. 材料进场及检验安排
   C. 业主提供施工条件的进度协调程序
   D. 工程进度款的支付时间与方式
   E. 进度控制的方法和具体措施

   解析：本题考查的是编制施工进度控制工作细则的主要内容。其主要内容除了选项A和E外，还包括：①施工进度控制目标分解图；②施工进度控制的主要工作内容和深度；③进度控制人员的职责分工；④施工进度控制目标实现的风险分析；⑤尚待解决的有关问题。本题正确答案为选项A、E。

8. 当建设工程实行施工总承包方式时，监理工程师在施工阶段进度控制的工作内容包括（　　）。

   A. 编制工程项目建设总进度计划
   B. 编制施工总进度计划并控制其执行
   C. 按年、季、月编制工程综合计划
   D. 审核承包商调整后的施工进度计划
   E. 协助承包商实施进度计划

   解析：本题考查的是监理工程师在施工阶段进度控制的工作内容。建设工程施工进度控制的工作内容有：①进度控制工作细则；②编制或审核施工进度计划（何时编制、何时审核、审核的内容）；③按年、季、月编制工程综合计划；④下达工程开工令；⑤协助承包单位实施进度计划；⑥监督施工进度计划的实施；⑦组织现场协调会；⑧签发工程进度款支付凭证；⑨审批工程延期（工程延误、工程延期）；⑩向业主提供进度报告；⑪督促承包单位整理技术资料；⑫签署工程竣工报验单、提交质量评估报告；⑬整理工程进度资料；⑭工程移交。因此，本题正确答案为选项C、D、E。

4.2.5　能力训练

1. 背景资料

以学校二号楼学生公寓现场项目监理组为背景。

2. 训练内容

请说出实际进度与计划进度常用的进度比较方法有哪些？并了解如何分析比较。

3. 训练方案设计

重点：审查意见要参考工程概况、合同条文等的约定。

难点：熟悉网络计划是先决条件。

关键点：审查内容要求结合相关监理规范的规定。

4. 训练指导

重点：施工总进度计划中的项目是否有遗漏。

难点：承包单位之所以将施工进度计划提交给监理工程师审查，是为了听取监理工程师的建设性意见。监理工程师对施工进度计划的审查或批准，并不解除承包单位对施工进度计划的任何责任和义务。

关键点：结合工程概况。

5. 评估及结果（在学生练习期间，巡查指导，评估纠正）

6. 收集练习结果并打分

单元 5

施工进度计划的编制

1. 课题：施工进度计划的编制
2. 课型：理实一体课
3. 授课时数：4 课时
4. 教学目标和重难点分析

（1）知识目标

1）了解：工程量的计算。

2）熟悉：施工总进度计划与单位工程进度计划的编制依据。

3）掌握：施工总进度计划与单位工程进度计划的编制步骤和方法。

（2）能力目标

1）能够根据一个工程项目编制出施工总进度计划和单位工程进度计划。

2）统筹考虑项目施工过程中各个要素的整体管理意识。

（3）教学重点、难点、关键点

1）重点：施工总进度计划与单位工程进度计划的编制步骤和方法。

2）难点：计算劳动量和机械台班数。

3）关键点：全工地性的流水作业安排应以工程量大、工期长的单位工程为主导，组织若干条流水线，并以此带动其他工程。

5. 教学方法（讲授，视频、图片展示，学生训练）

6. 教学过程（任务导入、理论知识准备、课堂提问和讨论、随堂习题、能力训练）

7. 教学要点和课时安排

（1）任务导入（5 分钟）

（2）理论知识准备（60 分钟）

（3）课堂提问和讨论（10 分钟）

（4）随堂习题（5 分钟）

（5）能力训练（80 分钟）

5.1 任务导入

1. 案例

某工程项目由于单位工程较多、施工工期长，采取分期分批发包，由若干个承包单位平行承包又没有一个负责全部工程的总承包单位，这时需要监理工程师编制施工总进度计划。

2. 引出

确定施工进度计划的编制要点：
1）施工总进度计划的编制。
2）单位工程施工进度计划的编制。

5.2 理论知识准备

1. 施工总进度计划的编制

施工总进度计划一般是建设工程项目的施工进度计划。它是用来确定建设工程项目中所包含的各单位工程的施工顺序、施工时间及相互衔接关系的计划。编制施工总进度计划的依据有：施工总方案；资源供应条件；各类定额资料；合同文件；工程项目建设总进度计划；工程动用时间目标；建设地区自然条件及有关技术经济资料等。

施工总进度计划的编制步骤和方法如下：

（1）计算工程量

根据批准的工程项目一览表，按单位工程分别计算其主要实物工程量，不仅是为了编制施工总进度计划，还为了编制施工方案和选择施工、运输机械，初步规划主要施工过程的流水施工，以及计算人工、施工机械及建筑材料的需要量。因此，工程量只需粗略地计算即可。工程量的计算可按初步设计（或扩大初步设计）图和有关额定手册或资料进行。常用的定额、资料有：

1）每万元、每10万元投资工程量、劳动量及材料消耗扩大指标。
2）概算指标和概算定额。
3）已建成的类似建筑物、构筑物的资料。

对于工业建设工程来说，计算出的工程量应填入工程量汇总表（表5-1）。

表5-1 工程量汇总表

序号	工程量名称	单位	合计	生产车间			运输车间			管网				生活福利		大型临设		备注
				××车间	……	……	仓库	铁路	公路	供电	排水	供水	供热	宿舍	文化福利	生产	生活	

（2）确定各单位工程的施工期限

各单位工程的施工期限应根据合同工期确定，同时还要考虑建筑类型、结构特征、施工方法、施工管理水平、施工机械化程度及施工现场条件等因素。如果在编制施工总进度计划时没有合同工期，则应保证计划工期不超过工期定额。

(3) 确定各单位工程的开竣工时间和相互搭接关系

确定各单位工程的开竣工时间和相互搭接关系主要应考虑以下内容：

1) 同一时期施工的项目不宜过多，以避免人力、物力过于分散。

2) 尽量做到均衡施工，以使劳动力、施工机械和主要材料的供应在整个工期范围内达到均衡。

3) 尽量提前建设可供工程施工使用的永久性工程，以节省临时工程费用。

4) 急需和关键的工程先施工，以保证工程项目如期交工。对于某些技术复杂、施工周期较长、施工困难较多的工程，也应安排提前施工，以利于整个工程项目按期交付使用。

5) 施工顺序必须与主要生产系统投入生产的先后次序相吻合。同时还要安排好配套工程的施工时间，以保证建成的工程能迅速投入生产或交付使用。

6) 应注意季节对施工顺序的影响，使施工季节不导致工期拖延，不影响工程质量。

7) 安排一部分附属工程或零星项目作为后备项目，用以调整主要项目的施工进度。

8) 注意主要工种和主要施工机械能连续施工。

(4) 编制初步施工总进度计划

初步施工总进度计划应安排全工地性的流水作业。全工地性的流水作业安排应以工程量大、工期长的单位工程为主导，组织若干条流水线，并以此带动其他工程。初步施工总进度计划既可以用横道图表示，也可以用网络图表示。如果用横道图表示，则常用的格式见表 5-2。由于采用网络计划技术控制工程进度更加有效，所以人们更多地开始采用网络图来表示施工总进度计划。特别是电子计算机的广泛应用，为网络计划技术的推广和普及创造了更加有利的条件。

表 5-2 施工总进度计划表

序号	单位工程名称	建筑面积/m²	结构类型	工程造价/万元	施工时间/月	施工进度计划										
						第一年				第二年				第三年		
						I	II	III	IV	I	II	III	IV	I	II	III

(5) 编制正式施工总进度计划

初步施工总进度计划编制完成后，要对其进行检查。主要是检查总工期是否符合要求，资源使用是否均衡且其供应是否能得到保证。如果出现问题，则应进行调整。调整的主要方法是改变某些工程的起止时间或调整主导工程的工期。如果是网络计划，则可以利用计算机分别进行工期优化、费用优化及资源优化。当初步施工总进度计划经过调整符合要求后，即可编制正式的施工总进度计划。

正式的施工总进度计划确定后，应据此施工总进度计划编制劳动力、材料、大型施工机械等资源的需用量计划，以便组织供应，保证施工总进度计划的实现（图 5-1）。

2. 单位工程施工进度计划的编制

单位工程施工进度计划是在既定施工方案的基础上，根据规定的工期和各种资源供应条件，对单位工程中的各分部分项工程的施工顺序、施工起止时间及衔接关系进行合理安排的计划。其编制的主要依据有：施工总进度计划；单位工程施工方案；合同工期或定额工期；施工定额；施工图和施工预算；施工现场条件；资源供应条件；气象资料等。

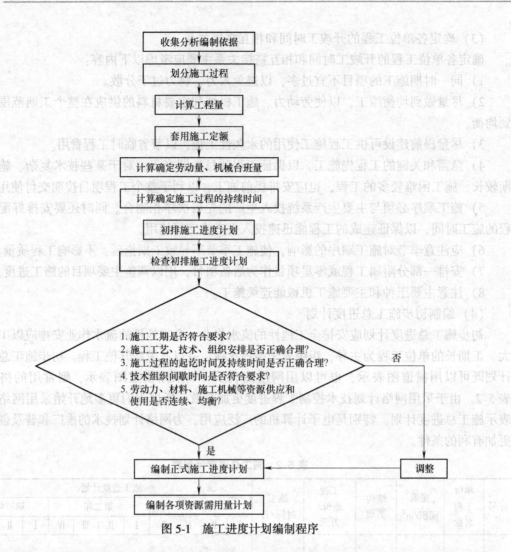

图 5-1 施工进度计划编制程序

编制施工项目施工进度计划是在满足施工合同规定工期要求的情况下，对选定的施工方案、资源的供应情况、协作单位配合施工情况等所做的综合研究和周密部署。其具体编制方法和步骤如下：

（1）划分施工过程

编制施工进度计划时，首先按照施工图划分施工过程，并结合施工方法、施工条件、劳动组织等因素，加以适当整理，再进行有关内容的计算和设计。施工过程划分应考虑下述要求：

1) 施工过程划分的粗细程度的要求。
2) 对施工过程进行适当合作，达到简明清晰的要求。
3) 施工过程划分的工艺性要求。
4) 明确施工过程对施工进度的影响程度。

（2）计算工程量

当确定施工过程之后，应计算每个施工过程的工程量。工程量应根据施工图、工程量计算规则及相应的施工方法进行计算。计算工程量时应注意以下问题：

1）注意工程量的计量单位。每个施工过程的工程量的计量单位与采用的施工定额的计量单位相一致。如模板工程以平方米为计量单位；钢筋工程以吨为计量单位；混凝土以立方米为计量单位等。这样，在计算劳动量、材料消耗及机械台班量时就可直接套用施工定额，不需要再进行换算。

2）注意采用的施工方法。计算工程量时，应与采用的施工方法相一致，以便计算的工程量与施工的实际情况相符合。如挖土时是否放坡，是否增加工作面，坡度和工作面尺寸是多少。

3）结合施工组织要求。工程量计算中应结合施工组织要求，分区、分段、分层，以便组织流水作业。

4）正确取用预算文件中的工程量。如果编制施工进度计划时，已编制出预算文件（施工图预算或施工预算），则工程量可从预算文件中摘出并汇总。例如，要确定施工进度计划中列出的"砌筑墙体"这一施工过程的工程量，可先分析它包括哪些施工内容，然后从预算文件中摘出这些施工内容的工程量，再将它们全部汇总即可求得。但是，施工进度计划中某些施工过程与预算文件的内容不同或有出入时，则应根据施工实际情况加以修改、调整或重新计算。

（3）套用施工定额

划分施工过程及计算工程量之后，即可套用施工定额，以确定劳动量和机械台班量。在套用国家或当地颁布的定额时，必须注意结合本单位工人的技术等级、实际操作水平、施工机械情况和施工现场条件等因素，确定定额的实际水平，使计算出来的劳动量、机械台班量符合实际需要。

有些采用新技术、新材料、新工艺或特殊施工方法的施工过程，定额中尚未编入时，可参考类似施工过程的定额、经验资料，按实际情况确定。

（4）计算确定劳动量及机械台班量

根据工程量及确定采用的施工定额，并结合施工的实际情况，即可确定劳动量及机械台班量。一般按下式计算：

$$P = Q/S = QH \tag{5-1}$$

式中 P——某施工过程所需的劳动量（工日）或机械台班量（台班）；

Q——某施工过程的工程量（实物计量单位），单位有 m^3、m^2、m、t 等；

S——某施工过程所采用的产量定额，单位有 $m^3/工日$、$m^2/工日$、$m/工日$、$t/工日$、$m^3/台班$、$m^2/台班$、$m/台班$、$t/台班$ 等；

H——某施工过程所采用的时间定额，单位有 工日$/m^3$、工日$/m^2$、工日$/m$、工日$/t$、台班$/m^3$、台班$/m^2$、台班$/m$、台班$/t$ 等。

【例 5-1】 某基础工程土方开挖，施工方案确定为人工开挖，工程量为 $600m^3$，采用的劳动定额为 $4m^3/工日$。计算完成该基础工程开挖所需的劳动量。

【解】

$$P = Q/S = 600/4 = 150（工日）$$

【例 5-2】 某基坑土方开挖，施工方案确定采用 W-100 型反铲挖掘机开挖，工程量为 $2200m^3$，经计算采用的机械台班产量是 $120m^3/台班$。计算完成此基坑开挖所需的机械台班量。

【解】

$$P = Q/S = 2200/120 \approx 18.33（台班）$$

取 18.5 台班。

当某一施工过程由两个或两个以上不同分项工程合并组成时，其总劳动量或总机械台班量按下式计算：

$$P_{总} = \sum_{i=1}^{n} P_i = P_1 + P_2 + P_3 + \cdots + P_n \tag{5-2}$$

【例 5-3】 某钢筋混凝土杯形基础施工，其支设模板、绑扎钢筋、浇筑混凝土三个施工过程的工程量分别为 600m²、5t、250m³，查劳动定额得其时间定额分别是 0.253 工日/m²、5.28 工日/t、0.833 工日/m³，试计算完成钢筋混凝土基础所需劳动量。

【解】
$$P_{模} = 600 \times 0.253 = 151.8 \text{（工日）}$$
$$P_{筋} = 5 \times 5.28 = 26.4 \text{（工日）}$$
$$P_{混凝土} = 250 \times 0.833 \approx 208.3 \text{（工日）}$$
$$P_{杯基} = P_{模} + P_{筋} + P_{混凝土} = 151.8 + 26.4 + 208.3 = 386.5 \text{（工日）}$$

当某一施工过程是由同一工种，但不同做法、不同材料的若干分项工程合并组成时，应先按式（5-3）计算其综合定额，再求其劳动量。

$$\overline{S} = \frac{\sum\limits_{i=1}^{n} Q_i}{\sum\limits_{i=1}^{n} P_i} \tag{5-3a}$$

$$\overline{H} = \frac{1}{\overline{S}} \tag{5-3b}$$

式中 $\overline{S}$——某施工过程的综合产量定额，单位有 m³/工日、m²/工日、m/工日、t/工日、m³/台班、m²/台班、m/台班、t/台班等；

$\overline{H}$——某施工过程的综合时间定额，单位有工日/m³、工日/m²、工日/m、工日/t，台班/m³、台班/m²、台班/m、台班/t 等；

$\sum\limits_{i=1}^{n} Q_i$——总工程量，单位有 m³、m²、m、t 等；

$\sum\limits_{i=1}^{n} P_i$——总劳动量（工日）或总机械台班量（台班）。

【例 5-4】 某工程外墙装饰有外墙涂料、真石漆、贴面砖三种做法，其工程量分别为 850.5m²、500.3m²、320.3m²；采用的产量定额分别是 7.56m²/工日、4.35m²/工日、4.05m²/工日。计算它们的综合产量定额及外墙面装饰所需的劳动量。

【解】
(1) 综合产量定额

$$\overline{S} = \frac{\sum\limits_{i=1}^{n} Q_i}{\sum\limits_{i=1}^{n} P_i} = \frac{850.5 + 500.3 + 320.3}{\dfrac{850.5}{7.56} + \dfrac{500.3}{4.35} + \dfrac{320.3}{4.05}} \approx 5.45 \text{（m²/工日）}$$

(2) 外墙面装饰所需的劳动量

$$P_{外墙装饰} = \frac{\sum_{i=1}^{n} Q_i}{\overline{S}} = \frac{1671.1}{5.45} \approx 306.6 （工日）$$

取 P 外墙装饰为 307 工日。

(5) 计算确定施工过程的持续时间

施工过程持续时间的确定方法有三种：经验估算法、定额计算法和倒排计划法。

1) 经验估算法。经验估算法也称三时估算法，即先估计出完成该施工过程的最乐观时间、最悲观时间和最可能时间三种施工时间，再根据式（5-4）计算出该施工过程的持续时间。这种方法适用于新结构、新技术、新工艺、新材料等无定额可循的施工过程。

$$D = \frac{A + 4B + C}{6} \tag{5-4}$$

式中　D——某施工过程持续时间（天）；
　　　A——最乐观的时间估算（最短的时间）；
　　　B——最可能的时间估算（最正常的时间）；
　　　C——最悲观的时间估算（最长的时间）。

2) 定额计算法。这种方法是根据施工过程需要的劳动量或机械台班量，配备的劳动人数或机械台班数以及每天工作班次，确定施工过程持续时间。其计算见式（5-5）：

$$D = \frac{P}{RN} \tag{5-5}$$

式中　P——该施工过程中所需的劳动量（工日）或机械台班量（台班）；
　　　R——该施工过程每班所配备的施工班组人数（人）或机械台数（台）；
　　　N——每天采用工作班制（班/天）。

从上述公式可知，要计算确定某施工过程持续时间，除已确定的 P 外，还必须先确定 R 及 N 的数值。

要确定施工班组人数或施工机械台班数 R，除了考虑必须能获得或能配备的施工班组人数（特别是技术工人人数）或施工机械台数之外，在实际工作中，还必须结合施工现场的具体条件、机械必要的停歇维修与保养时间等因素考虑，才能计算确定出符合实际可能和要求的施工班组人数及机械台数。

每天工作班制 N 的确定，当工期允许、劳动力和施工机械周转使用不紧迫、施工工艺上无法连续施工时，通常每天采用一班制施工，在建筑业中往往采用 1.25 班制即 10h。当工期较紧或为了提高施工机械的使用率及加快机械周转使用，或工艺上要求连续施工时，某些施工过程可考虑每天两班甚至三班制施工。但采用多班制施工，必然增加有关设施及费用，因此，须慎重研究确定。

【例 5-5】　某基础工程混凝土浇筑所需劳动量为 536 工日，每天采用三班制，每班安排 20 人施工。试求完成此基础工程混凝土浇筑所需的持续时间。

【解】

$$D = \frac{P}{RN} = \frac{536}{20 \times 3} \approx 8.93 （天）$$

取 $D=9$ 天。

3）倒排计划法。这种方法是根据施工的工期要求，先确定施工过程的持续时间及每天工作班制，再确定施工班组人数或机械台数 R。计算公式如下：

$$R = \frac{P}{DN} \tag{5-6}$$

式中符号含义同式（5-5）。

如果按式（5-6）计算出来的结果，超过了本部门每天能安排现有的人数或机械台数，则要求有关部门进行平衡、调度及支持，或从技术上、组织上采取措施，如组织平行立体交叉流水施工，提高混凝土早期强度及采用多班组、多班制的施工等。

【例 5-6】 某工程砌墙所需劳动量为 810 工日，要求在 20 天内完成，每天采用一班制施工。试求每班安排的工人数。

【解】

$$R = \frac{P}{DN} = \frac{810}{20 \times 1} = 40.5 （人）$$

取 $R=41$ 人。

上例所需施工班组人数为 41 人，若配备技工 20 人，普工 21 人，其比例为 1:1.05，是否有这些劳动人数，是否有 20 个技工，是否有足够的工作面，这些都需经过分析研究才能确定。现按 41 人计算，实际采用的劳动量为 $41 \times 20 \times 1 = 820$（工日），比计划劳动 810 个工日多 10 个工日。

（6）编制施工进度计划

当上述划分施工过程及各项计算内容确定之后，便可进行施工进度计划的设计。横道图施工进度计划设计的一般步骤叙述如下：

1）填写施工过程名称与计算数据。施工过程划分和确定之后，应按照施工顺序要求列成表格，编排序号，依次填写到施工进度计划表的各栏内。

高层现浇钢筋混凝土结构房屋各施工过程依次填写的顺序一般是：施工准备工作→基础及地下室结构工程→主体结构工程→围护工程→装饰工程→其他工程→设备安装工程。

上述施工顺序，如有打桩工程，可填在基础工程之前；施工准备工作如不纳入施工工期计算范围内，也可以不填写，但必须做好必要的施工准备工作；还有一些施工机械安装、脚手架搭设是否要填写，应根据具体情况分析确定，一般来说，安装塔式起重机及人货电梯要占据一定的施工时间，所以应填写；井字架的搭设可在砌筑墙体工程时平行操作，一般不占用施工时间，可以不填写；脚手架搭设配合砌筑墙体工程进行，一般可以填写，但它不占施工时间。

以上内容还应按施工工艺顺序的内容进行细分，填写完成后，应检查是否有遗漏、重复、错误等，待检查修正没有错误，就进行初排施工进度计划。

2）初排施工进度计划。根据选定的施工方案，按各分部分项工程的施工顺序，从第一个分部工程开始，一个接一个分部工程地初排，直至排完最后一个分部工程。在初排每个分部工程的施工进度时，首先要考虑施工方案中已经确定的流水施工组织，并考虑初排该分部工程中一个或几个主要的施工过程。初排完每一个分部工程的施工进度后，应检查是否有错误，没有错误以后，再排下一个分部工程的施工进度，这时应注意该分部工程与前面分部工程在施工工艺、技术、组织安排上的衔接、穿插、平行搭接的关系。

3）检查与调整施工进度计划。当整个施工项目的施工进度初排后，必须对初排的施工进度方案做全面检查，如有不符合要求或错误之处，应进行修改并调整，直至符合要求为止，使之成为指导施工项目施工的、正式的施工进度计划。其具体内容如下：

① 检查整个施工项目施工进度计划初排方案的总工期是否符合施工合同规定工期的要求。当总工期不符合施工合同规定工期的要求，且相差较大时，有必要对已选定的施工方案进行重新研究并修改与调整。

② 检查整个施工项目每个施工过程在施工工艺、技术、组织安排上是否正确合理，如有不合理或错误之处，应进行修改与调整。

③ 检查整个施工项目每个施工过程的起讫时间和持续时间是否正确合理。当初排施工进度计划的总工期不符合施工合同规定工期要求时，要进行修改与调整。

④ 检查整个施工项目某些施工过程应有技术组织间歇时间是否符合要求，如不符合要求应进行修改与调整。如混凝土浇筑以后的养护时间，钢筋绑扎完成以后的隐蔽工程检查验收时间等。

⑤ 检查整个施工项目施工进度安排，劳动力、材料、机械设备等资源供应与使用是否连续、均衡，如出现劳动力、材料、机械设备等资源供应与使用过分集中，应进行修改与调整。

建筑施工是一个复杂的过程，每个施工过程的安排并不是孤立的，它们必须相互制约、相互依赖、相互联系。在编制施工进度计划时，必须从施工全局出发，进行周密的考虑、充分的预测、全面的安排、精心的设计，才能对施工项目的施工起到指导作用。

双代号网络
计划应用

【例 5-7】 某浅基础工程施工有关资料见表 5-3，该工程均匀划分为三个施工段组织流水施工方案，混凝土垫层浇筑完成后须养护两天才能在其上进行基础弹线工作。请编制该基础工程的施工进度计划。

表 5-3 某浅基础工程施工有关资料

分部分项工程名称	工程量/m³	产量定额/（m³/工日）	每天工作班班制/（班/天）	每班安排工人数/人
基槽挖土	3441	4.69	1	40
浇筑混凝土垫层	228	0.96	1	26
砌砖基础	919	0.91	1	37
回填土	2294	5.98	1	42

【解】 根据表 5-3 提供的有关资料及式（5-1）和式（5-5），进行劳动量、施工过程持续时间、流水节拍计算，结果汇总于表 5-4。

表 5-4 某浅基础工程施工劳动量、施工过程持续时间、流水节拍汇总表

分部分项工程名称	需用劳动量/工日	工作天数/天	流水节拍/天
基槽挖土	734	18	6
浇筑混凝土垫层	238	9	3
砌砖基础	1100	27	9
回填土	384	9	3

（1）横道图施工进度计划，见表 5-5。

表5-5 横道图施工进度计划

序号	分部分项工程名称	工人人数/个	施工进度计划/天 1 2 3 4 5 6 7 8 9 10 11 12 13 14 15 16 17 18 19 20 21 22 23 24 25 26 27 28 29 30 31 32 33 34 35 36 37 38 39 40 41 42 43 44 45 46 47 48
1	基槽挖土	40	
2	浇筑混凝土垫层	26	
3	砌砖基础	37	
4	回填土	42	

劳动力动态曲线

人数（单位：个）：100 80 60 40 20 0

时间（单位：天）

数值标注：40、66、103、63、37、79、42

(2) 按施工过程排列的双代号网络图施工进度计划，如图 5-2 所示。

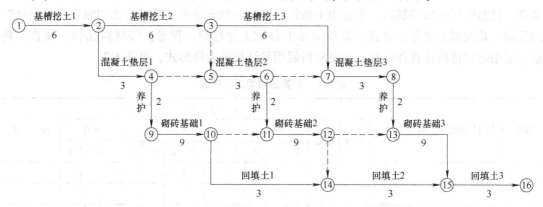

图 5-2　基础工程网络图施工进度计划（按施工过程排列）

(3) 按施工段排列的双代号网络图施工进度计划，如图 5-3 所示。

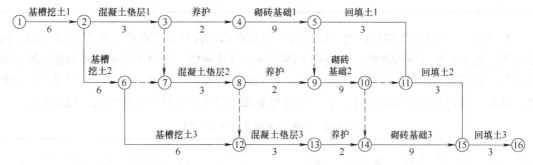

图 5-3　基础工程网络图施工进度计划（按施工段排列）

(7) 各项资源需用量计划的编制

在施工项目的施工方案选定、施工进度计划编制完成后，就可编制劳动力、主要材料、构件与半成品、施工机具等各项资源需用量计划。各项资源需用量计划不仅是为了明确各项资源的需用量，也是为施工过程中各项资源的供应、平衡、调整、落实提供可靠的依据，是施工项目经理部编制施工作业计划的主要依据。

1) 劳动力需用量计划。劳动力需用量计划是根据施工项目的施工进度计划、施工预算、劳动定额编制的，主要用于平衡调配劳动力及安排生活福利设施。其编制方法是：将施工进度计划上所列各施工过程、每天所需工人人数按工种进行汇总，即得出每天所需工种及其人数。劳动力需用量计划的表格形式，见表 5-6。

表 5-6　劳动力需用量计划

序号	工种名称	需用总工日数	需用人数	需用时间												备注
				×月			×月			×月			×月			
				上	中	下	上	中	下	上	中	下	上	中	下	

2)主要材料需用量计划。主要材料需用量计划是根据施工项目的施工进度计划、施工预算、材料消耗定额编制的,主要用于备料、供料和确定仓库、堆场位置和面积及组织材料的运输。其编制方法是:将施工进度计划上各施工过程的工程量,按材料品种、规格、数量、需用时间进行计算并汇总。主要材料需用量计划的表格形式,见表5-7。

表5-7 主要材料需用量计划

序号	材料名称	规格	需用量												备注
			单位	数量	×月			×月			×月			×月		
					上	中	下	上	中	下	上	中	下	上	中	下	

3)构件与半成品需用量计划。构件与半成品需用量计划是根据施工项目的施工图、施工方案、施工进度计划编制的,主要用于落实加工订货单位、组织加工运输和确定堆场位置及面积。其编制方法是:将施工进度计划上有关施工过程的工程量,按构件与半成品所需规格、数量、需用时间进行计算并汇总。构件与半成品需用量计划的表格形式,见表5-8。

表5-8 构件与半成品需用量计划

序号	构件与半成品名称	规格	图号	需用量		加工单位	供应日期	备注
				单位	数量			

4)施工机具需用量计划。施工机具需用量计划是根据施工项目的施工方案、施工进度计划编制的,主要用于落实施工机具的来源及组织进退场日期。其编制方法是:将施工进度计划上有关施工过程所需的施工机具按其类型、数量、进退场时间进行汇总。施工机具需用量计划的表格形式,见表5-9。

表5-9 施工机具需用量计划

序号	施工机具名称	类型型号	需用量		来源	使用起讫时间	备注
			单位	数量			

5.3 课堂提问和讨论

1. 施工进度计划的编制原则是什么？

参考答案：施工进度计划的编制原则是：从实际出发，注意施工的连续性和均衡性；按合同规定的工期要求，做到好中求快，提高竣工率；讲求综合经济效果。

2. 单位工程施工进度计划设计的步骤是什么？

参考答案：单位工程施工进度计划设计的步骤是：编制依据及说明；工程概况；施工组织及管理机构；施工总平面布置图；施工进度计划；主要施工方法及技术措施；本工程拟定应编制的施工方案；工程质量管理和保证措施；劳动组织计划；主要施工机械、器具计划；施工用料计划；职业健康安全管理体系，消防体系；环境管理体系、文明施工措施；施工配合保证措施；工程竣工验收。

3. 施工进度计划的含义是什么？

参考答案：施工进度计划是表示各项工程（单位工程、分部工程或分项工程）的施工顺序、开始和结束时间以及相互衔接关系的计划。它既是承包单位进行现场施工管理的核心指导文件，也是监理工程师实施进度控制的依据。施工进度计划通常是按工程对象编制的。

5.4 随堂习题

1. 编制施工总进度计划时，组织全工地性流水作业应以（　　）的单位工程为主导。
   A. 工程量大、工期短　　　　　　　B. 工程量大、工期长
   C. 工程量小、工期短　　　　　　　D. 工程量小、工程长

   解析：本题考查的是施工总进度计划的编制。全工地性流水作业安排应以工程量大、工期长的单位工程为主导，组织若干条流水线，并以此带动其他工程。因此，本题正确答案为选项 B。

2. 确定施工工序时，工作之间的逻辑关系包括（　　）。
   A. 工艺关系　　　　　　B. 紧前工作　　　　　　C. 紧后工作
   D. 组织关系　　　　　　E. 先行工作

   解析：本题考查的是在编制单位工程施工进度计划时，确定施工顺序方面的内容。一般说来，施工顺序受施工工艺和施工组织两方面的制约。当施工方案确定之后，工作之间的工艺关系也就随之确定。工作项目之间的组织关系是一种人为的关系。不同的组织关系会产生不同的经济效果，应通过调整组织关系，并将工艺关系和组织关系有机地结合起来，形成工作项目之间的合理顺序关系。不同的工程项目，其施工顺序不同。因此，本题正确答案为选项 A、D。

3. 编制控制性施工进度计划的主要目的有（　　）。
   A. 对进度目标进行分解　　　　　　B. 确定施工的总体部署
   C. 确定承包合同目标工期　　　　　D. 安排施工图出图计划
   E. 确定里程碑事件的进度目标

解析：编制控制性施工进度计划的主要目的有：对进度目标进行分解、确定施工的总体部署，并确定为实现进度目标的里程碑事件的进度目标。因此，本题正确答案为选项A、D、E。

4. 工程量的计算可按（　　）进行。
   A. 扩大初步设计图　　　　　　　　B. 初步设计图
   C. 有关定额手册或资料　　　　　　D. 扩大初步设计图和有关定额手册

解析：本题考查的是施工进度计划编制方面的问题。工程量的计算可按初步设计（或扩大初步设计）图和有关定额手册或资料进行。因此，本题正确答案为选项D。

5. 监理工程师对承包单位施工进度计划的审查或批准意味着（　　）。
   A. 解除了承包单位对施工进度计划的责任和义务
   B. 并不解除承包单位对施工进度计划的责任和义务
   C. 部分解除承包单位对施工进度计划的责任和义务
   D. 监理工程师可以支配施工中所需的劳动力、设备和材料

解析：本题考查的是监理工程师编制或审查施工进度计划方面的内容。编制和实施施工进度计划是承包单位的责任。承包单位之所以将施工进度计划提交给监理工程师审查，是为了听取监理工程师的建设性意见。因此，监理工程师对施工进度计划的审查或批准，并不解除承包单位对施工进度计划的任何责任和义务。因此，本题正确答案为选项B。

6. 某大型群体工程项目的施工任务分期分批分别发包给若干个承包单位时，该项目的施工总进度计划应当由（　　）负责编制。
   A. 施工总承包单位　　　　　　　　B. 施工联合体
   C. 监理工程师　　　　　　　　　　D. 工程业主

解析：本题考查的是监理工程师编制或审查施工进度计划方面的内容。对于大型建设工程，由于单位工程较多、施工工期长，且采取分期分批发包又没有一个负责全部工程的总承包单位时，就需要监理工程师编制施工总进度计划，或者当建设工程由若干个承包单位平行承包时，监理工程师也有必要编制施工总进度计划。因此，本题正确答案为选项C。

7. 下列关于编制单位工程施工进度计划的说法中，正确的有（　　）。
   A. 最小工作面限定了每班安排人数的上限
   B. 每天的工作班数应根据安排的工人数和机械数确定
   C. 最小劳动组合限定了每班安排人数的下限
   D. 施工顺序通常受施工工艺和施工组织两方面的制约
   E. 应根据施工图和工程量计算规则计算每项工作的工作量

解析：本题考查的是编制单位工程施工进度计划的内容。本题正确答案为选项A、C、D、E。

8. 某工作是由三个性质相同的分项工程合并而成的。各分项工程的工程量和时间定额分别是：$Q_1 = 2300m^3$，$Q_2 = 3400m^3$，$Q_3 = 2700m^3$；$H_1 = 0.15$ 工日$/m^3$，$H_2 = 0.20$ 工日$/m^3$，$H_3 = 0.40$ 工日$/m^3$，则该工作的综合时间定额是（　　）工日。
   A. 0.35　　　　　B. 0.33　　　　　C. 0.25　　　　　D. 0.21

解析：本题考查的是单位工程施工进度计划的编制方法。当某工作项目是由若干个分项工程合并而成时，则应分别根据各分项工程的时间定额（或产量定额）及工程量，按公式

计算出合并后的综合时间定额。因此，本题正确答案为选项 C。

9. 施工方编制施工进度计划的依据之一是（   ）。

A. 施工劳动力需求计划   B. 施工物资需求计划

C. 施工任务委托合同   D. 项目监理规划

解析：施工方进度控制任务是依据施工任务委托合同对施工进度的要求控制施工工作。施工进度控制的主要工作环节包括：①编制施工进度计划及相关的资源需求计划；②组织施工进度计划的实施；③施工进度计划的检查与调整。为确保施工进度计划能得以实施，施工方还应编制劳动力需求计划、物资需求计划以及资金需求计划。因此，本题正确答案为选项 C。

10. 编制完施工进度计划初始方案后需要对其进行检查，下列检查内容中属于解决可行与否问题的是（   ）。

A. 主要工种的工人是否能满足连续、均衡施工的要求

B. 主要机具、材料等利用是否均衡与充分

C. 工程项目的总成本是否最低

D. 各工作项目的平行搭接和技术间歇是否符合工艺要求

解析：编制完施工进度计划初始方案后需要对其进行检查，其中，各工作项目的平行搭接和技术间歇是否符合工艺要求是属于解决可行与否问题的检查内容。因此，本题正确答案为选项 D。

5.5 能力训练

1. 背景资料

以学校二号楼学生公寓现场项目监理组为背景。

2. 训练内容

请利用品茗软件、广联达软件或其他软件编制学校二号楼学生公寓的施工进度计划（横道图或网络图表示）。

3. 训练方案设计

重点：施工进度计划的检查和调整。

难点：尽量将所有工作内容全部纳入计划。

关键点：正确地确定各工作之间的逻辑关系。

4. 训练指导

重点：依据施工图和施工合同划分工作项目，确定工作持续时间。

难点：计算工程量、劳动量、机械台班数。

关键点：正确确定施工顺序。

5. 评估及结果（在学生练习期间，巡查指导，评估纠正）

6. 收集练习结果并打分

单元 6

施工现场平面布置图设计

1. 课题：施工现场平面布置图设计
2. 课型：理实一体课
3. 授课时数：4 课时
4. 教学目标和重难点分析

（1）知识目标

1) 了解：施工总平面图设计内容。
2) 熟悉：临时用电管理、施工现场防火管理、临时用水管理。
3) 掌握：施工平面图设计原则、要点，现场管理要点。

（2）能力目标

1) 能够根据工程概况设计施工总平面图。
2) 强化绿色建筑，五节一环保（节能、节水、节地、节材、节时、保护环境）意识。

（3）教学重点、难点、关键点

1) 重点：施工总平面图的设计要点。
2) 难点：布置临时水、电管网和其他动力设施。
3) 关键点：掌握临时用水、用电的管理要求。

5. 教学方法（讲授，视频，图片展示，学生训练）
6. 教学过程（任务导入、理论知识准备、课堂提问和讨论、随堂习题、能力训练）
7. 教学要点和课时安排

（1）任务导入（5 分钟）
（2）理论知识准备（60 分钟）
（3）课堂提问和讨论（10 分钟）
（4）随堂习题（5 分钟）
（5）能力训练（80 分钟）

6.1 任务导入

1. 案例

导入视频，内容包含模拟一个施工现场（施工主体阶段），配套相应的施工现场平面布置图。

2. 引出

确定施工现场平面图要点：

1）施工总平面图设计。
2）施工平面图管理。
3）施工临时用电、施工临时用水、施工现场防火。

6.2 理论知识准备

根据项目总体施工部署，绘制现场不同施工阶段总平面布置图，通常有基础工程施工总平面、主体结构工程施工总平面、装饰工程施工总平面等。

1. 施工现场总平面布置图设计内容

1）项目施工用地范围内的地形状况。
2）全部拟建建（构）筑物和其他基础设施的位置。
3）项目施工用地范围内的加工、运输、存储、供电、供水、供热、排水、排污设施以及临时施工道路和办公、生活用房。
4）施工现场必备的安全、消防、保卫和环保设施。
5）相邻的地上、地下既有建（构）筑物及相关环境。

2. 施工现场总平面布置图设计原则

在保证施工顺利进行及施工安全的前提下，施工现场总平面布置图的设计应满足以下原则：

(1) 布置紧凑，尽量少占施工用地

少占用土地便于管理，并减少施工用的管线，降低成本。在进行大规模工程施工时，要根据各阶段施工平面图的要求，分期分批地征购土地，以便做到少占土地和不早用土地。

(2) 最大限度地降低工地的运输费

为降低运输费用，应最大限度缩短场内运距，尽可能减少二次搬运。各种材料尽可能按计划分期分批进场，充分利用场地。各种材料堆放位置，应根据使用时间的要求，尽量靠近使用地点。合理地布置各种仓库、起重设备、加工厂和机械化装置，正确地选择运输方式和铺设工地运输道路，以保证各种建筑材料和其他资料的运输距离以及其转运数量最小，加工厂的位置应设在便于原料运进和成品运出的地方，同时保证在生产上有合理的流水线。

(3) 临时工程的费用应尽量减少

为了降低临时工程的费用，首先应该力求减少临时建筑和设施的工程量，主要方法是尽最大可能利用现有的建筑物以及可供施工使用的设施，争取提前修建拟建永久性建筑物、道路、上下水管网、电力设备等。对于临时工程的结构，应尽量采用简单的装拆式结构，或采用标准设计。布置时不要影响正式工程的施工，避免二次或多次拆建，且尽可能使用当地的廉价材料。

临时通路的选线应该考虑沿自然标高修筑，以减少土方工程量，当修建运输量不大的临时铁路时，尽量采用旧枕木旧钢轨，减少道砟厚度和曲率半径。当修筑临时汽车道路时，可以采用装配式钢筋混凝土道路铺板,根据运输的强度采用不同的构造与宽度。

加工厂的位置,在考虑生产需要的同时,应选择开拓费用最少之处。这种场地应该是地势平坦和地下水位较低的地方。

供应装置及仓库等,应尽可能布置在使用者中心或靠近中心。这主要是为了使管线长度最短、断面最小以及运输道路最短、供应方便,同时还可以减少水的损失、电压损失以及降低养护与修理费用等。

(4) 方便生产和生活

各项临时设施的布置,应该明确为工人服务,应便利于施工管理及工人的生产和生活,使工人至施工区的距离最近,在工地上因往返而损失的时间最少。办公房应靠近施工现场,福利设施应在生活区范围之内。

(5) 应符合劳动保护、技术安全、防火和防洪的要求

必须使各房屋之间保持一定的距离,如木材加工厂、锻造工场距离施工对象均不得小于30m;易燃房屋及沥青灶、化灰池应布置在下风向;储存燃料及易燃物品的仓库,如汽油、火油和石油等,距拟建工程及其他临时性建筑物不得小于50m,必要时应做成地下仓库;炸药、雷管要严格控制并由专人保管;机械设备的钢丝绳、缆风绳以及电缆、电线与管道等不应妨碍交通,保证道路畅通;在铁路与公路及其他道路交叉处应设立明显的标志,在工地内应设立消防站、瞭望台、警卫室等;在布置道路的同时,还要考虑到消防道路的宽度,应使消防车可以畅通地到达所有临时与永久性建筑物处;根据具体情况,考虑各种劳保、安全、消防设施;雨期施工时,应考虑防洪、排涝等措施。

施工平面图的设计,应根据上述原则并结合具体情况编制出若干个可能的方案,并需进行技术经济比较,从中选择出经济、安全、合理、可行的方案。方案比较的技术经济指标一般有:满足施工要求的程度;施工占地面积;施工场地利用率;临时设施的数量、面积、费用;场内各种主要材料、半成品、构件的运距和运量大小;场内运输道路的总长度、宽度;各种水、电管线的铺设长度;是否符合国家规定的技术安全、劳动保护及防火要求等。

3. 施工现场总平面布置图设计依据

施工现场平面布置图的设计,应力求真实、详细地反映施工现场情况,以期能达到便于对施工现场控制和经济合理的目的。为此,在设计施工现场平面布置图之前,必须熟悉施工现场及周围环境,调查研究有关技术经济资料,分析研究拟建工程的工程概况、施工方案、施工进度及有关要求。施工现场总平面布置图设计所依据的主要资料有:

(1) 自然条件调查资料

调查的资料有气象、地形、地貌、水文及工程地质资料,周围环境和障碍物等,主要用于布置地表水和地下水的排水沟,确定易燃、易爆、沥青灶、化灰池等有碍人体健康的设施的布置,安排冬雨期施工期间所需设施的地点。

(2) 技术经济条件调查资料

调查的资料有交通运输、水源、电源、物资资源、生产基地状况等资料,主要用于布置水暖煤卫电等管线的位置及走向,施工场地出入口、道路的位置及走向。

(3) 社会条件调查资料

调查的资料有社会劳动力和生活设施,建设单位可提供的房屋和其他生活设施等,主要用于确定可利用的房屋和设施情况,确定临时设施的数量。

(4) 建筑总平面图

建筑总平面图上标明一切地上、地下的已建和拟建工程的位置及尺寸，以及地形的变化。这是正确确定临时设施位置，修建运输道路及排水设施所必需的资料，以便考虑是否可以利用原有的房屋为施工服务。

(5) 一切原有和拟建的地上、地下管道位置资料

在设计施工现场总平面布置图时，可考虑是否利用这些管道，或考虑管道有碍施工而拆除或迁移，并避免把临时设施布置在拟建管道上面。

(6) 建筑区域场地的竖向设计资料和土方平衡图

这是布置水、电管线和安排土方的挖填及确定取土、弃土地点的重要依据。

(7) 施工方案

根据施工方案可确定起重垂直运输机械、搅拌机械等各种施工机具的位置、数量和规划场地。

(8) 施工进度计划

根据施工进度计划，可了解各个施工阶段的情况，以便分阶段布置施工现场。

(9) 资源需用量计划

根据劳动力、材料、构件、半成品等需用量计划，可以确定工人临时宿舍、仓库和堆场的面积、形式和位置。

(10) 有关建设法律法规对施工现场管理提出的要求

主要文件有《建设工程施工现场管理规定》《中华人民共和国文物保护法》《中华人民共和国环境保护法》《中华人民共和国环境噪声污染防治法》《中华人民共和国消防法》《中华人民共和国消防条例》《建设工程施工现场综合考评试行办法》《建筑施工安全检查标准》JGJ 59—2011等。根据这些法律法规，可以使施工现场总平面布置图的布置安全、有序，整洁卫生，不扰民，不损害公共利益，做到文明施工。

4. 施工现场总平面布置图设计步骤

(1) 起重垂直运输机械的布置

起重垂直运输机械在建筑施工中主要负责垂直运送材料、设备和人员。其布置的位置直接影响仓库、砂浆和混凝土搅拌站、各种材料和构件的位置及道路与水、电线路的布置等，因此，它的布置是施工现场全局的中心环节，必须首先予以考虑。

由于各种垂直运输机械的性能不同，其布置位置也不相同。

1) 塔式起重机的布置。塔式起重机是集起重、垂直提升、水平输送三种功能于一身的机械设备。垂直和水平运输长、大、重的物料，塔式起重机为首选机械。按其固定方式可分为固定式、轨道式、附墙式和内爬式四类。其中，轨道式起重机一般沿建筑物长向布置，以充分发挥其效率。其位置尺寸取决于建筑物的平面形状、尺寸、构件重量、轨道式起重机的性能及四周施工场地的条件等，其布置要求如下：

① 轨道式起重机的平面布置。通常轨道布置方式有以下两种方案，如图6-1所示。

a. 单侧布置。当建筑物宽度较小，构件重量不大时可采用单侧布置。一般应在场地较宽的一面沿建筑物长向布置，其优点是轨道长度较短，并有较宽敞的场地堆放材料和构件。采用单侧布置时，其起重半径应满足下式要求：

$$R \geqslant B + A$$

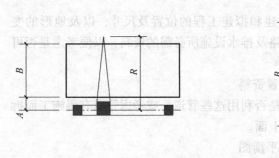

图 6-1 轨道式起重机平面布置方案
a) 单侧布置 b) 双侧布置

式中 R——轨道式起重机的最大回转半径（m）；
  　　B——建筑物平面的最大宽度（m）；
  　　A——轨道中心线与建筑物外墙外边线的距离（m）。一般无阳台时，A＝安全网宽度+安全网外侧至轨道中心线的距离；当有阳台时，A＝阳台宽度+安全网宽度+安全网外侧至轨道中心线的距离。

b. 双侧布置（或环形布置）。当建筑物宽度较大、构件较重时，可采用双侧布置（或环形布置）。采用双侧布置时，其起重半径应满足下式要求：

$$R \geqslant B/2 + A$$

② 复核轨道式起重机的工作参数。轨道式起重机的平面布置确定后，应当复核其主要工作参数是否满足建筑物吊装技术要求。其主要参数包括回转半径、起重高度、起重量。

a. 回转半径为轨道式起重机回转中心至吊钩中心的水平距离，最大回转半径应满足上述各式的要求。

b. 起重高度不应小于建筑物总高度加上构件（如吊斗、料笼）、吊索（吊物顶面至吊钩）和安全操作的高度（一般为 2～3m）。当轨道式起重机需要超越建筑物顶面的脚手架、井架或其他障碍物时，其超越高度一般不应小于 1m。

c. 起重量包括吊物、吊具和索具等作用于轨道式起重机起重吊钩上的全部重量。

若复核不能满足要求，则调整上述各公式中的 A 的距离，如果 A 已经是最小极限安全距离，则应采取其他技术措施。

③ 绘出轨道式起重机服务范围。以轨道式起重机轨道两端有效行驶端点为圆心，以最大回转半径为半径画出两个半圆形，再连接两个半圆，即为轨道式起重机服务范围，如图 6-2 所示。

轨道式起重机布置的最佳状况应使建筑物平面均在轨道式起重机服务范围以内，以保证各种材料和构件直接调运到建筑物的设计部位上，尽量避免"死角"，也就是避免建筑物处在轨道式起重机服务范围以外的部分。轨道式起重机吊物"死角"如图 6-3 所示。如果难以避免，也应使"死角"越小越好，或使最重、最大、最高的构件不出现在"死角"内。并且，在确定吊装方案时，应有具体的技术和安全措施，以保证死角的构件顺利安装。

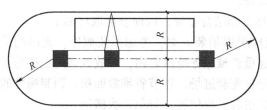

图 6-2 轨道式起重机服务范围示意图　　图 6-3 轨道式起重机吊物"死角"示意图

此外，在轨道式起重机服务范围内应考虑有较宽的施工场地，以便安排构件堆放，搅拌设备出料斗能直接挂钩后起吊，主要施工道路也宜安排在轨道式起重机服务范围内。

2）建筑施工电梯的布置。建筑施工电梯是高层建筑施工中运输施工人员及建筑器材的主要垂直运输设施，它附着在建筑物外墙或其他结构部位上。确定建筑施工电梯的位置时，应考虑便于施工人员上下和物料集散；由电梯口至各施工处的平均距离应最短；便于安装附墙装置；接近电源，有良好的夜间照明。

(2) 搅拌站、材料构件的堆场或仓库、加工厂的布置

搅拌站、材料构件的堆场和仓库、加工厂的位置应尽量靠近使用地点或在轨道式起重机的服务范围内，并方便运输和装卸料。

1）搅拌站的布置。搅拌站主要是指混凝土及砂浆搅拌机，需要的型号、规格及数量在施工方案选择时确定。其布置要求可按下述因素考虑。

① 为了减少混凝土及砂浆运距，应尽可能布置在起重及垂直运输机械附近。当选择为轨道式起重机方案时，其出料斗（车）应在轨道式起重机的服务范围之内，以直接挂钩起吊为最佳。

② 搅拌机的布置位置应考虑运输方便，所以附近应布置道路（或布置在道路附近为好），以便砂石进场及拌合物的运输。

③ 搅拌机布置位置应考虑后台有上料的场地，搅拌站所用材料，如水泥、砂、石以及水泥库（罐）等都应布置在搅拌机后台附近。

④ 有特大体积混凝土施工时，其搅拌机尽可能靠近使用地点。例如，浇筑大型混凝土基础时，可将混凝土搅拌站直接设在基础边缘，待基础混凝土浇完后再转移，以减少混凝土的运输距离。

⑤ 混凝土搅拌机每台所需面积约 $25m^2$，冬期施工时，考虑保温与供热设施等面积共为 $50m^2$ 左右。砂浆搅拌机每台所需面积约 $15m^2$，冬期施工时面积为 $30m^2$ 左右。

⑥ 搅拌站四周应有排水沟，以便清洗机械的污水排走，避免现场积水。

2）材料、构件的堆场或仓库的布置。各种材料、构件的堆场及仓库应先计算所需的面积，然后根据其施工进度、材料供应情况等，确定分批分期进场。同一场地可供多种材料或构件堆放，如先堆主体施工阶段的模板、后堆装饰装修施工阶段的各种面砖，先堆砖、后堆门窗等。其布置要求可按下述因素考虑。

① 仓库的布置。

a. 水泥仓库应选择地势较高、排水方便、靠近搅拌机的地方。

b. 各种易燃、易爆物品或有毒物品的仓库，如油漆、涂料、亚硝酸钠、装饰材料等，应与其他物品隔开存放，室内应有良好的通风条件，且存储量不易太多，应根据施工进度有

计划地进出。仓库内禁止火种进入并配有灭火设备。

c. 木材、钢筋、水电卫器材等仓库，应与加工棚结合布置，以便就近取材加工。

② 预制构件的布置。预制构件的堆放位置应根据吊装方案，考虑吊装顺序。先吊的放在上面，后吊的放在下面。预制构件应布置在起重机械服务范围之内，堆放数量应根据施工进度、运输能力和条件等因素而定，实行分期分批配套进场，以节省堆放面积。预制构件的进场时间应与吊装就位密切结合，力求直接卸到吊装就位位置，避免二次搬运。

③ 材料堆场的布置。各种材料堆场的面积应根据其用量的大小、使用时间的长短、供应与运输情况等计算确定。材料堆放应尽量靠近使用地点，减少或避免二次搬运，并考虑运输及卸料方便。如砂、石尽可能布置在搅拌机后台附近，不同粒径规格的砂、石应分别堆放。

基础施工时所用的各种材料可堆放在基础四周，但不宜距基坑边缘太近，材料与基坑边的安全距离一般不小于0.5m，并做基坑边坡稳定性验算，防止塌方事故；围墙边堆放砂、石、石灰等散装材料时，应设高度限制，防止挤倒围墙造成意外伤害；楼层堆物，应规定其数量、位置，防止压断楼板造成坠落事故。

3) 加工厂的布置。

① 木材、钢筋、水电卫安装等加工棚宜设置在建筑物四周稍远处，并有相应的材料及成品堆场。

② 石灰及淋灰池可根据情况布置在砂浆搅拌机附近。

③ 沥青灶应选择较空的场地，远离易燃易爆品仓库和堆场，并布置在施工现场的下风向。

(3) 运输道路的布置

运输道路的布置主要解决运输和消防两个问题。现场运输道路应按材料和构件运输的要求，沿着仓库和堆场进行布置。道路应尽可能利用永久性道路，或先建好永久性道路的路基，在土建工程结束之前再铺路面，以节约费用。现场道路布置时要注意保证行驶畅通，使运输工具有回转的可能性。因此，运输路线最好围绕建筑物布置成一条环行道路。道路两侧一般应结合地形设置排水沟，沟深不小于0.4m，底宽不小于0.3m。道路宽度要符合规定，一般不小于3.5m。临时道路主要技术标准见表6-1，最小允许曲线半径见表6-2，临时道路路面种类和厚度见表6-3。

表6-1 临时道路主要技术标准

指标名称	单位	技术标准
设计车速	km/h	≤20
路基宽度	m	双车道6~6.5；单车道4~4.5；困难地段3.5
路面宽度	m	双车道5~5.5；单车道3~3.5
平面曲线最小半径	m	平原、丘陵地区20；山区15；回头弯道12
最大纵坡	%	平原地区6；丘陵地区8；山区11
纵坡最短长度	m	平原地区100；山区50
桥面宽度	m	木桥4~4.5
桥涵载重等级	t	木桥涵7.8~10.4（汽6t~汽8t）

表 6-2　最小允许曲线半径

车辆类型		路面内侧最小曲线半径/m		
		无拖车	有一辆拖车	有两辆拖车
三轮汽车		6		
一般二轴载重汽车	单车道	9	12	15
	双车道	7		
三轴载重汽车、重型载重汽车		12	15	18
超重型载重汽车		15	18	21

表 6-3　临时道路路面种类和厚度

路面种类	特点及其使用条件	路基土	路面厚度/cm	材料配合比
级配砾石路面	雨天照常通车，可通行较多车辆，但材料级配要求较严	砂质土	10~15	体积比： 黏土：砂：石子=1:0.7:3.5 重量比： （1）面层：黏土 13%~15%，砂石料 85%~87% （2）底层：黏土 10%，砂石混合料 90%
		黏质土或黄土	14~18	
碎（砾）石路面	雨天照常通车，碎（砾）石本身含土较多，不加砂	砂质土	10~18	碎（砾）石>65%，当地土含量≤35%
		黏质土或黄土	15~20	
碎砖路面	可维持雨天通车，通行车辆较少	砂质土	13~15	垫层：砂或炉渣 4~5cm 底层：7~10cm 碎砖 面层：2~5cm 碎砖
		黏质土或黄土	15~18	
炉渣或矿渣路面	雨天可通车，通行车少，附近有此材料	一般土	10~15	炉渣或矿渣 75%，当地土 25%
		土较松软	15~30	
砂路面	雨天停车，通行车少，附近只有砂	砂质土	15~20	粗砂 50%，细砂、粉砂和黏质土 50%
		黏质土	15~30	
风化石屑路面	雨天停车，通行车少，附近有石料	一般土	10~15	石屑 90%，黏土 10%
石灰土路面	雨天停车，通行车少，附近有石灰	一般土	10~13	石灰 10%，当地土 90%

（4）行政管理、文化生活、福利用临时设施的布置

这些临时设施一般是工地办公室、宿舍、工人休息室、门卫室、食堂、开水房、浴室、厕所等临时建筑物。确定它们的位置时，应考虑使用方便，不妨碍施工，并符合防火、安全的要求。要尽量利用已有设施和已建工程，必须修建时要进行计算，合理确定面积，努力节约临时设施费用。应尽可能采用活动式结构和就地取材设置。通常，办公室应靠近施工现场，且宜设在工地出入口处；工人休息室应设在工人作业区；宿舍应布置在安全的上风向；门卫及收发室应布置在工地入口处。

行政管理、临时宿舍、生活福利用临时房屋数据参考表见表 6-4。

表6-4 行政管理、临时宿舍、生活福利用临时房屋数据参考表

序号	临时房屋名称		单位	参考数据
1	办公室		m²/人	3.5
2	单层宿舍（双层床）		m²/人	2.6~2.8
3	食堂兼礼堂		m²/人	0.9
4	医务室		m²/人	0.06（≥30）
5	浴室		m²/人	0.10
6	俱乐部		m²/人	0.10
7	门卫、收发室		m²/人	6~8
8	现场小型设施	开水房	m²/人	0.01~0.04
		厕所	m²/人	0.02~0.07

（5）水、电管网的布置

1）施工给水管网的布置。施工给水管网首先要经过设计计算，然后进行布置，包括水源选择、用水量计算（包括生产用水、生活用水、消防用水）、取水设施、储水设施、配水布置、管径确定等。

施工用的临时给水源一般由建设单位负责申请办理，由专业公司进行施工，施工现场范围内的施工用水由施工单位负责，布置时力求管网总长度最短。管径的大小和水龙头数目的设置需视工程规模大小通过计算确定。管道可埋于地下，也可铺设在地面上，视当地的气候条件和使用期限的长短而定。其布置形式有环形、支形、混合式三种。

给水管网应按防火要求设置消火栓，消火栓应沿道路布置，距离路边不大于2m，距离建筑物不小于5m，也不大于25m，消火栓的间距不应超过120m，且应设有明显的标志，周围3m以内不应堆放建筑材料。条件允许时，可利用城市或建设单位的永久消防设施。

高层建筑施工给水系统应设置蓄水池和加压泵，以满足高空用水的要求。

2）施工排水管网的布置。为便于排除地面水和地下水，要及时修通永久性下水道，并结合现场地形在建筑物四周设置排泄地面水和地下水的沟渠，如排入城市污水系统，还应设置沉淀池。

在山坡地施工时，应设置拦截山水下泄的沟渠和排泄通道，防止冲毁在建工程和各种设施。

3）用水量的计算。生产用水包括工程施工用水和施工机械用水。生活用水包括施工现场生活用水和生活区生活用水。

① 工程施工用水量：

$$q_1 = K_1 \Sigma \frac{Q_1 \cdot N_1}{T_1 \cdot b} \times \frac{K_2}{8 \times 3600}$$

式中 q_1——工程施工用水量（L/s）；

K_1——未预见的施工用水系数（1.05~1.15）；

Q_1——年（季）度工程量（以实物计量单位表示）；

N_1——施工用水定额，见表6-5；

T_1——年（季）度有效工作日（天）；

b——每天工作班次（班）；

K_2——施工用水不均衡系数，见表6-6。

表 6-5 施工用水 (N_1) 定额

序 号	用 水 对 象	用水对象的单位	施工用水定额 N_1/L	备 注
1	浇筑混凝土全部用水	m³	1700~2400	
2	搅拌普通混凝土	m³	250	实测数据
3	搅拌轻质混凝土	m³	300~350	
4	搅拌泡沫混凝土	m³	300~400	
5	搅拌热混凝土	m³	300~350	
6	混凝土养护（自然养护）	m³	200~400	
7	混凝土养护（蒸汽养护）	m³	500~700	
8	冲洗模板	m³	5	
9	搅拌机清洗	台班	600	实测数据
10	人工冲洗石子	m³	1000	
11	机械冲洗石子	m³	600	
12	洗砂	m³	1000	
13	砌砖工程全部用水	m³	150~250	
14	砌石工程全部用水	m³	50~80	
15	粉刷工程全部用水	m³	30	
16	砌耐火砖砌体	m³	100~150	包括砂浆搅拌
17	洗砖	千块	200~250	
18	洗硅酸盐砌块	m³	300~350	
19	抹面	m³	4~6	不包括调制用水
20	楼地面	m³	190	主要是找平层
21	搅拌砂浆	m³	300	
22	石灰消化	m³	3000	

表 6-6 施工用水不均衡系数

项 目	用 水 名 称	系 数
K_2	施工工程用水 生产企业用水	1.5 1.25
K_3	施工机械、运输机械 动力设备	2.00 1.05~1.10
K_4	施工现场生活用水	1.30~1.50
K_5	居民生活用水	2.00~2.50

② 施工机械用水量：

$$q_2 = K_1 \Sigma Q_2 \cdot N_2 \times \frac{K_3}{8 \times 3600}$$

式中 q_2——施工机械用水量（L/s）；

K_1——未预见的施工用水系数（1.05~1.15）；

Q_2——同种机械台数（台）；

N_2——施工机械用水定额，见表6-7；

K_3——施工机械用水不均衡系数，见表6-6。

表6-7 施工机械（N_2）用水定额

序号	用水对象	用水对象的单位	耗水量 N_2/L	备注
1	内燃挖掘机	台·m^3	200~300	以斗容量m^3计
2	内燃起重机	台班·t	15~18	以起重量吨数计
3	蒸汽起重机	台班·t	300~400	以起重量吨数计
4	蒸汽打桩机	台班·t	1000~1200	以锤重量吨数计
5	蒸汽压路机	台班·t	100~150	以压路机吨数计
6	内燃压路机	台班·t	15~18	以压路机吨数计
7	拖拉机	昼夜·台	200~300	
8	汽车	昼夜·台	400~700	
9	标准轨蒸汽机车	昼夜·台	10000~20000	
10	窄轨蒸汽机车	昼夜·台	4000~7000	
11	空气压缩机	台班·（m^3/min）	40~80	以压缩空气排气量计
12	内燃机动力装置（直流水）	台班·马力	120~300	
13	内燃机动力装置（循环水）	台班·马力	25~40	
14	锅炉	h·t	1000	以小时蒸发量计
15	锅炉	h·m^2	15~30	以受热面积计
16	点焊机25型	h	100	实测数据
16	点焊机50型	h	150~200	实测数据
16	点焊机75型	h	250~350	
17	冷拔机	h	300	
18	对焊机	h	300	
19	凿岩机车01-30（CM-56）	min	3	
19	凿岩机车01-45（TN-4）	min	5	
19	凿岩机车01-38（KⅡM-4）	min	8	
19	凿岩机车YQ-100	min	8~12	

③ 施工现场生活用水量：

$$q_3 = \frac{P_1 N_3 K_4}{b \times 8 \times 3600}$$

式中 q_3——施工现场生活用水量（L/s）；

P_1——施工现场高峰期生活人数（人）；

N_3——施工现场生活用水定额，见表6-8；

K_4——施工现场生活用水不均衡系数，见表6-6；

b——每天工作班次（班）。

表 6-8　生活用水量 N_3（N_4）用水定额

序　号	用水对象	单　位	耗水量 $N_3(N_4)$/L	备　注
1	工地全部生活用水	人·日	100~120	
2	盥洗生活用水	人·日	25~30	
3	食堂	人·日	15~20	
4	浴室（淋浴）	人·次	50	
5	洗衣	人·次	30~35	
6	理发室	人	15	
7	小学校	人·日	12~15	
8	幼儿园、托儿所	人·日	75~90	
9	医院	病床·日	100~150	

④ 生活区生活用水量：

$$q_4 = \frac{P_2 N_4 K_5}{24 \times 3600}$$

式中　q_4——生活区生活用水量（L/s）；
　　　P_2——生活区居民人数（人）；
　　　N_4——生活区昼夜全部用水定额，见表 6-8；
　　　K_5——居民生活用水不均衡系数，见表 6-6。

⑤ 消防用水量（q_5），见表 6-9。

表 6-9　消防用水量

序　号	用水名称	火灾同时发生次数	单　位	用　水　量
	居民区消防用水			
1	5000 人以内 10000 人以内 25000 人以内	一次 二次 三次	L/s L/s L/s	10 10~15 15~20
	施工现场消防用水			
2	施工现场在 25 公顷以内 每增加 25 公顷递增	一次	L/s	10~15 5

注：浙江省以 10L/s 考虑，即两股水流每股 5L/s。

⑥ 总用水量 $Q_{理论}$：

当 $(q_1+q_2+q_3+q_4) \leqslant q_5$ 时，则

$$Q_{理论} = q_5 + (q_1+q_2+q_3+q_4)/2$$

当 $(q_1+q_2+q_3+q_4) > q_5$ 时，则

$$Q_{理论} = q_1+q_2+q_3+q_4$$

当工地面积小于 5 万 m^2，并且 $(q_1+q_2+q_3+q_4) < q_5$ 时，则 $Q_{理论} = q_5$。

最后计算的总用水量，还应增加 10%，即 $Q_{实际} = 1.1 Q_{理论}$，以补偿不可避免的水管渗漏损失。

4）确定供水管径。在计算出工地的总需水量后，可计算出管径，公式如下：

$$D = \sqrt{\frac{4Q_{实际} \times 1000}{\pi \times v}}$$

式中 D——配水管内径（mm）；

$Q_{实际}$——用水量（L/s）；

v——临时水管经济流速（m/s），见表6-10。

表6-10 临时水管经济流速

管 径	流速/(m/s)	
	正常时间	消防时间
支管 $D<0.10m$	2	
生产消防管道 $D=0.1\sim 0.3m$	1.3	>3.0
生产消防管道 $D>0.3m$	1.5~1.7	2.5
生产用水管道 $D>0.3m$	1.5~2.5	3.0

5）施工用电的布置。施工用电的设计应包括用电量计算、电源选择、电力系统选择和配置。用电量包括动力用电量和照明用电量。如果是独立的工程施工，要先计算出施工用电总量，并选择相应变压器，然后计算导线截面面积并确定供电网形式；如果是扩建工程，可计算出施工用电总量，供建设单位解决，不另设变压器。

现场线路应尽量架设在道路的一侧，并尽量保持线路水平。低压线路中，电杆间距应为25~40m，分支线及引入线均应由电杆处接出，不得在两杆之间接出。

线路应布置在起重机的回转半径之外，否则应搭设防护栏，其高度要超过线路2m。机械运转时还应采取相应措施，以确保安全。现场机械较多时，可采用埋地电缆，以减少互相干扰。

6）工地总用电的计算。施工现场用电量大体上可分为动力用电量和照明用电量两类。在计算用电量时，应考虑以下内容：

① 全工地使用的电力机械设备、工具和照明的用电功率。

② 施工总进度计划中，施工高峰期同时用电数量。

③ 各种电力机械的利用情况。

总用电量可按下式计算：

$$P = (1.05 \sim 1.10)\left(K_1 \frac{\Sigma P_1}{\cos\varphi} + K_2 \Sigma P_2 + K_3 \Sigma P_3 + K_4 \Sigma P_4\right)$$

式中　　P——供电设备总需要容量（kW）；

P_1——电动机额定功率（kW）；

P_2——电焊机额定容量（kW）；

P_3——室内照明容量（kW）；

P_4——室外照明容量（kW）；

$\cos\varphi$——电动机的平均功率因数（施工现场最高为0.75~0.78，一般为0.65~0.75）；

K_1、K_2、K_3、K_4——需要系数，见表6-11。

表 6-11 需要系数（K 值）

用电名称	数量	需要系数		备注
		K	数值	
电动机	3~10 台	K_1	0.7	如施工中需要电热时，应包括其用电量。为使计算结果接近实际，式中各项动力和照明用电，应根据不同工作性质分类计算
	11~30 台		0.6	
	30 台以上		0.5	
加工厂动力设备	—		0.5	
电焊机	3~10 台	K_2	0.6	
	10 台以上		0.5	
室内照明	—	K_3	0.8	
室外照明	—	K_4	1.0	

施工时，最大用电负荷量以动力用电量为准，不考虑照明用电。各种机械设备以及室外照明用电可参考有关定额。

由于照明用电量所占的比重较动力用电量要少得多，所以在估算总用电量时可以简化，只要在动力用电量之外再加 10% 作为照明用电量即可。

绘图图例见表 6-12。

表 6-12 绘图图例

序号	名称	图例	序号	名称	图例
1	水准点	⊗ 点号/高程	15	施工用临时道路	
2	原有房屋		16	临时露天堆场	
3	拟建正式房屋		17	施工期间利用的永久堆场	
4	施工期间利用的拟建正式房屋		18	土堆	
5	将来拟建正式房屋		19	砂堆	
6	临时房屋：密闭式 敞篷式		20	砾石、碎石堆	
7	拟建的各种材料围墙		21	块石堆	
8	临时围墙		22	砖堆	
9	建筑工地界限		23	钢筋堆场	
10	烟囱		24	型钢堆场	
11	水塔		25	铁管堆场	
12	房角坐标	$x=1530$ $y=2156$	26	钢筋成品场	
13	室内地面水平标高	105.10	27	钢结构场	
14	现有永久公路		28	屋面板存放场	

（续）

序号	名称	图例	序号	名称	图例
29	一般构件存放场		50	施工期间利用的永久高压 6kV 线路	—LWW6—LWW6—
30	矿渣、灰渣堆		51	塔轨	
31	废料堆场		52	塔式起重机	
32	脚手架、模板堆场		53	井架	
33	原有的上水管线		54	门架	
34	临时给水管线	—S—S—	55	卷扬机	
35	给水阀门（水嘴）		56	履带式起重机	
36	支管接管位置		57	汽车式起重机	
37	消火栓（原有）		58	缆式起重机	
38	消火栓（临时）		59	铁路式起重机	
39	原有化粪池		60	多斗挖掘机	
40	拟建化粪池		61	推土机	
41	水源		62	铲运机	
42	电源		63	混凝土搅拌机	
43	总降压变电站		64	灰浆搅拌机	
44	发电站		65	洗石机	
45	变电站		66	打桩机	
46	变压器		67	脚手架	
47	投光灯		68	淋灰池	
48	电杆		69	沥青锅	
49	现有高压 6kV 线路	—WW6—WW6—	70	避雷针	

现场作业棚所需面积参考指标见表 6-13。

表 6-13 现场作业棚所需面积参考指标

序 号	名 称	单 位	面 积
1	木工作业棚	$m^2/$人	2
2	钢筋作业棚	$m^2/$人	3
3	搅拌棚	$m^2/$台	10~18
4	卷扬机棚	$m^2/$台	6~12
5	电工房	m^2	15
6	白铁工房	m^2	20
7	油漆工房	m^2	20
8	机、钳工修理房	m^2	20

5. 施工现场总平面布置图管理

（1）流程化管理

施工总平面图应随施工组织设计内容一起报批，过程修改应及时并履行相关手续。

（2）施工平面图现场管理要点

1）目的：使场容美观、整洁，道路畅通，材料放置有序，施工有条不紊，安全文明，相关方都满意，管理方便、有序。

2）总体要求：满足施工需求、现场文明、安全有序、整洁卫生、不扰民、不损害公众利益、绿色环保。

3）出入口管理：现场大门应设置警卫岗亭，安排警卫人员 24h 值班，检查人员出入证、材料运输单等，以达到管理有序、安全的目的。实施封闭式管理的工程项目，应设立施工现场进出场门禁系统，并采用生物识别技术进行电子打卡，落实建筑工人实名制考勤制度。根据《建设工程施工现场环境与卫生标准》（JGJ 146—2013）规定，施工现场出入口应标有企业名称或企业标识，主要出入口明显处应设置工程概况牌、施工现场总平面图、安全生产、消防保卫、环境保护、文明施工等制度牌。

4）规范场容：

① 施工平面图设计应科学、合理，临时建筑、物料堆放与机械设备定位应准确，施工现场场容绿色环保。

② 在施工现场周边按相关规范要求设置临时维护设施。

③ 现场内沿临时道路设置畅通的排水系统。

④ 现场道路及主要场地做硬化处理。

⑤ 设专人清扫办公区和生活区，并对施工作业区及临时道路洒水和清扫。

⑥ 建筑垃圾应设定固定区域封闭管理并及时清运。

5）环境保护：工程施工可能对环境造成的影响有大气污染、室内空气污染、水污染、土壤污染、噪声污染、光污染、垃圾污染等。对这些污染均应按有关环境保护的法规及相关规定进行预防和防治。

6）消防保卫：

① 必须按照《中华人民共和国消防法》的规定，建立和执行消防管理制度。

② 现场道路应符合施工期间的消防要求。
③ 设置符合要求的防火设施和报警系统。
④ 在火灾易发生区域施工和储存、使用易燃易爆器材，应采取特殊消防安全措施。
⑤ 现场严禁吸烟。
⑥ 施工现场严禁焚烧各类废弃物。
⑦ 严格现场动火证的管理。

7) 卫生防疫管理：
① 加强对工地食堂、炊事人员和炊具的管理。食堂必须有卫生许可证，炊事人员必须持身体健康证上岗，炊具配置应符合相关规定的要求。确保卫生防疫，杜绝传染病和食物中毒事故的发生。
② 根据需要制定和执行防暑、降温、消毒、防病等措施。

(3) 施工临时用电管理
1) 施工现场操作电工必须经过国家现行标准考核合格后，持证上岗工作。
2) 各类用电人员必须通过相关安全教育培训和技术交底，掌握安全用电基本知识和所用设备的性能，考核合格后方可上岗工作。
3) 安装、巡检、维修或拆除临时用电设备和线路，必须由电工完成，并应有人监护。
4) 临时用电组织设计规定：
① 施工现场临时用电设备在 5 台及以上或设备总容量在 50kW 及以上的，应编制用电组织设计。
② 装饰装修工程或其他特殊施工阶段，应补充编制单项施工用电方案。
5) 临时用电组织设计及变更必须由电气工程技术人员编制，相关部门审核，并经具有法人资格企业的技术负责人批准，现场监理签认后实施。
6) 临时用电工程必须经编制、审核、批准部门和使用单位共同验收合格后，方可投入使用。
7) 临时用电工程定期检查应按分部分项工程进行，对安全隐患必须及时处理，并应履行复查验收手续。

(4) 施工临时用水管理
项目应贯彻执行有关绿色施工规范，采取合理的节水措施并加强临时用水管理。
1) 施工临时用水管理的内容。
① 计算临时用水量。临时用水量包括：现场施工用水量、施工机械用水量、施工现场生活用水量、生活区生活用水量、消防用水量。同时应考虑使用过程中水量的损失。分别计算了以上各项用水量之后，才能确定总用水量。
② 确定供水系统。供水系统包括：取水位置、取水设施、净水设施、储水装置、输水管、配水管管网和末端配置。供水系统应经过科学的计算和设计。
2) 供水设施。
① 供水管网布置的原则有：在保证不间断供水的情况下，管道铺设越短越好；要考虑施工期间各段管网移动的可能性；主要供水管线采用环状布置，孤立点可设支线；尽量利用已有的或提前修建的永久管道；管径要经过计算确定。
② 管线穿路处均要套以铁管，并埋入地下 0.6m 处，以防重压。

③ 过冬的临时水管须埋入冰冻线以下或采取保温措施。
④ 排水沟沿道路布置，纵坡不小于0.2%，过路处须设涵管，在山地建设时应有防洪设施。
⑤ 消火栓间距不大于120m；距拟建房屋不小于5m且不大于25m，距路边不大于2m。
⑥ 各种管道布置应符合相关规定要求。

(5) 施工现场防火

1) 消防器材的配备。
① 临时搭设的建筑物区域内每100m^2配备2只10L灭火器。
② 大型临时设施总面积超过1200m^2时，应配有专供消防用的太平桶、积水桶（池）、黄沙池，且周围不得堆放易燃物品。
③ 临时木料间、油漆间、木工机具间等，每25m^2配备1只灭火器。油库、危险品库应配备数量与种类匹配的灭火器、高压水泵。
④ 应有足够的消防水源，其进水口一般不应少于两处。
⑤ 室外消火栓应沿消防车通道或堆料场内交通道路的边缘设置，消火栓之间的距离不应大于120m；消防箱内消防水管长度不小于25m。

2) 灭火器设置要求。
① 灭火器应设置在明显的位置，如房间出入口、通道、走廊、门厅及楼梯等部位。
② 灭火器的铭牌必须朝外，以方便人们直接看到灭火器的主要性能指标和使用方法。
③ 手提式灭火器设置在挂钩、托架上或消防箱内，其顶部离地面高度应小于1.50m，底部离地面高度不宜小于0.15m。这一要求的目的是：
   a. 便于人们对灭火器进行保管和维护。
   b. 方便扑救人员安全取用。
   c. 防止潮湿的地面对灭火器性能的影响和便于平时卫生清理。
④ 设置于挂钩、托架上或消防箱内的手提式灭火器应正面竖直放置。
⑤ 对于环境干燥、条件较好的场所，手提式灭火器可直接放在地面上。
⑥ 对设置于消防箱内的手提式灭火器，可直接放在消防箱的底面上，但消防箱离地面的高度不宜小于0.15m。
⑦ 灭火器不得放置于环境温度超出其使用温度范围的地点。
⑧ 从灭火器出厂日期算起，达到灭火器报废年限的，必须强制报废。

3) 施工现场防火要求。
① 施工组织设计中的施工平面图、施工方案均应符合消防安全的相关规定和要求。
② 施工现场应明确划分施工作业区、易燃可燃材料堆场、材料仓库、易燃废品集中站和生活区。
③ 施工现场夜间应设置照明设施，保持车辆畅通，有人值班巡逻。
④ 不得在高压线下面搭设临时性建筑物或堆放可燃物品。
⑤ 施工现场应配备足够的消防器材，并设专人维护、管理，定期更新，确保使用有效。
⑥ 土建施工期间，应先将消防器材和设施配备好，同时敷设室外消防水管和消火栓。
⑦ 危险物品之间的堆放距离不得小于10m，危险物品与易燃易爆品的堆放距离不得小于3m。

⑧ 乙炔瓶和氧气瓶的存放间距不得小于2m，使用时距离不得小于5m。
⑨ 氧气瓶、乙炔瓶等焊割设备上的安全附件应完整有效，否则不得使用。
⑩ 施工现场的焊、割作业，必须符合安全防火的要求。
⑪ 冬期施工采用保温加热措施时，应有相应的方案并符合相关规定要求。
⑫ 施工现场动火作业必须执行动火审批制度。

4）油漆料库与调料间的防火要求。
① 油漆料库与调料间应分开设置，且应与散发火星的场所保持一定的防火间距。
② 性质相抵触、灭火方法不同的品种，应分库存放。
③ 涂料和稀释剂的存放及管理，应符合《仓库防火安全管理规则》的要求。
④ 调料间应通风良好，并应采用防爆电器设备，室内禁止一切火源，调料间不能兼作更衣室和休息室。
⑤ 调料人员应穿不易产生静电的工作服、不带钉子的鞋。开启涂料和稀释剂包装时，应采用不易产生火花型工具。
⑥ 调料人员应严格遵守操作规程，调料间内不应存放超过当日调制所需的原料。

5）木工操作间的防火要求。
① 操作间的建筑应采用阻燃材料搭建。
② 操作间应设消防水箱和消防水桶，储存消防用水。
③ 操作间冬季宜采用暖气（水暖）供暖，如用火炉取暖时，必须在四周采取挡火措施；不应用燃烧劈柴、刨花代煤取暖。每个火炉都要有专人负责，下班时要将余火彻底熄灭。
④ 电气设备的安装要符合要求。抛光、电锯等部位的电气设备应采用密封式或防爆式设备。刨花、锯末较多部位的电动机，应安装防尘罩并及时清理。
⑤ 操作间内严禁吸烟和明火作业。
⑥ 操作间只能存放当班的用料，成品及半成品要及时运走。木工应做到活完场地清，刨花、锯末每班都打扫干净，倒在指定地点。
⑦ 严格遵守操作规程，对旧木料一定要经过检查，起出铁钉等金属后，方可上锯锯料。
⑧ 配电盘、刀开关下方不能堆放成品、半成品及废料。
⑨ 工作完毕应拉闸断电，并经检查确无火险后方可离开。

6.3 课堂提问和讨论

1. 施工总平面图的设计步骤包括哪些内容？

参考答案：施工总平面图的设计步骤：
① 引入场外交通道路。
② 布置仓库。
③ 布置加工厂和混凝土搅拌站。
④ 布置内部运输道路。
⑤ 布置临时房屋。
⑥ 布置临时水电管线网和其他动力设施。

⑦ 绘制正式的施工总平面图。

2. 施工现场临时房屋应该如何设置？

参考答案：临时房屋的设置应尽可能利用已建的永久性房屋为施工服务，生活办公区和施工区应相对独立。宿舍内应保证有必要的生活空间，室内净高不得小于2.4m，通道宽度不得小于0.9m，每间宿舍居住人员不得超过16人。办公用房宜设在工地入口处；作业人员宿舍宜设在场外，并避免设在不利于健康的地方。

3. 施工现场安全管理中，安全标志一般有几种？在哪几个"口"需设置安全警示标志？

参考答案：安全标志有4种：禁止、警告、指令、提示。一般应在道路、楼梯、电梯井、孔洞口、隧道口等设置明显的安全警示标志。

6.4 随堂习题

1. 下列属于消防安全基本方针内容的是（　　）。
   A. 预防为主，防治结合　　　　B. 健康组织
   C. 落实责任　　　　　　　　　D. 及时处理

   解析：本题考查的是消防安全的基本方针。消防安全的基本方针是"预防为主，防治结合"。因此，本题正确答案为选项A。

2. 一级动火申请表应由（　　）填写。
   A. 生产负责人　　B. 安全总监　　C. 项目负责人　　D. 技术负责人

   解析：一级动火作业由项目负责人组织编制防火安全技术方案，填写动火申请表，报企业安全管理部门审查批准后，方可动火；二级动火作业由项目责任工程师组织拟定防火安全技术措施，填写动火申请表，报项目安全管理部门和项目负责人审查批准后，方可动火；三级动火作业由所在班组填写动火申请表，经项目责任工程师和项目安全管理部门审查批准后，方可动火。因此，本题正确答案为选项C。

3. 一个年度内，同一现场被两次警告的，分别给予企业和项目经理（　　）的处罚。
   A. 停止招标3月、通报批评　　　B. 通报批评
   C. 停止招标、资格降级　　　　　D. 通报批评、资格降级

   解析：本题考查的是施工现场综合考评。对于一个年度内同一个施工现场被两次警告的，根据责任情况，给予建筑企业、建设单位或监理单位通报批评的处罚；给予项目经理或监理工程师通报批评的处罚。因此，本题正确答案为选项B。

4. 多个警示牌一起布置时，其从左到右的排序应为（　　）。
   A. 警告、禁止、提示、指令　　　B. 警告、禁止、指令、提示
   C. 禁止、警告、提示、指令　　　D. 禁止、警告、指令、提示

   解析：本题考查的是安全警示牌的布置原则。多个警示牌一起布置时，其从左到右的排序应为警告、禁止、指令、提示。因此，本题正确答案为选项B。

5. 现场临时消防用水系统，其消火栓周围（　　）m内不准堆放物品。
   A. 2　　　　　　B. 3　　　　　　C. 4　　　　　　D. 5

   解析：本题考查的是现场临时消防用水管理。现场临时消防用水系统，其消火栓周围3m内不准堆放物品。因此，本题正确答案为选项B。

6. 潮湿环境下，照明的电流电压不大于（　　）V。

A. 12　　　　　B. 24　　　　　C. 36　　　　　D. 48

解析：本题考查的是安全用电。潮湿环境下，照明的电流电压不大于24V；锅炉容器内焊接时，照明使用的电源电压不大于12V。因此，本题正确答案为选项B。

7. 结构施工阶段夜间施工噪声排放限值不超过（　　）dB。

A. 50　　　　　B. 55　　　　　C. 60　　　　　D. 65

解析：灌注桩白天施工时其噪声排放限值不超过85dB；结构施工阶段夜间施工噪声排放限值不超过55dB；土方施工时，白天施工现场噪声排放限值不超过70dB。因此，本题正确答案为选项B。

8. 施工现场平面布置图应包括的基本内容有（　　）。

A. 工程施工场地状况

B. 拟建建（构）筑物的位置、轮廓尺寸、层数等

C. 施工现场生活、生产设施的位置和面积

D. 施工现场的安全、消防、保卫和环境保护等设施

E. 相邻的地上、地下既有建（构）筑物及相关环境

解析：施工现场平面布置图包括的基本内容有：①工程施工场地状况；②拟建建（构）筑物的位置、轮廓尺寸、层数等；③工程施工现场的加工设施、存储设施、办公和生活用房等的位置和面积；④布置在工程施工现场的垂直运输设施、供电设施、供水供热设施、排水排污设施和临时施工道路等；⑤施工现场必备的安全、消防、保卫和环境保护等设施；⑥相邻的地上、地下既有建（构）筑物及相关环境。因此，本题正确答案为选项A、B、C、E。

9. 涉及三级动火申请及批准的部门和人员有（　　）。

A. 责任工程师　　　B. 项目负责人　　　C. 项目安全管理部门

D. 班组长　　　　　E. 企业安全管理部门

解析：一级动火作业由项目负责人组织编制防火安全技术方案，填写动火申请表，报企业安全管理部门审查批准后，方可动火；二级动火作业由项目责任工程师组织拟定防火安全技术措施，填写动火申请表，报项目安全管理部门和项目负责人审查批准后，方可动火；三级动火作业由所在班组填写动火申请表，经项目责任工程师和项目安全管理部门审查批准后，方可动火。因此，本题正确答案为选项A、C、D。

10. 下列属于现场区域动火前应考虑的因素有（　　）。

A. 操作证　　　　　B. 动火证　　　　　C. 看火人

D. 防火措施　　　　E. 上班时间

解析：现场区域动火前应考虑的因素有操作证、动火证、看火人、防火措施，但与上班时间无关。因此，本题正确答案为选项A、B、C、D。

6.5　能力训练

1. 背景资料

以学校二号楼学生公寓现场项目监理组为背景。

2. 训练内容

根据以上所学知识，利用施工现场平面布置图相关软件画出学校二号楼学生公寓的施工现场平面布置图。

3. 训练方案设计

重点：设计施工总平面图符合要求。

难点：施工用电、用水布置符合强制性标准。

关键点：用电量计算确定设备功率，用水量计算。

4. 训练指导

重点：施工总平面图设计要点。

难点：施工总平面图设计原则。

关键点：总平图随工程进度调整。

5. 评估及结果：（在学生练习期间，巡查指导，评估纠正）

6. 收集练习结果并打分

单元 7

施工组织设计

7.1 施工组织设计的编制

1. 课题：施工组织设计的编制
2. 课型：理实一体课
3. 授课时数：4 课时
4. 教学目标和重难点分析

（1）知识目标

1）了解：建设工程项目管理规范。
2）熟悉：施工组织设计的定义、分类、主要施工管理计划。
3）掌握：施工组织设计的编制原则、依据、方法、动态管理。

（2）能力目标

1）能够根据一个工程项目编制出施工组织设计。
2）统筹考虑项目施工过程中各个要素的整体管理意识。

（3）教学重点、难点、关键点。

1）重点：施工组织设计的编制方法、动态管理。
2）难点：施工组织设计的动态管理。
3）关键点：需要重新调整施工组织设计的情况。

5. 教学方法（讲授，视频、图片展示，学生训练）
6. 教学过程（任务导入、理论知识准备、课堂提问和讨论、随堂习题、能力训练）
7. 教学要点和课时安排：

（1）任务导入（5 分钟）

（2）理论知识准备（60 分钟）

（3）课堂提问和讨论（10 分钟）

（4）随堂习题（5 分钟）

（5）能力训练（80 分钟）

7.1.1 任务导入

1. 案例

导入视频，内容包含：①以招标文件为依据在招标投标阶段编制的技术标；②办理质量安全监督备案时所要提供的施工组织设计；③申办施工许可证时所要提供的施工组织设计；④开工令签认前，施工组织设计已由总监签认。

2. 引出

确定施工组织设计的编制要点
1）施工组织设计概述。
2）施工组织设计的编制原则。
3）施工组织设计的编制依据。
4）施工组织设计的编制方法。
5）施工组织设计的动态管理。
6）主要施工管理计划的编制方法。

7.1.2 理论知识准备

1. 建筑施工组织设计的概念及分类

根据《建筑施工组织设计规范》GB/T 50502—2009 的有关规定，施工组织设计（construction organization plan）是以施工项目为对象编制的，用以指导施工的技术、经济和管理的综合性文件。

施工组织设计是我国在工程建设领域长期沿用下来的名称，西方国家一般称为施工计划或工程项目管理计划。在《建设项目工程总承包管理规范》GB/T 50358—2017 和《建设工程项目管理规范》GB/T 50326—2017 中，把施工单位这部分工作分成了两个阶段，即项目管理规划大纲和项目管理实施规划。施工组织设计既不是这两个阶段的某一阶段内容，也不是两个阶段内容的简单合成。它是综合了施工组织设计在我国长期使用的惯例和各地方的实际使用效果而逐步积累的内容精华。施工组织设计在投标阶段通常被称为技术标，但它不仅包含技术方面的内容，同时也涵盖了施工管理和造价控制方面的内容，是一个综合性的文件。

施工组织设计按编制对象，可分为施工组织总设计、单位工程施工组织设计和施工方案。

施工组织总设计（general construction organization plan），是指以若干单位工程组成的群体工程或以特大型项目为主要对象编制的施工组织设计，对整个项目的施工过程起统筹规划、重点控制的作用。

单位工程施工组织设计（construction organization plan for unit project），是指以单位（子单位）工程为主要对象编制的施工组织设计，对单位（子单位）工程的施工过程起指导和制约作用。

施工方案（construction scheme），是指以分部（分项）工程或专项工程为主要对象编制的施工技术与组织方案，用以具体指导其施工过程。

单位工程和子单位工程的划分原则，在《建筑工程施工质量验收统一标准》GB

50300—2013 中已经明确。需要说明的是，对于已经编制了施工组织总设计的项目，单位工程施工组织设计应是施工组织总设计的进一步具体化，直接指导单位工程的施工管理和技术经济活动。施工方案在某些时候也被称为分部（分项）工程或专项工程施工组织设计，但通常情况下是将施工方案作为施工组织设计的进一步细化，是施工组织设计的补充。

建筑工程具有产品的单一性，同时作为一种产品，又具有漫长的生产周期。施工组织设计是工程技术人员运用以往的知识和经验，对建筑工程的施工预先设计的一套运作程序和实施方法，但由于人们知识经验的差异以及客观条件的变化，施工组织设计在实际执行中，难免会遇到不适用的部分，这就需要针对新情况进行修改或补充。同时，作为施工指导书，又必须将其意贯彻到具体操作人员，使操作人员按指导书进行作业，这是一个动态的管理过程。

施工组织设计的动态管理 dynamic management of construction organization plan，是指在项目实施过程中，对施工组织设计的执行、检查和修改的适时管理活动。施工组织设计应实行动态管理，并符合下列规定：

1）项目施工过程中，发生以下情况之一时，施工组织设计应及时进行修改或补充：
① 工程设计有重大修改。
② 有关法律、法规、规范和标准实施、修订和废止。
③ 主要施工方法有重大调整。
④ 主要施工资源配置有重大调整。
⑤ 施工环境有重大改变。
2）经修改或补充的施工组织设计应重新审批后实施。
3）项目施工前应进行施工组织设计逐级交底。
4）项目施工过程中，应对施工组织设计的执行情况进行检查、分析并适时调整。

2. 施工组织总设计的内容

《建筑施工组织设计规范》GB/T 50502—2009 第 4 部分施工组织总设计的有关规定如下：

（1）工程概况
1）工程概况应包括项目主要情况和项目主要施工条件等。
2）项目主要情况应包括下列内容：
① 项目名称、性质、地理位置和建设规模：项目性质可分为工业和民用两大类，应简要介绍项目的使用功能；建设规模可包括项目的占地总面积，投资规模（产量）、分期分批建设范围等。
② 项目的建设、勘察、设计和监理等相关单位的情况。
③ 项目设计概况：简要介绍项目的建筑面积、建筑高度、建筑层数、结构形式、建筑结构及装饰用料、建筑抗震设防烈度、安装工程和机电设备的配置等情况。
④ 项目承包范围及主要分包工程范围。
⑤ 施工合同或招标文件对项目施工的重点要求。
⑥ 其他应说明的情况。
3）项目主要施工条件应包括下列内容：
① 项目建设地点气象状况：简要介绍项目建设地点的气温、雨、雪、风和雷电等气象

变化情况以及冬、雨期的期限和冬季土的冻结深度等情况。

② 项目施工区域地形和工程水文地质状况：简要介绍项目施工区域地形变化和绝对标高，地质构造、土的性质和类别、地基土的承载力，河流流量和水质、最高洪水和枯水期水位，地下水位的高低变化，含水层的厚度，地下水的流向、流量和水质等情况。

③ 项目施工区域地上、地下管线及相邻的地上、地下建（构）筑物情况。

④ 与项目施工有关的道路、河流等状况。

⑤ 当地建筑材料、设备供应和交通运输等服务能力状况：简要介绍建设项目的主要材料、特殊材料和生产工艺设备供应条件及交通运输条件。

⑥ 当地供电、供水、供热和通信能力状况：根据当地供电、供水、供热和通信情况，按照施工需求描述相关资源提供能力及解决方案。

⑦ 其他与施工有关的主要因素。

在编制工程概况时，为了清晰易读，宜采用图表说明。

(2) 总体施工部署

1) 施工组织总设计应对项目总体施工做出下列宏观部署：

① 确定项目施工总目标，包括进度、质量、安全、环境和成本等目标。

② 根据项目施工总目标的要求，确定项目分阶段（期）交付的计划。

③ 明确项目分阶段（期）施工的合理顺序及空间组织。

2) 对于项目施工的重点和难点应进行简要分析。

3) 总承包单位应明确项目管理组织机构形式，并宜采用框图的形式表示。

4) 对于项目施工中开发和使用的新技术、新工艺应做出部署。

5) 对主要分包项目施工单位的资质和能力应提出明确要求。

(3) 施工总进度计划

1) 施工总进度计划应按照项目总体施工部署的安排进行编制。

2) 施工总进度计划可采用网络图或横道图表示，并附必要说明。

(4) 总体施工准备与主要资源配置计划

1) 总体施工准备应包括技术准备、现场准备和资金准备等。

2) 技术准备、现场准备和资金准备应满足项目分阶段（期）施工的需要。

3) 主要资源配置计划应包括劳动力配置计划和物资配置计划等。

4) 劳动力配置计划应包括下列内容：

① 确定各施工阶段（期）的总用工量。

② 根据施工总进度计划确定各施工阶段（期）的劳动力配置计划。

5) 物资配置计划应包括下列内容：

① 根据施工总进度计划确定主要工程材料和设备的配置计划。

② 根据总体施工部署和施工总进度计划确定主要周转材料和施工机具的配置计划。

(5) 主要施工方法

1) 施工组织总设计应对项目涉及的单位（子单位）工程和主要分部（分项）工程所采用的施工方法进行简要说明。

2) 对脚手架工程、起重吊装工程、临时用水用电工程、季节性施工等专项工程所采用的施工方法应进行简要说明。

(6) 施工总平面布置

1) 施工总平面布置应符合下列原则：

① 平面布置科学合理，施工场地占用面积少。

② 合理组织运输，减少二次搬运。

③ 施工区域的划分和场地的临时占用应符合总体施工部署和施工流程的要求，减少相互干扰。

④ 充分利用既有建（构）筑物和既有设施为项目施工服务，降低临时设施的建造费用。

⑤ 临时设施应方便生产和生活，办公区、生活区和生产区宜分离设置。

⑥ 符合节能、环保、安全和消防等要求。

⑦ 遵守当地主管部门和建设单位关于施工现场安全文明施工的相关规定。

2) 施工总平面布置图应符合下列要求：

① 根据项目总体施工部署，绘制现场不同施工阶段（期）的总平面布置图。

② 施工总平面布置图的绘制应符合国家相关标准要求并附必要说明。

3) 施工总平面布置图应包括下列内容：

① 项目施工用地范围内的地形状况。

② 全部拟建的建（构）筑物和其他基础设施的位置。

③ 项目施工用地范围内的加工设施、运输设施、存贮设施、供电设施、供水供热设施、排水排污设施、临时施工道路和办公、生活用房等。

④ 施工现场必备的安全、消防、保卫和环境保护等设施。

⑤ 相邻的地上、地下既有建（构）筑物及相关环境。

3. 单位工程施工组织设计的内容

《建筑施工组织设计规范》GB/T 50502—2009 第 5 部分单位工程施工组织设计的有关规定如下：

(1) 工程概况

1) 工程概况应包括工程主要情况、各专业设计简介和工程施工条件等。

2) 工程主要情况应包括下列内容：

① 工程名称、性质和地理位置。

② 工程的建设、勘察、设计、监理和总承包等相关单位的情况。

③ 工程承包范围和分包工程范围。

④ 施工合同、招标文件或总承包单位对工程施工的重点要求。

⑤ 其他应说明的情况。

3) 各专业设计简介应包括下列内容：

① 建筑设计简介应依据建设单位提供的建筑设计文件进行描述，包括建筑规模、建筑功能、建筑特点、建筑耐火、防水及节能要求等，并应简单描述工程的主要装修做法。

② 结构设计简介应依据建设单位提供的结构设计文件进行描述，包括结构形式、地基基础形式、结构安全等级、抗震设防类别、主要结构构件类型及要求等。

③ 机电及设备安装专业设计简介应依据建设单位提供的各相关专业设计文件进行描述，包括给水、排水及采暖系统、通风与空调系统、电气系统、智能化系统、电梯等各个专业系统的做法要求。

4）工程施工条件应参照《建筑施工组织设计规范》GB/T 50502—2009 第 4.1.3 条所列主要内容进行说明。

（2）施工部署

1）工程施工目标应根据施工合同、招标文件以及本单位对工程管理目标的要求确定，包括进度、质量、安全、环境和成本等目标。各项目标应满足施工组织总设计中确定的总体目标。

2）施工部署中的进度安排和空间组织应符合下列规定：

① 工程主要施工内容及其进度安排应明确说明，施工顺序应符合工序逻辑关系。

② 施工流水段应结合工程具体情况分阶段进行划分；单位工程施工阶段的划分一般包括地基基础、主体结构、装修装饰和机电设备安装三个阶段。

3）对于工程施工的重点和难点应进行分析，包括组织管理和施工技术两个方面。

4）工程管理的组织机构形式应按照《建筑施工组织设计规范》GB/T 50502—2009 第 4.2.3 条的规定执行，并确定项目经理部的工作岗位设置及其职责划分。

5）对于工程施工中开发和使用的新技术、新工艺应做出部署，对新材料和新设备的使用应提出技术及管理要求。

6）对主要分包工程施工单位的选择要求及管理方式应进行简要说明。

（3）施工进度计划

1）单位工程施工进度计划应按照施工部署的安排进行编制。

2）施工进度计划可采用网络图或横道图表示，并附必要说明；对于工程规模较大或较复杂的工程，宜采用网络图表示。

（4）施工准备与资源配置计划

1）施工准备应包括技术准备、现场准备和资金准备等。

① 技术准备应包括施工所需技术资料的准备、施工方案编制计划、试验检验及设备调试工作计划、样板制作计划等。

a. 主要分部（分项）工程和专项工程在施工前应单独编制施工方案，施工方案可根据工程进展情况，分阶段编制完成；对需要编制的主要施工方案应制定编制计划。

b. 试验检验及设备调试工作计划应根据现行规范、标准中的有关要求及工程规模、进度等实际情况制定。

c. 样板制作计划应根据施工合同或招标文件的要求并结合工程特点制定。

② 现场准备应根据现场施工条件和实际需要，准备现场生产、生活等临时设施。资金准备应根据施工进度计划编制资金使用计划。

2）资源配置计划应包括劳动力配置计划和物资配置计划等。

① 劳动力配置计划应包括下列内容：

a. 确定各施工阶段用工量。

b. 根据施工进度计划确定各施工阶段劳动力配置计划。

② 物资配置计划应包括下列内容：

a. 主要工程材料和设备的配置计划应根据施工进度计划确定，包括各施工阶段所需主要工程材料、设备的种类和数量。

b. 工程施工主要周转材料和施工机具的配置计划应根据施工部署和施工进度计划确定，

包括各施工阶段所需主要周转材料、施工机具的种类和数量。

（5）主要施工方案

1）单位工程应按照《建筑工程施工质量验收统一标准》GB 50300—2013 中分部、分项工程的划分原则，对主要分部、分项工程制定施工方案。

2）对脚手架工程、起重吊装工程、临时用水用电工程、季节性施工等专项工程所采用的施工方案应进行必要的验算和说明。

（6）施工现场平面布置

1）施工现场平面布置图应参照《建筑施工组织设计规范》GB/T 50502—2009 第 4.6.1 条和第 4.6.2 条的规定，并结合施工组织总设计，按不同施工阶段分别绘制。

2）施工现场平面布置图应包括下列内容：

① 工程施工场地状况。

② 拟建建（构）筑物的位置、轮廓尺寸、层数等。

③ 工程施工现场的加工设施、存贮设施、办公和生活用房等的位置和面积。

④ 布置在工程施工现场的垂直运输设施、供电设施、供水供热设施、排水排污设施和临时施工道路等。

⑤ 施工现场必备的安全、消防、保卫和环境保护等设施。

⑥ 相邻的地上、地下既有建（构）筑物及相关环境。

4．施工方案的内容

《建筑施工组织设计规范》GB/T 50502—2009 第 6 部分施工方案的有关规定如下：

（1）工程概况

1）工程概况应包括工程主要情况、设计简介和工程施工条件等。

2）工程主要情况应包括分部（分项）工程或专项工程名称，工程参建单位的相关情况，工程的施工范围，施工合同、招标文件或总承包单位对工程施工的重点要求等。

3）设计简介应主要介绍施工范围内的工程设计内容和相关要求。

4）工程施工条件应重点说明与分部（分项）工程或专项工程相关的内容。

（2）施工安排

1）工程施工目标包括进度、质量、安全、环境和成本等目标，各项目标应满足施工合同、招标文件和总承包单位对工程施工的要求。

2）工程施工顺序及施工流水段应在施工安排中确定。

3）针对工程的重点和难点，进行施工安排并简述主要管理和技术措施。

4）工程管理的组织机构及岗位职责应在施工安排中确定，并应符合总承包单位的要求。

（3）施工进度计划

1）分部（分项）工程或专项工程施工进度计划应按照施工安排，并结合总承包单位的施工进度计划进行编制。

2）施工进度计划可采用网络图或横道图表示，并附必要说明。

（4）施工准备与资源配置计划

1）施工准备应包括下列内容：

① 技术准备：包括施工所需技术资料的准备、图纸深化和技术交底的要求、试验检验和测试工作计划、样板制作计划以及与相关单位的技术交接计划等。

②现场准备：包括生产、生活等临时设施的准备以及与相关单位进行现场交接的计划等。

③资金准备：编制资金使用计划等。

2) 资源配置计划应包括下列内容：

①劳动力配置计划：确定工程用工量并编制专业工种劳动力计划表。

②物资配置计划：包括工程材料和设备配置计划、周转材料和施工机具配置计划以及计量、测量和检验仪器配置计划等。

(5) 施工方法及工艺要求

1) 明确分部（分项）工程或专项工程施工方法，并进行必要的技术核算，对主要分项工程（工序）明确施工工艺要求。

2) 对易发生质量通病、易出现安全问题、施工难度大、技术含量高的分项工程（工序）等应做出重点说明。

3) 对开发和使用的新技术、新工艺以及采用的新材料、新设备应通过必要的试验或论证并制定计划。

4) 对季节性施工应提出具体要求。

5. 施工组织设计的编制原则和依据

(1) 施工组织设计的编制原则

施工组织设计按照编制阶段的不同，分为投标阶段施工组织设计和实施阶段施工组织设计。编制投标阶段施工组织设计，强调的是符合招标文件要求，以中标为目的；编制实施阶段施工组织设计，强调的是可操作性，同时鼓励企业技术创新。我国工程建设程序可归纳为四个阶段：投资决策阶段、勘察设计阶段、项目施工阶段、竣工验收和交付使用阶段。在目前市场经济条件下，企业应当积极利用工程特点、组织开发、创新施工技术和施工工艺；为保证持续满足过程能力和质量保证的要求，国家鼓励企业进行质量、环境和职业健康安全管理体系的认证制度，且目前该三个管理体系的认证在我国建筑行业中已较普及，并且建立了企业内部管理体系文件，编制施工组织设计时，不应违背上述管理体系文件的要求。施工组织设计的编制必须遵循工程建设程序，并应符合下列原则：

1) 符合施工合同或招标文件中有关工程进度、质量、安全、环境保护、造价等方面的要求。

2) 积极开发、使用新技术和新工艺，推广应用新材料和新设备。

3) 坚持科学的施工程序和合理的施工顺序，采用流水施工和网络计划等方法，科学配置资源，合理布置现场，采取季节性施工措施，实现均衡施工，达到合理的经济技术指标。

4) 采取技术和管理措施，推广建筑节能和绿色施工。

5) 与质量、环境和职业健康安全三个管理体系有效结合。

(2) 施工组织设计的编制依据

施工组织设计应以下列内容作为编制依据：

1) 与工程建设有关的法律、法规和文件。

2) 国家现行有关标准和技术经济指标。

3) 工程所在地区行政主管部门的批准文件，建设单位对施工的要求。

4) 工程施工合同和招标投标文件。

5）工程设计文件。
6）工程施工范围内的现场条件，工程地质及水文地质、气象等自然条件。
7）与工程有关的资源供应情况。
8）施工企业的生产能力、机具设备状况、技术水平等。

6. 施工组织设计的编制程序

（1）施工组织设计编制程序

1）收集和熟悉编制施工组织总设计所需的有关资料及图纸，进行项目特点和施工条件的调查研究。
2）计算主要工种工程的工程量。
3）确定施工的总体部署。
4）拟订施工方案。
5）编制施工总进度计划。
6）编制资源需求量计划。
7）编制施工准备工作计划。
8）施工总平面图设计。
9）计算主要技术经济指标。

应该指出，以上顺序中有些顺序必须这样，不可逆转，如：

1）拟订施工方案后才可编制施工总进度计划（因为进度的安排取决于施工的方案）。
2）编制施工总进度计划后才可编制资源需求量计划（因为资源需求量计划要反映各种资源在时间上的需求）。

但是在以上顺序中也有些顺序应该根据具体项目而定，如确定施工的总体部署和拟订施工方案，两者有紧密的联系，往往可以交叉进行。

（2）施工组织设计的编制和审批规定

施工组织设计的编制和审批应符合下列规定：

1）施工组织设计应由项目负责人主持编制，可根据需要分阶段编制和审批。
2）施工组织总设计应由总承包单位技术负责人审批；单位工程施工组织设计应由施工单位技术负责人或技术负责人授权的技术人员审批，施工方案应由项目技术负责人审批；重点、难点分部（分项）工程和专项工程施工方案应由施工单位技术部门组织相关专家评审，并由施工单位技术负责人批准。
3）由专业承包单位施工的分部（分项）工程或专项工程的施工方案，应由专业承包单位技术负责人或技术负责人授权的技术人员审批；有总承包单位时，应由总承包单位项目技术负责人核准备案。
4）规模较大的分部（分项）工程和专项工程的施工方案应按单位工程施工组织设计进行编制和审批。

7.1.3 课堂提问和讨论

1. 施工组织设计编制的目的是什么？

参考答案：施工组织设计是组织工程施工总的指导性文件，应在正式开工前编制并审批完毕。编制施工组织设计应该根据业主的工期要求，制订合理的施工进度计划；针对主要工序制定先进的施工方法和工程质量目标、安全目标、环境保护目标,并保证质量管理体系的有效运行,以求实现优质、安全、环保、高效、低耗的目标,取得最大的经营效果,全面地完成施工任务。

2. 项目施工过程中发生什么情况,施工组织设计需要进行修改和补充?

参考答案:项目施工过程中,如发生以下情况之一时,施工组织设计应及时进行修改或补充:

1) 工程设计有重大修改。
2) 有关法律、法规、规范和标准实施修订和废止。
3) 主要施工方法有重大调整。
4) 主要施工资源配置有重大调整。
5) 施工环境有重大改变。

经修改或补充的施工组织设计应重新审批后实施。

3. 施工管理计划的内容?

参考答案:施工管理计划应包括进度管理计划、质量管理计划、安全管理计划、环境管理计划、成本管理计划以及其他管理计划等内容。

7.1.4 随堂习题

1. 根据编制的广度、深度和作用的不同,施工组织设计可分为施工组织总设计、单位工程施工组织设计及(　　)。

A. 分部分项工程施工组织设计　　B. 施工详图设计
C. 施工工艺及方案设计　　D. 施工总平面图设计

解析:施工组织设计分为施工组织总设计、单位工程施工组织设计和分部分项工程施工组织设计。选项C、D属于施工组织设计的内容,选项B属于施工图设计。选项B、C、D不合题意,因此,正确答案为选项A。

2. 项目资源需求计划应当包括在施工组织设计的(　　)内容中。

A. 施工部署　　B. 施工方案
C. 施工进度计划　　D. 施工平面布置

解析:施工部署和施工方案主要内容是全面部署施工任务,合理安排施工顺序,确定主要工程的施工方案;施工平面布置主要是施工方案及进度计划在空间上的全面安排。只有施工进度计划反映各施工工序在时间上的安排,以及相应的人力及其他资源的需求计划。因此,选项C正确。

3. 施工组织总设计的工作内容包括:①计算主要工种工程的工程量;②拟定施工方案;③编制施工总进度计划;④编制资源需求量计划,它们的正确次序是(　　)。

A. ①②③④　　B. ②①③④　　C. ②①④③　　D. ①③②④

解析:施工组织总设计的编制通常采用的程序为:收集和熟悉编制施工组织总设计所需的有关资料及图纸,进行项目特点和施工条件的调查;计算主要工种工程的工作量;确定施工的总体部署;拟定施工方案;编制施工总进度计划;编制资源需求量计划;编制施工准备工作计划;施工总平面图设计;计算主要技术经济指标。所以选项A正确。

4. 关于单位工程施工组织设计的内容,以下说法错误的是(　　)。

A. 工程概况及施工特点分析　　　B. 施工方案的选择
C. 单位工程施工准备工作计划　　D. 全场性施工总平面图设计

解析：选项D，是施工组织总设计的内容。选项C说法错误。单位工程施工组织设计的内容，还包括：①单位工程施工进度计划；②各项资源需求量计划；③单位工程施工总平面图设计；④技术组织措施、质量保证措施和安全施工措施；⑤主要技术经济指标（工期、资源消耗的均衡性、机械设备的利用程度等）。

5. 下列不属于施工组织设计编制依据的是（　　）。
A. 与工程建设有关的法律、规范　　B. 现场水电供应条件
C. 工程地质勘察资料、现场条件　　D. 工程施工合同或招标投标文件

解析：施工组织设计编制依据：①与工程建设有关的法律、规范；②工程地质勘察资料、现场条件；③工程施工合同或招标投标文件。因此，本题正确答案为选项B。

6. 单位工程施工组织设计应由（　　）批准。
A. 施工单位项目负责人　　B. 施工单位技术负责人
C. 施工单位专业工程技术人员　　D. 施工单位项目经理

解析：单位工程施工组织设计应由施工单位技术负责人批准。本题正确答案为选项B。

7. 根据《建筑施工组织设计规范》（GB/T 50502—2009），施工组织设计应由（　　）组织编制。
A. 施工单位技术负责人　　B. 项目负责人
C. 项目技术负责人　　D. 单位技术负责人

解析：本题考查的是建筑施工组织设计的编制和审批。施工组织设计应由项目负责人主持编制，可根据需要分阶段编制和审批。因此，本题正确答案为选项B。

8. 在下列工程中，需要编制分部（分项）工程施工组织设计的有（　　）。
A. 安居工程住宅小区　　B. 高塔建筑塔顶的特大钢结构构件吊装
C. 某工厂新建烟囱工程　　D. 定向爆破工程
E. 大跨屋面结构采用的无黏结预应力混凝土工程

解析：分部（分项）工程施工组织设计是针对某些特别重要的、技术复杂的或采用新工艺、新技术施工的分部（分项）工程编写的，用以直接指导分部（分项）工程施工。特大钢结构构件吊装、定向爆破工程及无黏结预应力混凝土工程均属于重要的，或技术复杂的，或采用新工艺、新技术的分部（分项）工程，所以应编制分部（分项）工程施工组织设计。因此，本题正确答案为选项B、D、E。

9. 下列项目中，需要编制施工组织总设计的项目有（　　）。
A. 地产公司开发的别墅小区　　B. 新建机场工程
C. 新建跳水馆钢屋架工程　　D. 定向爆破工程
E. 标志性超高层建筑结构工程

解析：分部（分项）工程施工组织设计是针对某些特别重要的、技术复杂的，或采用新工艺、新技术施工的分部（分项）工程，如深基础、无黏结预应力混凝土、特大构件的吊装、大量土石方工程、定向爆破工程等为对象编制的。所以选项C、D、E为分部（分项）工程施工组织设计。因此，本题正确答案为选项A、B。

10. 施工组织设计的编制必须遵循工程建设程序，应符合（　　）原则。

A. 施工合同或招标文件中有关工程进度、质量、安全、环境保护等要求
B. 积极开发、使用新技术和新工艺，推广应用新材料和新设备
C. 实施均衡施工，达到合理的经济技术指标
D. 推广建筑节能和绿色施工
E. 采用合理的项目管理组织机构形式

解析：施工组织设计的编制必须遵循工程建设程序，应符合的原则有：①符合施工合同或招标文件中有关工程进度、质量、安全、环境保护等要求；②积极开发、使用新技术和新工艺，推广应用新材料和新设备；③实施均衡施工，达到合理的经济技术指标；④推广建筑节能和绿色施工。因此，本题正确答案为选项A、B、C、D。

7.1.5 能力训练

1. 背景资料

以学校二号楼学生公寓现场项目监理组为背景。

2. 训练内容

列出学校二号楼学生公寓施工组织设计的目录，以及需要编制的主要施工方案有哪些？

3. 训练方案设计

重点：施工方案是施工组织设计的进一步细化，也被称为分部（分项）工程或专项工程施工组织设计。

难点：总施工组织设计与单位工程施工组织设计的异同。

关键点：施工过程的划分，施工顺序的安排。

4. 训练指导

重点：施工部署、施工准备、资源配置计划。

难点：施工方法及工艺要求。

关键点：主要施工管理计划的编制方法。

5. 评估及结果（在学生练习期间，巡查指导，评估纠正）

6. 收集练习结果并打分

7.2 施工组织设计审批与审查

1. 课题：施工组织设计审批与审查
2. 课型：理实一体课
3. 授课时数：4课时
4. 教学目标和重难点分析

（1）知识目标

1）了解：施工方案审查的主要依据。
2）熟悉：施工组织设计编制和审批程序。
3）掌握：施工组织设计的内容和审查内容及程序要求。

（2）能力目标

1）具备审查施工组织设计的基本能力。

2) 较强的建设程序意识，能熟悉并尊重强制性标准。

(3) 教学重点、难点、关键点

1) 重点：施工组织设计审查内容、程序。

2) 难点：强制性条文的内容，以及需要专家论证的专项施工方案内容。

3) 关键点：结合工程概况。

5. 教学方法（讲授，视频、图片展示，学生训练）

6. 教学过程（任务导入、理论知识准备、课堂提问和讨论、随堂习题、能力训练）

7. 教学要点和课时安排

(1) 任务导入（5分钟）

(2) 理论知识准备（60分钟）

(3) 课堂提问和讨论（10分钟）

(4) 随堂习题（5分钟）

(5) 能力训练（80分钟）

7.2.1 任务导入

1. 案例

导入视频，内容包含施工组织设计由项目负责人主持编制，由总承包单位技术负责人审批，之后连同施工组织设计报审表一起报送项目监理机构。先由专业监理工程师审查后，再由总监理工程师审核签署意见。

2. 引出

确定施工组织设计的审批与审查要点：

1) 施工组织设计包含的内容。

2) 施工组织设计编制和审批程序。

3) 施工组织设计审查的基本内容。

4) 施工组织设计审查的程序要求。

5) 施工组织设计审查的质量控制要点。

6) 施工方案的审查。

7.2.2 理论知识准备

1. 施工组织设计审查的基本内容与程序要求

(1) 审查的基本内容

施工组织设计审查应包括下列基本内容：

1) 编审程序应符合相关规定。

2) 施工进度、施工方案及工程质量保证措施应符合施工合同要求。

3) 资金、劳动力、材料、设备等资源供应计划应满足工程施工需要。

4) 安全技术措施应符合工程建设强制性标准。

5) 施工总平面布置应科学合理。

(2) 审查的程序要求

施工组织设计的报审应遵循下列程序及要求：

1）施工单位编制的施工组织设计经施工单位技术负责人审核签认后，与施工组织设计报审表（表7-1）一并报送项目监理机构。

表7-1 施工组织设计/（专项）施工方案报审表

工程名称　　　　　　　　　　　　　　　　　　　　　　　　　　　编号：

致：_____（项目监理机构） 　　我方已完成_____工程施工组织设计/（专项）施工方案的编制和审批，请予以审查。 　　附件：☑施工组织设计 　　　　　□专项施工方案 　　　　　□施工方案   　　　　　　　　　　　　　　　　　　　　　　　施工项目经理部（盖章） 　　　　　　　　　　　　　　　　　　　　　　　项目经理（签字） 　　　　　　　　　　　　　　　　　　　　　　　　年　月　日
评审意见：   　　　　　　　　　　　　　　　　　　　　　　　专业监理工程师（签字） 　　　　　　　　　　　　　　　　　　　　　　　　年　月　日
审核意见：   　　　　　　　　　　　　　　　　　　　　　　　项目监理机构（盖章） 　　　　　　　　　　　　　　　　　　　　　　　总监理工程师（签字、加盖执业印章） 　　　　　　　　　　　　　　　　　　　　　　　　年　月　日
审批意见（仅对超过一定规模的危险性较大分部分项工程专项方案）：   　　　　　　　　　　　　　　　　　　　　　　　建设单位（盖章） 　　　　　　　　　　　　　　　　　　　　　　　建设单位代表（签字） 　　　　　　　　　　　　　　　　　　　　　　　　年　月　日

注：本表一式三份，项目监理机构、建设单位、施工单位各一份。

2）总监理工程师应及时组织专业监理工程师进行审查，需要修改的，由总监理工程师签发书面意见退回修改；符合要求的，由总监理工程师签认。

3）已签认的施工组织设计由项目监理机构报送建设单位。

4）施工组织设计在实施过程中，施工单位如需做较大的变更，应经总监理工程师审查同意。

(3) 施工组织设计审查质量控制要点

1）受理施工组织设计。施工组织设计的审查必须是在施工单位编审手续齐全（即有编制人、施工单位技术负责人的签名和施工单位公章）的基础上，由施工单位填写施工组织设计报审表，并按合同约定时间报送项目监理机构。

2）总监理工程师应在约定的时间内，组织各专业监理工程师进行审查，专业监理工程师在报审表上签署审查意见后，总监理工程师审核批准。需要施工单位修改施工组织设计时，由总监理工程师在报审表上签署意见，发回施工单位修改。施工单位修改后重新报审，总监理工程师应组织审查。施工组织设计应符合国家的技术政策，充分考虑施工合同约定的条件、施工现场条件及法律法规的要求；施工组织设计应针对工程的特点、难点及施工条件，具有可操作性，质量措施切实能保证工程质量目标，采用的技术方案和措施先进、适用、成熟。

3）项目监理机构宜将审查施工单位施工组织设计的情况，特别是要求发回修改的情况及时向建设单位通报，应将已审定的施工组织设计及时报送建设单位。涉及增加工程措施费的项目，必须与建设单位协商，并征得建设单位的同意。

4）经审查批准的施工组织设计，施工单位应认真贯彻实施，不得擅自任意改动。若需进行实质性的调整、补充或变动，应报项目监理机构审查同意。如果施工单位擅自改动，监理机构应及时发出监理通知单，要求按程序报审。

2. 施工方案审查

总监理工程师应组织专业监理工程师审查施工单位报审的施工方案，符合要求后应予以签认。施工方案审查应包括的基本内容：

1）程序性审查：应重点审查施工方案的编制人、审批人是否符合有关权限规定的要求。根据相关规定，通常情况下，施工方案应由项目技术负责人组织编制，并经施工单位技术负责人审批签字后提交项目监理机构。项目监理机构在审批施工方案时，应检查施工单位的内部审批程序是否完善、签章是否齐全，重点核对审批人是否为施工单位技术负责人。

2）内容性审查：应重点审查施工方案是否具有针对性、指导性、可操作性；现场施工管理机构是否建立了完善的质量保证体系，是否明确工程质量要求及目标，是否健全了质量保证体系组织机构及岗位职责，是否配备了相应的质量管理人员；是否建立了各项质量管理制度和质量管理程序等；施工质量保证措施是否符合现行的规范、标准等，特别是与工程建设强制性标准的符合性。

例如，审查建筑地基基础工程土方开挖施工方案，要求土方开挖的顺序、方法必须与设计工况相一致，并遵循"开槽支撑，先撑后挖，分层开挖，严禁超挖"的原则。在质量安全方面的要点是：①基坑边坡土不应超过设计荷载以防边坡塌方；②挖方时不应碰撞或损伤支护结构、降水设施；③开挖到设计标高后，应对坑底进行保护，验槽合格后，尽快施工垫层；④严禁超挖；⑤开挖过程中，应对支护结构、周围环境进行观察、检测，发现异常及时处理等。

3）审查的主要依据：建设工程施工合同文件及建设工程监理合同，经批准的建设工程项目文件和设计文件，相关法律、法规、规范、规程、标准图集等，以及其他工程基础资料、工程场地周边环境（含管线）资料等。

3. 危险性较大的分部分项工程安全管理规定

住房和城乡建设部于2018年2月12日发布了《危险性较大的分部分项工程安全管理规定》，自2018年6月1日起施行。本规定所称危险性较大的分部分项工程（以下简称"危大工程"），是指房屋建筑和市政基础设施工程在施工过程中，容易导致人员群死群伤或者造成重大经济损失的分部分项工程。施工单位应当在危大工程施工前组织工程技术人员编制专项施工方案。实行施工总承包的，专项施工方案应当由施工总承包单位组织编制。危大工程实行分包的，专项施工方案可以由相关专业分包单位组织编制。专项施工方案应当由施工单位技术负责人审核签字、加盖单位公章，并由总监理工程师审查签字、加盖执业印章后方可实施。危大工程实行分包并由分包单位编制专项施工方案的，专项施工方案应当由总承包单位技术负责人及分包单位技术负责人共同审核签字并加盖单位公章。

对于超过一定规模的危大工程，施工单位应当组织召开专家论证会，对专项施工方案进行论证。实行施工总承包的，由施工总承包单位组织召开专家论证会。专家论证前专项施工方案应当通过施工单位审核和总监理工程师审查。专家应当从地方人民政府住房城乡建设主管部门建立的专家库中选取，符合专业要求且人数不得少于5名。与本工程有利害关系的人员不得以专家身份参加专家论证会。专家论证会后，应当形成论证报告，对专项施工方案提出通过、修改后通过或者不通过的一致意见。专家对论证报告负责并签字确认。

专项施工方案实施前，编制人员或者项目技术负责人应当向施工现场管理人员进行方案交底。施工现场管理人员应当向作业人员进行安全技术交底，并由双方和项目专职安全生产管理人员共同签字确认。施工单位应当严格按照专项施工方案组织施工，不得擅自修改专项施工方案。因规划调整、设计变更等原因确需调整的，修改后的专项施工方案应当重新审核和论证。涉及资金或者工期调整的，建设单位应当按照约定予以调整。

危大工程专项施工方案的主要内容应当包括：

1）工程概况：危大工程概况和特点、施工平面布置、施工要求和技术保证条件。

2）编制依据：相关法律、法规、规范性文件、标准、规范及施工图设计文件、施工组织设计等。

3）施工计划：包括施工进度计划、材料与设备计划。

4）施工工艺技术要求：技术参数、工艺流程、施工方法、操作要求、检查要求等。

5）施工安全保证措施：组织保障措施、技术措施、监测监控措施等。

6）施工管理及作业人员配备和分工：施工管理人员、专职安全生产管理人员、特种作业人员、其他作业人员等。

7）验收要求：验收标准、验收程序、验收内容、验收人员等。

8）应急处置措施。

9）计算书及相关施工图。

超过一定规模的危大工程专项施工方案专家论证会的参会人员应当包括：

1）专家。

2）建设单位项目负责人。

3）有关勘察、设计单位项目技术负责人及相关人员。

4）总承包单位和分包单位技术负责人或授权委派的专业技术人员、项目负责人、项目技术负责人、专项施工方案编制人员、项目专职安全生产管理人员及相关人员。

5）监理单位项目总监理工程师及专业监理工程师。

对于超过一定规模的危大工程专项施工方案，专家论证的主要内容应当包括：

1）专项施工方案内容是否完整、可行。

2）专项施工方案计算书和验算依据、施工图是否符合有关标准规范。

3) 专项施工方案是否满足现场实际情况，并能够确保施工安全。

超过一定规模的危大工程专项施工方案经专家论证后结论为"通过"的，施工单位可参考专家意见自行修改完善；结论为"修改后通过"的，专家意见要明确具体修改内容，施工单位应当按照专家意见进行修改，并履行有关审核和审查手续后方可实施，修改情况应及时告知专家。

危险性较大的分部分项工程范围：

(1) 基坑工程

1) 开挖深度超过3m（含3m）的基坑（槽）的土方开挖、支护、降水工程。

2) 开挖深度虽未超过3m，但地质条件、周围环境和地下管线复杂，或影响毗邻（建）构筑物安全的基坑（槽）的土方开挖、支护、降水工程。

(2) 模板工程及支撑体系

1) 各类工具式模板工程：包括滑模、爬模、飞模、隧道模等工程。

2) 混凝土模板支撑工程：搭设高度5m及以上，或搭设跨度10m及以上，或施工总荷载（荷载效应基本组合的设计值，以下简称设计值）10kN/m^2及以上，或集中线荷载（设计值）15kN/m及以上，或高度大于支撑水平投影宽度且相对独立无联系构件的混凝土模板支撑工程。

3) 承重支撑体系：用于钢结构安装等满堂支撑体系。

(3) 起重吊装及起重机械安装拆卸工程

1) 采用非常规起重设备、方法，且单件起吊重量在10kN及以上的起重吊装工程。

2) 采用起重机械进行安装的工程。

3) 起重机械安装和拆卸工程。

(4) 脚手架工程

1) 搭设高度24m及以上的落地式钢管脚手架工程（包括采光井、电梯井脚手架）。

2) 附着式升降脚手架工程。

3) 悬挑式脚手架工程。

4) 高处作业吊篮。

5) 卸料平台、操作平台工程。

6) 异型脚手架工程。

(5) 拆除工程

可能影响行人、交通、电力设施、通信设施或其他建（构）筑物安全的拆除工程。

(6) 暗挖工程

采用矿山法、盾构法、顶管法施工的隧道、洞室工程。

(7) 其他

1) 建筑幕墙安装工程。

2) 钢结构、网架和索膜结构安装工程。

3) 人工挖孔桩工程。

4) 水下作业工程。

5) 装配式建筑混凝土预制构件安装工程。

6) 采用新技术、新工艺、新材料、新设备可能影响工程施工安全，尚无国家、行业及地方技术标准的分部分项工程。

超过一定规模的危险性较大的分部分项工程范围：

(1) 深基坑工程

开挖深度超过5m（含5m）的基坑（槽）的土方开挖、支护、降水工程。

(2) 模板工程及支撑体系

1) 各类工具式模板工程：包括滑模、爬模、飞模、隧道模等工程。

2) 混凝土模板支撑工程：搭设高度8m及以上，或搭设跨度18m及以上，或施工总荷载（设计值）15kN/m^{2}及以上，或集中线荷载（设计值）20kN/m及以上。

3) 承重支撑体系：用于钢结构安装等满堂支撑体系，承受单点集中荷载7kN及以上。

(3) 起重吊装及起重机械安装拆卸工程

1) 采用非常规起重设备、方法，且单件起吊重量在100kN及以上的起重吊装工程。

2) 起重量300kN及以上，或搭设总高度200m及以上，或搭设基础标高在200m及以上的起重机械安装和拆卸工程。

(4) 脚手架工程

1) 搭设高度50m及以上的落地式钢管脚手架工程。

2) 提升高度在150m及以上的附着式升降脚手架工程或附着式升降操作平台工程。

3) 分段架体搭设高度20m及以上的悬挑式脚手架工程。

(5) 拆除工程

1) 码头、桥梁、高架、烟囱、水塔或拆除中容易引起有毒有害气（液）体或粉尘扩散、易燃易爆事故发生的特殊（建）构筑物的拆除工程。

2) 文物保护建筑、优秀历史建筑或历史文化风貌区影响范围内的拆除工程。

(6) 暗挖工程

采用矿山法、盾构法、顶管法施工的隧道、洞室工程。

(7) 其他

1) 施工高度50m及以上的建筑幕墙安装工程。

2) 跨度36m及以上的钢结构安装工程，或跨度60m及以上的网架和索膜结构安装工程。

3) 开挖深度16m及以上的人工挖孔桩工程。

4) 水下作业工程。

5) 重量1000kN及以上的大型结构整体顶升、平移、转体等施工工艺。

6) 采用新技术、新工艺、新材料、新设备可能影响工程施工安全，尚无国家、行业及地方技术标准的分部分项工程。

7.2.3 课堂提问和讨论

1. 未编制施工组织设计的施工项目能开工吗？

参考答案：未编制施工组织（总）设计、施工方案或技术措施的工程，不得开工。

2. 施工组织设计的编制人、审核人、审批人由谁来签字？

参考答案：根据《建筑施工组织设计规范》GB/T 50502—2009的要求进行编制和审批。施工组织设计的编制和审批应符合下列规定：

1）施工组织设计应由项目负责人主持编制，可根据需要分阶段编制和审批。

2）施工组织总设计应由总承包单位技术负责人审批；单位工程施工组织设计应由施工单位技术负责人或技术负责人授权的技术人员审批；施工方案应由项目技术负责人审批；重点、难点分部（分项）工程和专项工程施工方案应由施工单位技术部门组织相关专家评审，施工单位技术负责人批准。

3）由专业承包单位施工的分部（分项）工程或专项工程的施工方案，应由专业承包单位技术负责人或技术负责人授权的技术人员审批；有总承包单位时，应由总承包单位项目技术负责人核准备案。

4）规模较大的分部（分项）工程和专项工程的施工方案应按单位工程施工组织设计进行编制和审批。

3. 监理审核后的意见签署要求有什么？

参考答案：

1）签认时间应与开工报审及施工单位报审时间相对应，监理签字顺序及资格应符合监理规范要求。

2）应注明监理审核的次数，以突出监理的控制工作过程。

3）若组织设计问题不多，无须做重大或较多的修改，监理认为需补充的意见不多时，可采用"原则同意本组织设计，但应按以下意见一并执行，1）……2）……"等词句。

4）若存在问题较多，需做重大或较多的修改补充时，应说明具体的意见（报审表写不下可附页），并确定重新报审的时间要求；同时注意重新签认时的时间仍应与开工报审及施工单位报审时间相对应。

5）签认时还应注意有无涉及费用增加，强调涉及费用增加应按合同约定处理。

6）根据工程实际如若需要做出调整，施工单位须另行补充后再零星报审。

7.2.4 随堂习题

1. 材料配置计划确定依据是（ ）。

A. 施工进度计划　　B. 资金计划　　　　C. 施工工法　　　　D. 施工顺序

解析：材料配置计划根据施工进度计划确定，包括各施工阶段所需主要工程材料、设备的种类和数量。故选项B、C、D错误。

2. 施工机具配置计划确定的依据是（ ）。

A. 施工方法和施工进度计划　　　　B. 施工部署和施工方法

C. 施工部署和施工进度计划　　　　D. 施工顺序和施工进度计划

解析：施工机具配置计划根据施工部署和施工进度计划确定，包括各施工阶段所需主要周转材料、施工机具的种类和数量。故选项A、B、D错误。

3. 单位工程施工组织设计是（ ）。

A. 战略部署、宏观定性　　　　　　B. 技术文件、宏观定性

C. 施工方案、微观定量　　　　　　D. 管理文件、微观定性

解析：单位工程施工组织设计是一个工程的战略部署，是宏观定性的，体现指导性和原则性，是一个将建筑物的蓝图转化为实物的、指导组织各种活动的总文件，是对项目施工全过程管理的综合性文件。故选项B、C、D错误。

4. 企业管理层附近大中型项目宜设置的项目管理组织结构是（   ）。
A. 直线职能式   B. 穿透式   C. 事业部式   D. 矩阵式
解析：大中型项目：矩阵式；小型项目：直线职能式；远离企业管理层的大中型项目：事业部式项目管理组织。因此，本题正确答案为选项D。

5. 施工顺序应符合的逻辑关系是（   ）。
A. 空间   B. 时间   C. 组织   D. 工序
解析：工程主要施工内容及其进度安排应明确说明，施工顺序应符合工序逻辑关系。故选项A、B、C错误。

6. 施工流水段分阶段合理划分应说明的是（   ）。
A. 施工顺序及流水方向   B. 划分依据及流水方向
C. 施工方法及流水方向   D. 划分依据及施工顺序
解析：施工流水段划分应根据工程特点及工程量进行分阶段合理划分，并应说明划分依据及流水方向，确保均衡流水施工；单位工程施工阶段的划分一般包括地基基础、主体结构、装饰装修和机电设备安装三个阶段。故选项A、C、D错误。

7. 施工方法的确定原则是兼顾（   ）。
A. 适用性、可行性和经济性   B. 先进性、可行性和经济性
C. 先进性、可行性和科学性   D. 适用性、可行性和科学性
解析：施工方法的确定原则：兼顾先进性、可行性和经济性。故选项A、C、D错误。

8. 关于施工组织设计编制原则的说法，正确的有（   ）。
A. 科学配置资源   B. 合理布置现场
C. 实现不均衡施工   D. 达到合理的经济技术指标
E. 推广建筑节能和绿色施工
解析：坚持科学的施工程序和合理的施工顺序，采用流水施工和网络计划等方法，科学配置资源，合理布置现场，采取季节性施工措施，实现均衡施工，达到合理的经济技术指标；采取技术和管理措施，推广建筑节能和绿色施工。故选项C错误。本题正确答案为选项A、B、D、E。

9. 组织单位工程施工组织设计过程检查的有（   ）。
A. 监理工程师   B. 施工单位相关部门负责人
C. 施工单位技术负责人   D. 建设单位项目负责人
E. 施工单位项目负责人
解析：过程检查由企业技术负责人或相关部门负责人主持，企业相关部门、项目经理部相关部门参加，检查施工部署、施工方法的落实和执行情况，如对工期、质量、效益有较大影响的应及时调整，并提出修改意见。因此，本题正确答案为选项B、C。

7.2.5 能力训练

1. 背景资料
以学校二号楼学生公寓现场项目监理组为背景。

2. 训练内容
列出学校二号楼学生公寓项目施工重大危险源有哪些？哪些需要编制专项施工方案，哪

些方案需要专家论证？

3. 训练方案设计

重点：哪些专项工程需要编制专项施工方案？哪些专项施工方案需要专家论证？

难点：没有施工现场工作经验，学生理解抽象不直观。

关键点：一定要先熟悉工程概况。

4. 训练指导

重点：施工组织设计审查要点，包括程序、内容、质量控制要点。

难点：施工合同条文与强制性标准的理解。

关键点：施工组织设计和施工方案的审批程序、审查程序。

5. 评估及结果（在学生练习期间，巡查指导，评估纠正）

6. 收集练习结果并打分

单元 8

施工组织设计实训

8.1 实训内容

根据某施工项目的建筑、结构施工图、施工预算、资源条件等有关资料，编制某施工项目的施工组织设计。必须完成以下内容：

1. 工程概况和施工特点分析

1) 工程建设概况。
2) 工程建设地点特征。
3) 建筑设计概况。
4) 结构设计概况。
5) 工程施工条件。
6) 工程施工特点分析。

2. 施工部署

1) 工程施工目标应根据施工合同、招标文件以及本单位对工程管理目标的要求确定，包括进度、质量、安全、环境和成本等目标。各项目标应满足施工组织总设计中确定的总体目标。

2) 施工部署中的进度安排和空间组织应符合下列规定：

① 工程主要施工内容及其进度安排应明确说明，施工顺序应符合工序逻辑关系。

② 施工流水段应结合工程具体情况分阶段进行划分；单位工程施工阶段的划分一般包括地基基础、主体结构、装修装饰和机电设备安装三个阶段。

3) 对于工程施工的重点和难点应进行分析，包括组织管理和施工技术两个方面。

4) 工程管理的组织机构形式应按照有关规定执行，并确定项目经理部的工作岗位设置及其职责划分。

3. 施工方案选择

1) 确定施工起点流向。
2) 确定施工顺序。
3) 施工方法和施工机械的选择。

4. 施工进度计划的编制
1）填写施工过程名称与计算数据。
2）初排施工进度计划。
3）检查与调整施工进度计划。
5. 施工准备工作计划的编制
根据原始资料的调查分析、技术准备、施工现场准备、资源准备、季节性施工准备工作的内容、要求、时间、负责单位和负责人，编制出施工准备工作计划。
6. 施工平面图设计
1）设置大门，引入场外道路。
2）布置大型机械设备。
3）布置仓库、堆场和加工厂。
4）布置场内临时运输道路。
5）布置临时房屋。
6）布置临时水、电管网和其他动力设施。
7. 施工技术组织措施的制定
1）施工技术措施。
2）保证施工质量措施。
3）保证安全施工措施。
4）降低施工成本措施。
5）施工进度控制措施。
6）施工现场环境保护措施。
8. 主要技术经济指标计算和分析
1）定性分析。
2）定量分析。

8.2 实训要求

1）每位学生必须独立完成实训内容。
2）实训期间，每位学生必须参加指导教师的讲课和指导，并利用课余时间努力完成实训内容。
3）每位学生必须按计划完成阶段性实训成果，并随时接受实训指导教师的检查。
4）实训期间，应认真学习并贯彻国家有关法规和工程建设标准。
5）实训期间，应安排适当时间参观考察施工现场，使实训成果和工程实践相结合。
6）要求图面表达完整、整洁、美观，线型图例表达正确，符合现行国家有关制图标准。
7）实训成果必须按规定要求装订成册，封底封面必须采用班级统一用纸装订。
8）按规定时间提交实训成果，包括打印版和电子版。

8.3 施工组织设计实训指导

8.3.1 工程概况和施工特点分析

工程概况和施工特点分析的编制程序如图 8-1 所示。

工程概况，是指对施工项目的工程建设概况、工程建设地点特征、建筑设计概况、结构设计概况、工程施工条件和工程施工特点分析等内容所做的一个简要的、突出重点的文字介绍。为了弥补文字叙述的不足，可辅以施工项目的主要平面、立面、剖面简图，图中只要注明轴线尺寸、总长、总宽、层高及总高等主要建筑尺寸，细部构造尺寸可以不注出，以力求简洁明了。当施工项目规模比较小、建筑结构比较简单、技术要求比较低时，可以采用表格的形式来介绍说明，见表 8-1。

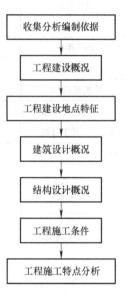

图 8-1 工程概况和施工特点分析的编制程序

（1）工程建设概况

主要介绍拟建工程的工程名称，开工、竣工日期，建设单位、勘察单位、设计单位、施工单位、监理单位、质监单位、安监单位，施工图情况，施工合同签订情况，有关部门的要求，以及组织施工的指导思想等。

（2）工程建设地点特征

主要介绍拟建工程所在的四至位置、地形、地质、地下水位、水质、气温、冬雨期期限、主导风向、风力、地震设防烈度和抗震等级等特征。

（3）建筑设计概况

主要介绍拟建工程的建筑面积、平面形状和平面组合情况，层数、层高、总高度、总长度、总宽度等尺寸及室内、室外装修的构造做法，可附拟建工程的主要平面、立面、剖面简图。

（4）结构设计概况

主要介绍拟建工程基础构造特点及埋置深度，设备基础的形式，桩基础的桩的种类、直径、长度、数量，主体结构的类型，墙、柱、梁、板的材料及主要截面尺寸，预制构件的类型、重量及安装位置，楼梯构造及形式等。

（5）工程施工条件

主要介绍拟建工程施工现场及周围环境情况，"三通一平"情况，预制构件的生产能力及供应情况，当地的交通运输条件，施工单位劳动力、材料、机具等资源的配备情况，内部承包方式、劳动组织形式及施工管理水平，现场临时设施、供水、供电问题的解决等。

（6）工程施工特点分析

主要介绍拟建工程施工过程中重点、难点所在，以便突出重点，抓住关键，使施工生产正常顺利地进行，以提高建筑业企业的经济效益和经营管理水平。

不同类型的建筑，不同条件下的工程施工，均有不同的施工特点。如高层现浇钢筋混凝土结构房屋的施工特点是：基础埋置深及挖土方工程量大，钢材加工量大，模板工程量大，基础及主体结构混凝土浇筑量大且浇筑困难，结构和施工机具设备的稳定性要求高，脚手架搭设必须进行设计计算，安全问题突出，要有高效率的施工机械设备等。

表 8-1　工程概况表

建设单位		建筑结构		装修要求	
设计单位		层数		内粉	
勘察单位		基础		外粉	
施工单位		墙体		门窗	
监理单位		柱		楼面	
建筑面积/m²		梁		地面	
工程造价/万元		楼板		顶棚	
计划	开工日期	屋架			
	竣工日期	吊车梁			
编制说明	上级文件和要求		地质情况		
	施工图情况		地下水位	最高	
				最低	
	合同签订情况			常年	
	土地征购情况		雨量	日最大量	
				一次最大	
				全年	
	"三通一平"情况		气温	最高	
	主要材料落实程度			最低	
	临时设施解决办法			平均	
	其他		其他		

8.3.2　施工部署

施工部署是对整个建设项目全局做出的统筹规划和全面安排，其主要解决影响建设项目全局的重大战略问题。施工部署由于建设项目的性质、规模和客观条件不同，其内容和侧重点会有所不同。一般应包括以下内容：确定工程开展程序，拟定主要工程项目的施工方案，明确施工任务划分与组织安排，编制施工准备工作计划。施工部署主要应该写清楚组织机构、人员、队伍、设备、施工顺序、总体安排、临时设施规划等。

1）工程施工目标应根据施工合同、招标文件以及本单位对工程管理目标的要求确定，包括进度、质量、安全、环境和成本等目标。各项目标应满足施工组织总设计中确定的总体目标。

2）施工部署中的进度安排和空间组织应符合下列规定：

① 工程主要施工内容及其进度安排应明确说明，施工顺序应符合工序逻辑关系；根据建设项目总目标的要求，确定工程分期分批施工的合理开展程序；对于小型企业或大型建设项目的某个系统，由于工期较短或生产工艺的要求，也可不必分期分批建设，采取一次性建成投产。

② 施工流水段应结合工程具体情况分阶段进行划分；单位工程施工阶段的划分一般包括地基基础、主体结构、装修装饰和机电设备安装三个阶段。

3）对于工程施工的重点和难点应进行分析，包括组织管理和施工技术两个方面。在明确施工项目管理体制、机构的条件下，划分各参与施工单位的工作任务，明确总承包与分包的关系，建立施工现场统一的组织领导机构及职能部门，确定综合的和专业化的施工组织，明确各单位之间分工与协作的关系，划分施工阶段，确定各单位分期分批的主攻项目和穿插项目。

4）工程管理的组织机构形式应按照有关规定执行，并确定项目经理部的工作岗位设置及其职责划分（图 8-2）。

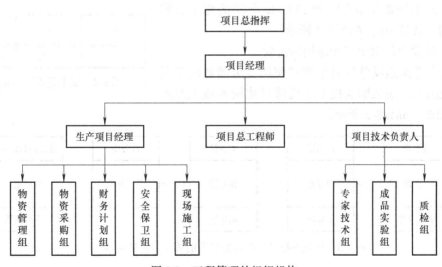

图 8-2　工程管理的组织机构

8.3.3　施工方案选择

施工方案的选择如图 8-3 所示。

施工方案的选择是施工组织设计的重要环节，是决定整个工程施工全局的关键。施工方案选择的科学与否，不仅影响到施工进度的安排和施工平面图的布置，而且将直接影响到工程的施工效率、施工质量、施工安全、工期和技术经济效果，因此必须引起足够的重视。为此，必须在若干个初步方案的基础上进行认真分析比较，力求选择出施工上可行、技术上先进、经济上合理、安全上可靠的施工方案。

在选择施工方案时应着重研究以下四个方面的内容：确定施工起点流向，确定施工顺序，施工方法和施工机械的选择。

1. 确定施工起点流向

施工起点流向是指拟建工程在平面或竖向空间上，施工开始的部位和开展的方向。这主要取决于生产需要，缩短工期、保证施工质量和确保施工安全等要求。一般来说，对高层建筑，除了确定每层平面上的施工起点流向，还要确定其层间或单元竖向空间上施工起点流向，如室内抹灰工程是采用水平向下、垂直向下，还是水平向上、垂直向上的施工起点流向。

确定施工起点流向，要涉及一系列施工过程的开展和进程，应考虑以下因素：

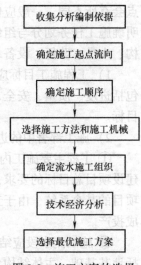

图 8-3 施工方案的选择

（1）生产工艺流程

生产工艺流程是确定施工起点流向的基本因素，也是关键因素。因此，从生产工艺上考虑，影响其他工段试车投产的工段应先施工。如 B 车间生产的产品受 A 车间生产的产品的影响，A 车间分为三个施工段（AⅠ段、AⅡ段、AⅢ段），且 AⅡ段的生产要受 AⅠ段的约束，AⅢ段的生产要受 AⅡ段的约束。故其施工起点流向应从 A 车间的工段开始，A 车间施工完后，再进行 B 车间的施工，即 AⅠ→AⅡ→AⅢ→B，如图 8-4 所示。

（2）建设单位对生产和使用的需要

一般应考虑建设单位对生产和使用要求紧急的工段或部位先施工。如某职业技术学院项目建设的施工起点流向示意图，如图 8-5 所示。

图 8-4 施工起点流向示意图

图 8-5 某职业技术学院项目建设的施工起点流向示意图

（3）施工的繁简程度

一般对工程规模大、建筑结构复杂、技术要求高、施工进度慢、工期长的工段或部位先施工。如高层现浇钢筋混凝土结构房屋，主楼部分应先施工，附房部分后施工。

（4）房屋高低层或高低跨

当有房屋高低层或高低跨并列时，应从高低层或高低跨并列处开始，如屋面防水层施工应按先高后低的方向施工，同一屋面则由檐口向屋脊方向施工；基础有深浅时，应按先深后浅的顺序进行施工。

(5) 现场施工条件和施工方案

施工现场场地的大小、施工道路布置、施工方案所采用的施工方法和选用施工机械的不同，是确定施工起点流向的主要因素。如土方工程施工中，边开挖边外运余土，在保证施工质量的前提条件下，一般施工起点应确定在离道路距离较远的部位，由远及近地展开施工；挖掘机械可选用正铲、反铲、拉铲、抓铲挖掘机等，这些挖掘机械本身工作原理、开行路线、布置位置，便决定了土方工程施工的施工起点流向。

(6) 分部工程特点及其相互关系

根据不同分部工程及其相互关系，施工起点流向在确定时也不尽相同。如基础工程由施工机械和施工方法决定其平面、竖向空间的施工起点流向；主体工程一般均采用自下而上的施工起点流向；装饰工程竖向空间的施工起点流向较复杂，室外装饰一般采用自上而下的施工起点流向，室内装饰可采用自上而下、自下向上或自中而下再自上而中的施工起点流向，同一楼层中可采用楼地面→顶棚→墙面和顶棚→墙面→楼地面两种施工起点流向。

2. 确定施工顺序

确定合理的施工顺序是选择施工方案必须考虑的主要问题。施工顺序是指分部分项工程施工的先后次序。确定施工顺序既是为了按照客观的施工规律组织施工和解决工种之间的合理搭接问题，也是编制施工进度计划的需要，在保证施工质量和确保施工安全的前提下，充分利用空间，争取时间，以达到缩短施工工期的目的。

在实际工程施工中，施工顺序可以有多种。不仅不同类型建筑物的建造过程，有着不同的施工顺序；而且在同一类型的建筑物建造过程中，甚至同一幢房屋的建造过程中，也会有不同施工顺序。因此，我们的任务就是如何在众多的施工顺序中，选择出既符合客观施工规律，又最为合理的施工顺序。

(1) 确定施工顺序应遵循的基本原则

1) 先地下后地上。先地下后地上指的是地上工程开始之前，把土方工程和基础工程全部完成或基本完成。从施工工艺的角度考虑，必须先地下后地上，地下工程施工时应做到先深后浅，以免对地上部分施工生产产生干扰，既给施工带来不便，又会造成浪费，影响施工质量和施工安全。

2) 先主体后围护。先主体后围护指的是在多层及高层现浇钢筋混凝土结构房屋和装配式钢筋混凝土单层工业厂房施工中，先进行主体结构施工，后完成围护工程。同时，主体结构与围护工程在总的施工顺序上要合理搭接，一般来说，多层现浇钢筋混凝土结构房屋以少搭接为宜，而高层现浇钢筋混凝土结构房屋则应尽量搭接施工，以缩短施工工期；而在装配式钢筋混凝土单层工业厂房施工中，主体结构与围护工程一般不搭接。

3) 先结构后装饰。先结构后装饰指的是先进行结构施工，后进行装饰施工，是针对一般情况而言，有时为了缩短施工工期，在保证施工质量和确保施工安全的前提条件下，也可以有部分合理的搭接。随着新的结构体系的涌现、建筑施工技术的发展和建筑工业化水平的提高，某些结构的构件就是结构与装饰同时在工厂中完成，如大板结构建筑。

4) 先土建后设备。先土建后设备指的是在一般情况下，土建施工应先于水、暖、煤、卫、电等建筑设备的施工。但它们之间更多的是穿插配合关系，尤其在装饰施工阶段，要从保证施工质量、确保施工安全、降低施工成本的角度出发，正确处理好相应之间的配合关系。

以上原则可概括为"四先四后"原则，在特殊情况下，并不是一成不变的，如在冬期施工之前，应尽可能完成土建和围护工程，以利于施工中的防寒和室内作业的开展，从而达到改善工人的劳动环境，缩短施工工期的目的；又如，在一些重型工业厂房施工中，就可能要先进行设备的施工，后进行土建施工。因此，随着新的结构体系的涌现，建筑施工技术的发展、建筑工业化水平和建筑业企业经营管理水平的提高，以上原则也在进一步的发展完善之中。

（2）确定施工顺序应符合的基本要求

在确定施工顺序过程中，除遵循上述基本原则，还应符合以下基本要求：

1）必须符合施工工艺的要求。建筑物在建造过程中，各分部分项工程之间存在着一定的工艺顺序关系。这种顺序关系随着建筑物结构和构造的不同而变化，在确定施工顺序时，应注意分析建筑建造过程中各分部分项工程之间的工艺关系，施工顺序的确定不能违背工艺关系。如基础工程未做完，其上部结构就不能进行；土方工程完成后，才能进行垫层施工；墙体砌完后，才能进行抹灰施工；钢筋混凝土构件必须在支模、绑扎钢筋工作完成后，才能浇筑混凝土；现浇钢筋混凝土房屋施工中，主体结构全部完成或部分完成后，再做围护工程。

2）必须与施工方法协调一致。确定施工顺序，必须考虑选用的施工方法，施工方法不同施工顺序就可能不同。如在装配式钢筋混凝土单层工业厂房施工中，采用分件吊装法，则施工顺序是先吊柱、再吊梁，最后吊一个节间的屋架及屋面板等；采用综合吊装法，则施工顺序为第一个节间全部构件吊完后，再依次吊装下一个节间，直至全部吊完。

3）必须考虑施工组织的要求。工程施工可以采用不同的施工组织方式，确定施工顺序必须考虑施工组织的要求。如有地下室的高层建筑，其地下室地面工程可以安排在地下室顶板施工前进行，也可以安排在地下室顶板施工后进行。从施工组织方面考虑，前者施工较方便，上部空间宽敞，可以利用吊装机械直接将地面施工用的材料吊到地下室；而后者，地面材料运输和施工就比较困难。

4）必须考虑施工质量的要求。安排施工顺序时，要以能保证施工质量为前提条件，影响施工质量时，要重新安排施工顺序或采取必要技术组织措施。如屋面防水层施工，必须等找平层干燥后才能进行，否则将影响防水工程施工质量；室内装饰施工，做面层时须待中层干燥后才能进行；楼梯抹灰安排在上一层的装饰工程全部完成后进行。

5）必须考虑当地的气候条件。确定施工顺序，必须与当地的气候条件结合起来。如在雨期和冬期施工到来之前，应尽量先做基础、主体工程和室外工程，为室内施工创造条件；在冬期施工时，可先安装门窗玻璃，再做室内楼地面、顶棚、墙面抹灰施工，这样安排施工有利于改善工人的劳动环境，有利于保证抹灰工程施工质量。

6）必须考虑安全施工的要求。确定施工顺序如要主体交叉、平行搭接施工时，必须考虑施工安全问题。如同一竖向上下空间层上进行不同的施工过程，一定要注意施工安全的要求；在多层砌体结构民用房屋主体结构施工时，只有完成两个楼层板的施工后，才允许底层进行其他施工过程的操作，同时要有其他必要的安全保障措施。

确定分部分项工程施工顺序必须符合以上六个方面的基本要求，有时互相之间存在着矛盾，因此必须综合考虑，这样才能确定出科学、合理、经济、安全的施工顺序。

（3）高层现浇钢筋混凝土结构房屋的施工顺序

高层现浇钢筋混凝土结构房屋的施工，按照房屋结构各部位不同的施工特点，一般可分为基础工程、主体工程、围护工程、装饰工程四个阶段。如某十层现浇钢筋混凝土框架结构房屋施工顺序，如图8-6所示。

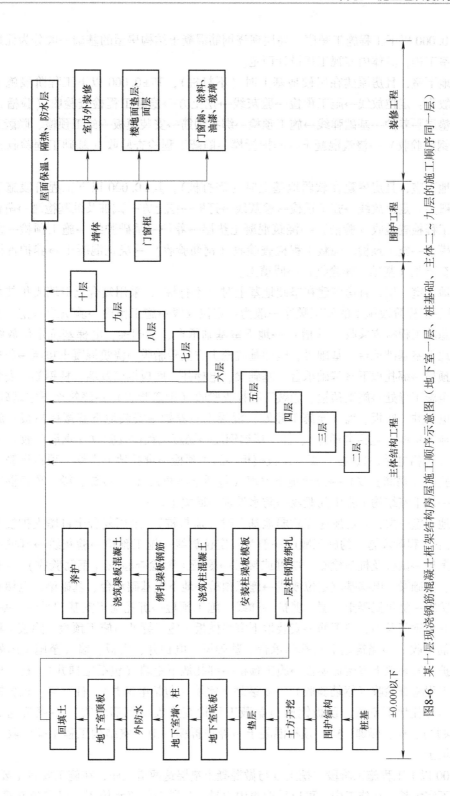

图8-6 某十层现浇钢筋混凝土框架结构房屋施工顺序示意图（地下室一层、桩基础，主体二~九层的施工顺序同一层）

1) ±0.000以下工程施工顺序。高层现浇钢筋混凝土结构房屋的基础一般分为无地下室和有地下室工程，具体内容视工程设计而定。

当无地下室，且房屋建在坚硬地基上时（不打桩），其±0.000以下工程阶段施工的施工顺序一般为：定位放线→施工预检→验灰线→挖土方→隐蔽工程检查验收（验槽）→浇筑混凝土垫层→养护→基础弹线→施工预检→绑扎钢筋→安装模板→施工预检、隐蔽工程检查验收（钢筋验收）→浇筑混凝土→养护拆模→隐蔽工程检查验收（基础工程验收）→回填土。

当无地下室，且房屋建在软弱地基上时（需打桩），其±0.000以下工程阶段施工的施工顺序一般为：定位放线→施工预检→验灰线→打桩→挖土方→试桩及桩基检测→凿桩或接桩→隐蔽工程检查验收（验槽）→浇筑混凝土垫层→养护→基础弹线→施工预检→绑扎钢筋→安装模板→施工预检、隐蔽工程检查验收（钢筋验收）→浇筑混凝土→养护拆模→隐蔽工程检查验收（基础工程验收）→回填土。

当有地下室一层，且房屋建在坚硬地基上时（不打桩），采用复合土钉墙支护技术，其±0.000以下工程阶段施工的施工顺序一般为：定位放线→施工预检→验灰线→挖土方、基坑围护→隐蔽工程检查验收（验槽）→地下室基础承台、基础梁、电梯基坑定位放线→施工预检→地下室基础承台、基础梁、电梯基坑挖土方及砖胎膜→浇筑混凝土垫层→养护→弹线→施工预检→绑扎地下室基础承台、基础梁、电梯井、底板钢筋及墙、柱钢筋→安装地下室墙模板至施工缝处→施工预检、隐蔽工程检查验收（钢筋验收）→浇筑地下室基础承台、基础梁、电梯井、底板、墙（至施工缝处）混凝土→养护→安装地下室楼梯模板→施工预检→绑扎地下室墙（包括电梯井）、柱、楼梯钢筋→隐蔽工程检查验收（钢筋验收）→安装地下室墙（包括电梯井）、柱、梁、顶板模板→施工预检→绑扎地下室梁、顶板钢筋→隐蔽工程检查验收（钢筋验收）→浇筑地下室墙（包括电梯井）、柱、楼梯、梁、顶板混凝土→养护拆模→地下室结构工程中间验收→防水处理→回填土。

当有地下室一层，且房屋建在软弱地基上时（需打桩），采用复合土钉墙支护技术，其±0.000以下工程阶段施工的施工顺序一般为：定位放线→施工预检→验灰线→打桩→挖土方、基坑围护→试桩及桩基检测→凿桩或接桩→隐蔽工程检查验收（钢筋验收）→地下室基础承台、基础梁、电梯基坑定位放线→施工预检→地下室基础承台、基础梁、电梯基坑挖土方及砖胎膜→浇筑混凝土垫层→养护→弹线→施工预检→绑扎地下室基础承台、基础梁、电梯井、底板钢筋及墙、柱钢筋→安装地下室墙模板至施工缝处→施工预检、隐蔽工程检查验收（钢筋验收）→浇筑地下室基础承台、基础梁、电梯井、底板、墙（至施工缝处）混凝土→养护→安装地下室楼梯模板→施工预检→绑扎地下室墙（包括电梯井）、柱、楼梯钢筋→隐蔽工程检查验收（钢筋验收）→安装地下室墙（包括电梯井）、柱、梁、顶板模板→施工预检→绑扎地下室梁、顶板钢筋→隐蔽工程检查验收（钢筋验收）→浇筑地下室墙（包括电梯井）、柱、楼梯、梁、顶板混凝土→养护拆模→地下室结构工程中间验收→防水处理→回填土。

±0.000以下工程施工阶段，挖土方与做混凝土垫层这两道工序，在施工安排上要紧凑，时间间隔不宜太长。在施工中，可以采取集中力量，分段进行流水施工，以避免基槽（坑）土方开挖后，因垫层未及时进行，使基槽（坑）灌水或受冻害，从而使地基承载力下降，造成工程质量事故或引起劳动力、材料等资源浪费而增加施工成本。同时还应注意混凝土垫层施工后必须留有一定的技术间歇时间，使之具有一定的强度后，再进行下道工序施工。要加强对钢筋混凝土结构的养护，按规定强度要求拆模。及时进行回填土，回填土一般在±0.000以下工程通过验收后（有地下室还必须做防水处理）一次性分层、对称夯填，以避免±0.000以下工程受到浸泡，并为上部结构施工创造条件。

以上列举的施工顺序只是高层现浇钢筋混凝土结构房屋基础工程施工阶段施工顺序的一般情况，具体内容视工程设计而定，施工条件发生变化时，其施工顺序应做相应的调整。如当受施工条件的限制，基坑土方开挖无法放坡，则基坑围护应在土方开挖前完成。

2) 主体结构工程阶段施工顺序。主体结构工程阶段的施工主要包括：安装塔式起重机、人货梯起重垂直运输机械设备，搭设脚手架，现浇柱、墙、梁、板、雨篷、阳台、檐沟、楼梯等施工内容。

主体结构工程阶段施工的施工顺序一般有两种，分别是：①弹线→施工预检→绑扎柱、墙钢筋→隐蔽工程检查验收（钢筋验收）→安装柱、墙、梁、板、楼梯模板→施工预检→绑扎梁、板、楼梯钢筋→隐蔽工程检查验收（钢筋验收）→浇筑柱、墙、梁、板、楼梯混凝土→养护→进入上一结构层施工；②弹线→施工预检→安装楼梯模板，绑扎柱、墙、楼梯钢筋→施工预检、隐蔽工程检查验收（钢筋验收）→安装柱、墙模板→施工预检→浇筑柱、墙、楼梯混凝土→养护→安装梁、板模板→施工预检→绑扎梁、板钢筋→隐蔽工程检查验收（钢筋验收）→浇筑梁、板混凝土→养护→进入上一结构层施工。目前施工中大多采用商品混凝土，为便于组织施工，一般采用第一种施工顺序。

主体结构工程阶段主要是安装模板、绑扎钢筋、浇筑混凝土三大施工过程，它们的工程量大、消耗的材料和劳动量也大，对施工质量和施工进度起着决定性作用。因此，在平面上和竖向空间上均应分施工段及施工层，以便有效地组织流水施工。此外，还应注意塔式起重机、人货梯起重垂直运输机械设备的安装和脚手架的搭设，还要加强对钢筋混凝土结构的养护，按规定强度要求拆模。

3) 围护工程阶段施工顺序。围护工程阶段施工主要包括墙体砌筑、门窗框安装和屋面工程等施工内容。不同的施工内容，可根据机械设备、材料、劳动力安排、工期要求等情况来组织平行、搭接、立体交叉施工。墙体工程包括内、外墙的砌筑等分项工程，可安排在主体结构工程完成后进行，也可安排在待主体结构工程施工到一定层数后进行，墙体工程砌筑完成一定数量后要进行结构工程中间验收，门窗工程与墙体砌筑要紧密配合。

屋面工程的施工，应根据屋面工程设计要求逐层进行。柔性屋面按照找平层→隔气层→保温层→找平层→柔性防水层→保护层的顺序依次进行。刚性屋面按照找平层→保温层→找平层→隔离层→刚性防水层→隔热层的顺序依次进行。为保证屋面工程施工质量，防止屋面渗漏，一般情况下不划分施工段，可以和装饰工程搭接施工，且应做到精心施工、精心管理。

4) 装饰工程阶段施工顺序。装饰工程包括两部分施工内容：一是室外装饰，包括外墙抹灰、勒脚、散水、台阶、明沟、雨水管等施工内容；二是室内装饰，包括顶棚、墙面、地面、踢脚板、楼梯、门窗、五金、油漆、玻璃等施工内容。其中内外墙及楼地面抹灰是整个装饰工程施工的主导施工过程，因此要重解决抹灰的空间施工顺序。

根据装饰工程施工质量、施工工期、施工安全的要求，以及施工条件，其施工顺序一般有以下两种：

① 室外装饰工程。室外装饰工程施工一般采用自上而下的施工顺序，是指屋面工程全部完工后，室外抹灰从顶层往底层依次逐层向下进行。其施工流向一般为水平向下，如图8-7所示。采用这种顺序的优点是：可以使房屋在主体结构完成后，有足够的沉降期，从而可以保证装饰工程施工质量；便于脚手架的及时拆除，加速材料的及时周转，降低施工成本，提高经济效益；确保安全施工。

② 室内装饰工程。室内装饰工程施工一般有自上而下、自下而上、自中而下再自上而中三种施工顺序。

室内装饰工程自上而下的施工顺序是指主体结构工程及屋面工程防水层完工后，室内抹灰从顶层往底层依次逐层向下进行。其施工流

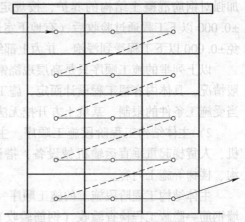

图8-7 室外装饰工程自上而下的施工顺序（水平向下）

向又可分为水平向下和垂直向下两种，通常采用水平向下的施工流向，如图8-8所示。采用自上而下施工顺序的优点是：主体结构完成后，有足够的沉降期，沉降变化趋于稳定，屋面工程及室内装饰工程施工质量得到了保证，可以减少或避免各工种操作相互交叉，便于组织施工，有利于施工安全，而且楼层清理也比较方便。其缺点是：不能与主体结构工程及屋面工程施工搭接，因而施工工期相应较长。

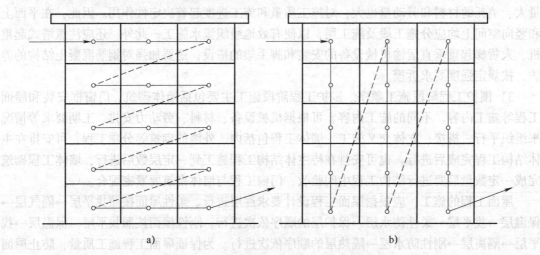

图8-8 室内装饰工程自上而下的施工顺序
a) 水平向下　b) 垂直向下

室内装饰工程自下而上的施工顺序是指主体结构工程施工三层以上时（有两个层面楼板，以确保施工安全），室内抹灰从底层开始逐层向上进行，一般与主体结构工程平行搭接施工。其施工流向又可分为水平向上和垂直向上两种，通常采用水平向上的施工流向，如图8-9所示。采用自下而上施工顺序的优点是：可以与主体结构工程平行搭接施工，交叉进行，故施工工期相应较短。其缺点是：施工中工种操作互相交叉，要采取必要的安全措施；交叉施工的工序多，人员多，材料供应紧张，施工机具负担重，现场施工组织和管理比较复

杂；施工时主体结构工程未完成，没有足够的沉降期，必须采取必要的保证施工质量措施，否则会影响室内装饰工程施工质量。因此，只有当工期紧迫时，室内装饰工程施工才考虑采取自下而上的施工顺序。

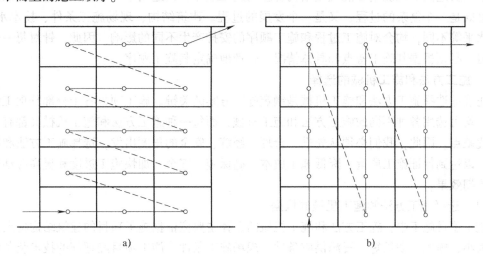

图 8-9 室内装饰工程自下而上的施工顺序
a) 水平向上　b) 垂直向上

自中而下再自上而中的室内装饰工程施工顺序，一般适用于高层及超高层建筑的装饰工程，这种施工顺序兼顾了自上而下、自下而上这两种施工顺序的优点。

室内装饰工程施工在同一层内顶棚、墙面、楼地面之间的施工顺序一般有两种：楼地面→顶棚→墙面和顶棚→墙面→楼地面。这两种施工顺序各有利弊，前者便于清理地面基层，地面施工质量易保证，而且便于收集墙面和顶棚的落地灰，从而节约材料，降低施工成本。但为了保证地面成品质量，必须采用一系列的保护措施，地面做好后要有一定的技术间歇时间，否则后道工序不能及时进行，故工期较长。后者则地面施工前必须将顶棚及墙面的落地灰清扫干净，否则会影响面层与基层之间的黏结，引起地面起壳，而且造成地面施工用水的渗漏，可能影响下层顶棚、墙面的抹灰施工质量。底层地面通常在各层顶棚、墙面、地面做好后最后进行。楼梯间和楼梯踏步装饰，由于施工期间易受损坏，为了保证装饰工程施工质量，楼梯间和楼梯踏步装饰往往安排在其他室内装饰完工后，自上而下统一进行。门窗的安装可在抹灰之前或之后进行，主要视气候和施工条件而定，但通常是安排在抹灰之后进行。而油漆和玻璃安装的次序是应先油漆门窗，后安装玻璃，以免油漆时弄脏玻璃，塑钢及铝合金门窗不受此限制。

在装饰工程施工阶段，还需考虑室内装饰与室外装饰的先后顺序，与施工条件和气候变化有关。一般有先外后内、先内后外或内外同时进行三种施工顺序，通常采用先外后内的施工顺序。当室内有现浇水磨石地面时，应先做水磨石地面，再做室外装饰，以免施工时渗漏影响室外装饰施工质量；当采用单排脚手架砌墙时，由于留有脚手眼需要填补，应先做室外装饰，拆除脚手架，同时填补脚手眼，再做室内装饰；当装饰工人较少时，则不宜采用内外同时施工的施工顺序。

房屋各种水暖煤卫电等管道及设备的安装要与土建有关分部分项工程紧密配合，交叉施工。如果没有安排好这些设备与土建之间的配合与协作，必定会产生许多开孔、返工、修补等大量零星用工，这样既浪费劳动力、材料，又影响了施工质量，还延误了施工工期，这是不可取的，要尽量避免。

上面所述高层现浇钢筋混凝土结构房屋的施工顺序，仅适用于一般情况。建筑施工与组织管理既是一个复杂的过程，又是一个发展的过程。建筑结构、现场施工条件、技术水平、管理水平等不同，均会对施工过程和施工顺序的安排产生不同的影响。因此，针对每一个施工项目，必须根据其施工特点和具体情况，合理地确定其施工顺序。

3. 施工方法和施工机械的选择

正确地选择施工方法和施工机械是制定施工方案的关键。施工项目各个分部分项工程的施工，均可选用各种不同的施工方法和施工机械，而每一种施工方法和施工机械又都有其各自的优缺点。因此，我们必须从先进、合理、经济、安全的角度出发，选择施工方法和施工机械，以达到保证施工质量、降低施工成本、确保施工安全、加快施工进度和提高劳动生产率的预期效果。

（1）选择施工方法和施工机械的依据

施工项目施工中，施工方法和施工机械的选择主要应依据施工项目的建筑结构特点、工程量大小、施工工期长短、资源供应条件、现场施工条件、施工项目经理部的技术装备水平和管理水平等因素综合考虑来进行。

（2）选择施工方法和施工机械的基本要求

施工项目施工中，选择施工方法和施工机械应符合以下基本要求：

1）应考虑主要分部分项工程施工的要求。应从施工项目施工全局出发，着重考虑影响整个施工项目施工的主要分部分项工程的施工方法和施工机械的选择。而对于一般的、常见的、工人熟悉或工程量不大的及与施工全局和施工工期无多大影响的分部分项工程，可以不必详细选择，只要针对分部分项工程施工特点，提出若干应注意的问题和要求就可以了。

施工项目施工中，主要分部分项工程，一般是指：

① 工程量大，占施工工期长，在施工项目中占据重要地位的施工过程。如高层钢筋混凝土结构房屋施工中的打桩工程、土方工程、地下室工程、主体工程、装饰工程等。

② 施工技术复杂或采用新技术、新工艺、新结构，对施工质量起关键作用的分部分项工程。如地下室的地下结构和防水施工过程，其施工质量的好坏对今后的使用将产生很大影响；整体预应力框架结构体系的工程，其框架和预应力施工对工程结构的稳定及其施工质量起关键作用。

③ 对施工项目经理部来说，某些特殊结构工程或不熟悉且缺乏施工经验的分部分项工程。如大跨度预应力悬索结构、薄壳结构、网架结构等。

2）应满足施工技术的要求。施工方法和施工机械的选择，必须满足施工技术的要求。如预应力张拉的方法、机械、锚具、预应力施加等必须满足工程设计、施工的技术要求；吊装机械类型、型号、数量的选择应满足构件吊装的技术和进度要求。

3）应符合提高工厂化、机械化程度的要求。施工项目施工，原则上应尽可能实现及提高工厂化施工方法和机械化施工程度。这是建筑施工发展的需要，也是保证施工质量、降低施工成本、确保施工安全、加快施工进度、提高劳动生产率和实现文明施工的有效措施。

这里所说的工厂化，是指施工项目的各种钢筋混凝土构件、钢结构构件、钢筋加工等应最大限度地实现工厂化制作，最大限度地减少现场作业。所说的机械化施工程度，不仅是指施工项目施工要提高机械化程度,还要充分发挥机械设备的效率,减少繁重的体力劳动操作,以求提高工效。

4) 应符合先进、合理、可行、经济的要求。选择施工方法和施工机械,除要求先进、合理之外,还要考虑施工中是可行的,选择的机械设备是可以获得的,经济上是节约的。要进行分析比较,从施工技术水平和实际情况出发,选择先进、合理、可行、经济的施工方法和施工机械。

5) 应满足质量、安全、成本、工期要求。所选择的施工方法和施工机械应尽量满足保证施工质量、确保施工安全、降低施工成本、缩短施工工期的要求。

(3) 主要分部分项工程的施工方法和施工机械选择

分部分项工程的施工方法和施工机械,在建筑施工技术课程中已详细叙述,这里仅将其要点归纳如下:

1) 土方工程。

① 计算土方开挖工程量,确定土方开挖方法,选择土方开挖所需机械的类型、型号和数量。

② 确定土方放坡坡度、工作面宽度或土壁支撑形式。

③ 确定排除地面水、地下水的方法,选择所需机械的类型、型号和数量。

④ 确定防止出现流沙现象的方法,选择所需机械的类型、型号和数量。

⑤ 计算土方外运、回填工程量,确定填土压实方法,选择所需机械的类型、型号和数量。

2) 基础工程。

① 浅基础施工中,应确定垫层、基础的施工要求,选择所需机械的类型、型号和数量。

② 桩基础施工中,应确定预制桩的入土方法和灌注桩的施工方法,选择所需机械的类型、型号和数量。

③ 地下室施工中,应根据防水要求,留置、处理施工缝,以及模板及支撑的要求。

3) 钢筋混凝土工程。

① 确定模板类型及支模方法,进行模板支撑设计。

② 确定钢筋的加工、绑扎和连接方法,选择所需机械的类型、型号和数量。

③ 确定混凝土的搅拌、运输、浇筑、振捣、养护方法,留置、处理施工缝,选择所需机械的类型、型号和数量。

④ 确定预应力混凝土的施工方法,选择所需机械的类型、型号和数量。

4) 砌筑工程。

① 砌筑工程施工中,应确定砌体的组砌和砌筑方法及质量要求。

② 弹线、楼层标高控制和轴线引测。

③ 确定脚手架所用材料与搭设要求及安全网的设置要求。

④ 选择砌筑工程施工中所需机械的类型、型号和数量。

5) 屋面工程。

① 屋面工程中各层的做法及施工操作要求。

② 确定屋面工程施工中所用各种材料及运输方式。

③ 选择屋面工程施工中所需机械的类型、型号和数量。

6) 装饰工程。
① 室内外装饰的做法及施工操作要求。
② 确定材料运输方式及施工工艺。
③ 选择所需机械的类型、型号和数量。
7) 现场垂直运输、水平运输。
① 选择垂直运输机械的类型、型号和数量及水平运输方式。
② 选择塔式起重机的型号和数量。
③ 确定起重垂直运输机械的位置或开行路线。

在选择高层钢筋混凝土结构房屋主要分部分项工程方法和施工机械时，只要结合上面归纳的要点及施工特点，根据选择施工方法和施工机械的主要依据、基本要求和建筑施工技术课程中的详细叙述具体地编写就可以了。

8.3.4 施工进度计划的编制

横道图施工进度计划设计的一般步骤叙述如下：

(1) 填写施工过程名称与计算数据

施工过程划分和确定之后，应按照施工顺序要求列成表格，编排序号，依次填写到施工进度计划表的左侧各栏内。

高层现浇钢筋混凝土结构房屋各施工过程依次填写的顺序一般是：施工准备工作→基础及地下室结构工程→主体结构工程→围护工程→装饰工程→其他工程→设备安装工程。

(2) 初排施工进度计划

根据选定的施工方案，按各分部分项工程的施工顺序，从第一个分部工程开始，一个接一个分部工程初排，直至排完最后一个分部工程。

(3) 检查与调整施工进度计划

当整个施工项目的施工进度初排后，必须对初排的施工进度方案做全面检查，如有不符合要求或错误之处，应进行修改并调整，直至符合要求为止。其具体内容如下：

1) 检查整个施工项目施工进度计划初排方案的总工期是否符合施工合同规定工期的要求。
2) 检查整个施工项目每个施工过程在施工工艺、技术、组织安排上是否正确合理。
3) 检查整个施工项目每个施工过程的起讫时间和持续时间是否正确合理。
4) 检查整个施工项目某些施工过程应有技术组织间歇时间是否符合要求。
5) 检查整个施工项目施工进度安排，劳动力、材料、机械设备等资源供应与使用是否连续、均衡。

8.3.5 施工准备工作计划的编制

为了落实各项施工准备工作，建立严格的施工准备工作责任制，明确分工，便于检查和监督施工准备工作的进展情况，保证施工项目开工和施工的正常顺利进行，必须根据各项施工准备工作的内容、要求、时间、负责单位和负责人，编制出施工准备工作计划。施工准备工作计划见表8-2。

表 8-2 施工准备工作计划表

序号	施工准备工作名称	简要内容	施工准备工作要求	负责单位	负责人	起止时间		备注
						×月×日	×月×日	

8.3.6 施工平面图设计

建筑施工是一个复杂多变的生产过程，各种施工机械、材料、构件等是随着工程的进展而逐渐进场的，而且又随着工程的进展而逐渐变动、消耗。因此，整个施工过程中，它们在工地上的实际布置情况是随时在改变着的。为此，对于大型建筑工程、施工期限较长或施工场地较为狭小的工程，就需要按不同施工阶段分别设计，如基础阶段、主体结构阶段和装饰阶段，以便能把不同施工阶段工地上的合理布置具体地反映出来。在布置各阶段的施工平面图时，对整个施工期间使用的主要道路、水电管线和临时房屋等，不要轻易变动，以节省费用。对较小的建筑物，一般按主要施工阶段的要求来布置施工平面图，同时考虑其他施工阶段如何周转使用施工场地。布置重型工业厂房的施工平面图，还应该考虑到一般土建工程同其他设备安装等专业工程的配合问题，一般以土建施工单位为主会同各专业施工单位共同编制综合施工平面图。在综合施工平面图中，根据各专业工程在各施工阶段的要求将现场平面合理划分，使专业工程各得其所，更方便地组织施工。

施工平面图的设计程序如图 8-10 所示。

1. 设置大门，引入场外道路

施工现场宜考虑设置两个以上大门。大门应考虑周边路网情况、转弯半径和坡度限制，大门的高度和宽度应满足车辆运输需要，尽可能考虑与加工场地、仓库位置的有效衔接。

2. 布置大型机械设备

塔式起重机布置的最佳状况应使建筑物平面均在塔式起重机服务范围以内，以保证各种材料和构件直接调运到建筑物的设计部位上，尽量避免"死角"，也就是避免建筑物处在塔式起重机服务范围以外的部分；同时还应考虑塔式起重机的附墙杆件及使用后的拆除和运输。

建筑施工电梯是高层建筑施工中运输施工人员及建筑器材的主要垂直运输设施，它附着在建筑物外墙或其他结构部位上。确定建筑施工电梯的位置时，应考虑便于施工人员上下和物料集散；由电梯口至各施工处的平均距离应最短；便于安装附墙装置；接近电源，有良好的夜间照明。

井架的布置，主要根据机械的性能、建筑物的平面形状和尺寸、施工段划分情况、建筑物高低层分界位置、材料来向和已有运输道路情况而定。布置的原则是：充分发挥垂直运输的能力，并使地面和路面的水平运距最短。

布置混凝土泵的位置时，应考虑泵管的输送距离、混凝土罐车行走方便，一般情况下立管应相对固定，泵车可以现场流动使用。起重垂直运输机械的位置直接影响仓库、砂浆和混凝土搅拌站、各种材料和构件的位置及道路和水、电线路的布置等，因此它的布置必须首先予以考虑。

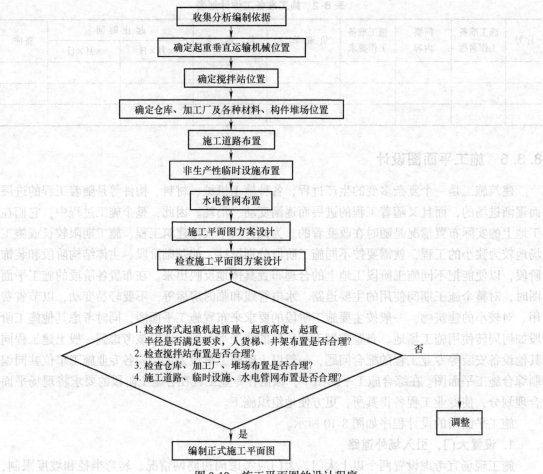

图 8-10 施工平面图的设计程序

3. 布置仓库、堆场和加工厂

布置仓库、堆场和加工厂总的指导思想是：应使材料和构件的运输量最小，垂直运输设备发挥较大的作用；有关联的加工厂适当集中。材料和构件的仓库、堆场和加工厂的位置应尽量靠近使用地点或在轨道式起重机的服务范围内，并考虑运输和装卸料的方便。

4. 布置场内临时运输道路

施工现场的主要道路应进行硬化处理，主干道应有排水措施。临时道路要把仓库、加工厂、堆场和施工点贯穿起来，按货运量大小设计双行干道或单行循环道，以满足运输和消防要求。主干道宽度单行道不小于 4m，双行道不小于 6m。木材场两侧应有 6m 宽通道，端头处应有 12m×12m 回车场，消防车通道宽度不小于 4m，载重车转弯半径不宜小于 15m。运输道路的布置主要解决运输和消防两个问题。现场运输道路应按材料和构件运输的要求，沿着仓库和堆场进行布置。道路应尽可能利用永久性道路，或先建好永久性道路的路基，在土建工程结束之前再铺路面，以节约费用。现场道路布置时要注意保证行驶畅通，使运输工具有回转的可能性。因此，运输路线最好围绕建筑物布置成一条环行道路。道路两侧一般应结合地形设置排水沟，沟深不小于 0.4m，底宽不小于 0.3m。

5. 布置临时房屋

临时设施一般是工地办公室、宿舍、工人休息室、门卫室、食堂、开水房、浴室、厕所等临时建筑物。确定它们的位置时,应考虑使用方便,不妨碍施工,并符合防火、安全的要求。要尽量利用已有设施和已建工程,必须修建时要进行计算,合理确定面积,努力节约临时设施费用。应尽可能采用活动式结构和就地取材设置。通常,工人休息室应设在工人作业区;宿舍应布置在安全的上风向;门卫及收发室应布置在工地入口处。

1)尽可能利用已建的永久性房屋为施工服务,如不足再修建临时房屋。临时房屋应尽量利用可装拆的活动房屋且满足消防要求。有条件的应使生活区、办公区和施工区相对独立。宿舍内应保证有必要的生活空间,室内净高不得小于2.4m,通道宽度不得小于0.9m,每间宿舍居住人员不得超过16人。

2)办公用房宜设在工地入口处。

3)作业人员宿舍一般宜设在现场附近,方便工人上下班;有条件时也可设在场区内。作业人员用的生活福利设施宜设在人员相对较集中的地方,或设在出入必经之处。

4)食堂宜布置在生活区,也可视条件设在施工区与生活区之间。如果现场条件不允许,也可采用送餐制。

6. 布置临时水、电管网和其他动力设施

临时供水包括生产用水、生活用水、消防用水三方面。其布置形式有环形、支形、混合式三种,一般采用支形布置方式,供水管分别接至各用水点附近,分别接出水龙头,以满足现场施工的用水需要。在保证供水的前提下,力求管网总长度最短,以节约施工费用。管线可暗铺,也可明铺。临时水池、水塔应设在用水中心和地势较高处。

临时供电包括动力用电和照明用电两方面,布置时应先进行用电量、导线的计算。临时总变电站应设在高压线进入工地入口处,尽量避免高压线穿过工地。供电线路应避免与其他管道设在同一侧,同时支线应引到所有用电设备使用地点。应按批准的临时水、电施工技术方案组织设施。

除此之外,施工总平面图应按绘图规则、比例、规定代号和规定线条绘制,把设计的各类内容分类标绘在图上,标明图名、图例、比例尺、方向标记、必要的文字说明等。

8.3.7 施工技术组织措施的制定

任何一个施工项目的施工,都必须严格执行现行的《中华人民共和国建筑法》《中华人民共和国安全生产法》《建设工程质量管理条例》《建设工程安全生产管理条例》建筑安装工程施工及验收规范、质量检验评定标准、操作规程、强制性条文和建设工程施工现场管理规定等法律、法规和部门规章,并根据施工项目的工程特点、施工中的难点、重点和施工现场的实际情况,制定相应的技术组织措施,以达到保证和提高施工质量、确保施工安全、降低施工成本、加快施工进度、加强环境保护和实现文明施工、绿色施工和智慧工地的目的。

1. 施工技术措施

对采用新材料、新结构、新工艺、新技术的施工项目,以及高耸、大跨度、重型构件、深基础等特殊施工项目,施工中应编制相应的技术措施。其内容一般包括:

1)需表明的平面、剖面示意图以及工程量一览表。

2)施工方法的特殊要求和工艺流程。

3）水下混凝土及冬雨夏期施工措施。
4）施工技术、施工质量和安全施工要求。
5）材料、构件和施工机具的特点、使用方法及需用量。

2. 保证施工质量措施

保证施工质量措施，可以按照各主要分部分项工程施工质量要求提出，也可以按照各工程施工质量要求提出。保证施工质量措施，可以从以下方面考虑：

1）确保定位、放线、轴线尺寸、标高测量、楼层轴线引测等准确无误的措施。
2）确保地基承载力符合工程设计规定要求而采取的措施。
3）确保基础、地下结构及防水工程施工质量的措施。
4）确保主体结构中关键部位施工质量的措施。
5）确保屋面、装饰工程施工质量的措施。
6）对采用新材料、新结构、新工艺、新技术的施工项目，提出确保施工质量的措施。
7）冬雨夏季施工的施工质量措施。
8）保证施工质量的组织措施，如现场管理机构的设置、人员培训、执行施工质量的检查验收制度等。

3. 保证安全施工措施

加强劳动保护，是对生产工人身心健康的关怀和体现。为此，应提出有针对性的保证安全施工的措施，以杜绝施工中安全事故的发生。制订的安全施工措施要认真执行、严格检查、共同遵守。保证安全施工措施，可以从以下方面考虑：

1）提出安全施工的宣传、教育、交底、检查的具体措施。
2）保证土石方边坡稳定的措施。
3）脚手架、吊篮、安全网的设置及各类洞口防止人员坠落的措施。
4）人货电梯、井架及轨道式起重机等起重垂直运输机械的拉结要求和防倒塌措施。
5）安全用电和机电设备防短路、防触电措施。
6）对易燃、易爆、有毒作业场所的防火、防爆、防毒措施。
7）季节性安全措施，如雨季的防洪、防雨，夏季的防暑降温，冬季的防滑、防火等措施。
8）施工现场周围通行道路及居民保护隔离措施。
9）防雷击及防机械伤害措施。
10）防疫及防物体打击措施。

4. 降低施工成本措施

进行施工成本控制的目的就在于降低施工成本，提高经济效益。降低施工成本措施，可以从以下方面考虑：

（1）确定先进、经济、安全的施工方案

施工方案选择的科学与否，将直接影响施工项目的施工效率、施工质量、施工安全、施工工期、施工成本，因此，我们必须确定出一个施工上可行、技术上先进、经济上合理、安全上可靠的施工方案，这是降低施工成本、进行施工成本控制的关键和基础。

（2）加强技术管理，提高施工质量

加强施工技术管理工作，建立健全技术管理制度，从而提高施工质量，避免因返工而造成的经济损失，提高施工项目经济效益。

（3）加强劳动管理，提高劳动生产率，控制人工费支出

在施工项目施工中，施工成本在很大程度上取决于劳动生产率的高低，而劳动生产率的高低又取决于劳动组织、技术装备和劳动者的素质。因此，一方面要学习先进施工项目管理理论和方法，提高技术装备水平和提高劳动者的素质；另一方面要改善劳动组织，加强劳动管理，按照"量价分离"原则对人工费进行控制，并充分调动施工项目经理部每个职工的积极性、主动性、创造性，挖掘潜力，达到降低施工成本的目的。

（4）加强材料管理，控制材料费支出

在施工成本中，材料费约占70%，有的甚至更多，材料的控制是施工成本控制的重点，也是施工成本控制的难点。因此，我们必须加强材料管理，按照"量价分离"原则对材料进行控制。

（5）加强机械设备管理，控制机械设备使用费支出

加强机械设备管理，控制机械设备使用费支出，以降低施工成本，主要从三个方面进行考虑：一是提高机械设备的利用率和完好率；二是选择机械设备的获取方式，即购买和租赁，考虑哪种获取方式更经济、对降低施工成本更有利；三是加强机械设备日常管理和维修管理。

（6）控制施工现场管理费支出

施工现场管理费在施工成本中占有一定的比例，包括的范围广、项目多、内容繁杂，其控制与核算都难把握，在使用和开支时弹性较大。因此，其也是施工项目成本控制的重要方面。

5．施工进度控制措施

施工进度控制措施主要包括组织措施、技术措施、经济措施、合同措施和信息管理措施等。

（1）组织措施

施工进度控制的组织措施主要包括：

1）建立进度控制的组织系统，落实各层次的进度控制人员及其工作责任。

2）建立施工进度控制各项制度。施工进度控制制度主要有：施工进度计划的审核制度；施工进度控制报告制度；施工进度控制检查制度；施工进度控制分析制度；施工进度协调会议制度等。

（2）技术措施

施工进度控制的技术措施主要包括：

1）采用流水施工方法和网络技术安排施工进度计划，保证施工生产能连续、均衡、有节奏地进行。

2）缩短作业及技术组织间歇时间，以缩短施工工期。

（3）经济措施

施工进度控制的经济措施主要包括：

1）提供资金保证措施。

2）对工期缩短给予奖励，对拖延工期给予处罚。

3）及时办理工程进度款支付手续。

4) 对应急赶工给予赶工补偿。

(4) 合同措施

施工进度控制的合同措施主要包括：

1) 加强合同管理，以保证合同进度目标的实现。

2) 严格控制合同变更，对于已经确认的工程变更，及时补进合同文件中。

3) 加强风险管理，在合同中充分考虑各种风险因素及其对施工进度的影响及处理办法等。

(5) 信息管理措施

施工进度控制的信息管理措施是指不断收集工程实施实际进度的有关信息并进行整理统计后与计划进度进行比较，对出现的偏差分析原因和对整个工期的影响程度，采取必要的补救措施或调整、修改原计划后再付诸实施，以加强施工进度控制。

6. 施工现场环境保护措施

施工现场环境保护是指保护和改善施工现场的环境。施工现场环境保护是施工项目现场管理的重要内容之一，是消除外部干扰保证施工生产正常顺利进行的需要；是现代化大生产的客观要求；是保证人们身体力行健康和文明施工的需要；也是节约能源，保护人类生存环境，保证可持续发展的需要。搞好施工现场环境保护，主要采取以下措施：

(1) 建立环境保护工作责任制

施工现场环境保护工作范围广、内容繁杂，必须建立严格的环境保护工作责任制。其中，施工项目经理是施工现场环境保护工作的领导者、组织者、指挥者和第一责任人。

(2) 采取技术措施防止大气污染、水污染、光污染、噪声污染

1) 施工现场防止大气污染的主要措施有：施工现场的建筑垃圾应及时清理出场，清理楼层建筑垃圾时严禁凌空随意抛撒；施工现场地面应做硬化处理，指定专人负责清扫，防止扬尘；对细颗粒散体材料的运输要密封，防止遗洒、飞扬；防止车辆将泥沙带出现场；禁止在施工现场焚烧会产生有毒、有害烟尘和恶臭气体的物质；施工现场使用的茶炉应尽量使用电热水器；施工现场尽量使用商品混凝土，拆除旧建筑物时应洒水，防止扬尘。

2) 施工现场水污染的主要防止措施有：禁止将有毒、有害废弃物作为回填土；施工现场废水须经沉淀合格后排放；施工现场存放的油料，必须对库房地面进行防渗处理；施工现场的临时食堂，污水排放时可设置隔油池，并定期清理，防止污染；施工现场的厕所、化粪池应采取防渗漏措施；化学品、外加剂等应妥善保管，库内存放，防止污染环境。

3) 施工现场光污染的主要防止措施有：尽量减少施工现场晚间施工照明；对必要的施工现场晚间施工照明不得照向居民区。

4) 施工现场噪声污染的主要防止措施有：严格控制人为噪声；从声源降低噪声；严格施工作业时间，一般晚10点到次日早6点之间停止施工作业。

(3) 建立环境保护工作检查和监控制度

在施工项目施工过程中，应加强施工现场环境保护工作的检查，督促环境保护工作的有序开展，发现薄弱环节，不断改进工作，还应加强对施工现场的粉尘、噪声、光、废气等的监控工作。

(4) 对施工现场环境保护进行综合治理

一方面要采取措施防止大气污染、水污染、光污染、噪声污染；另一方面，应协调外部

关系，同当地居委会、居民、建设单位、派出所和环保部门、主管部门加强联系。要办理有关手续，做好宣传教育工作，认真对待居民来信来访，立即或限期解决有关问题。

(5) 严格执行国家的法律、法规

8.3.8 主要技术经济指标计算和分析

技术经济分析有定性分析和定量分析两种方法。

(1) 定性分析

定性分析是根据自己的个人实践和一般的经验，对施工组织设计的优劣进行分析。定性分析方法比较简单方便，但不精确，决策宜受主观因素影响制约。

(2) 定量分析

定量分析是通过计算施工组织设计的多个相同的主要技术经济指标，进行综合分析比较选择出各项指标较好的施工组织设计。这种方法比较客观，但指标的确定和计算比较复杂。

参 考 文 献

[1] 中华人民共和国住房和城乡建设部. 建设工程项目管理规范：GB/T 50326—2017 [S]. 北京：中国建筑工业出版社，2017.

[2] 中华人民共和国住房和城乡建设部. 建筑施工组织设计规范：GB/T 50502—2009 [S]. 北京：中国建筑工业出版社，2009.

[3] 中国建设监理协会. 建设工程进度控制（土木建筑工程）[M]. 北京：中国建筑工业出版社，2023.

[4] 中国建设监理协会. 建设工程监理案例分析（土木建筑工程）[M]. 北京：中国建筑工业出版社，2023.

[5] 中国建设监理协会. 建设工程监理相关法规文件汇编 [M]. 北京：中国建筑工业出版社，2023.

[6] 武佩牛. 建筑施工组织与进度控制 [M]. 2版. 北京：中国建筑工业出版社，2013.

[7] 危道军. 建筑施工组织 [M]. 4版. 北京：中国建筑工业出版社，2017.

[8] 全国一级建造师执业资格考试用书编写委员会. 建筑工程管理与实务 [M]. 北京：中国建筑工业出版社，2023.

[9] 张廷瑞. 建筑工程施工组织 [M]. 哈尔滨：哈尔滨工业大学出版社，2015.

[10] 项建国，陆生发. 施工项目管理实务模拟 [M]. 2版. 北京：中国建筑工业出版社，2022.

[11] 沙玲，陆生发. 建筑工程施工准备 [M]. 北京：高等教育出版社，2014.